中国轻工业"十四五"规划立项教材

"十四五"江苏省职业教育第二批在线精品课程配套教材

高等职业教育新形态项目化教材

移动软件 UI 设计

主编 沈 涵 祝敏娇 辛 姝

中国轻工业出版社

图书在版编目（CIP）数据

移动软件 UI 设计 / 沈涵，祝敏娇，辛妹主编. —北京：中国轻工业出版社，2024. 6

ISBN 978-7-5184-4873-9

Ⅰ. ①移… Ⅱ. ①沈…②祝…③辛… Ⅲ. ①人机界面—程序设计 Ⅳ. ①TP311. 1

中国国家版本馆 CIP 数据核字（2024）第 031658 号

责任编辑：王 淳　　责任终审：劳国强

文字编辑：宋 博　　责任校对：晋 洁　　封面设计：锋尚设计

策划编辑：王 淳 宋 博　　版式设计：致诚图文　　责任监印：张 可

出版发行：中国轻工业出版社（北京鲁谷东街 5 号，邮编：100040）

印　　刷：艺堂印刷（天津）有限公司

经　　销：各地新华书店

版　　次：2024 年 6 月第 1 版第 1 次印刷

开　　本：889×1194　1/16　印张：15

字　　数：504 千字

书　　号：ISBN 978-7-5184-4873-9　定价：58. 00 元

邮购电话：010-85119873

发行电话：010-85119832　010-85119912

网　　址：http://www. chlip. com. cn

Email：club@ chlip. com. cn

231983J2X101ZBW

前　　言

随着“互联网+”时代的到来，人工智能技术深入人们工作生活的各个领域，人们每天都在面对各种各样的智能终端设备，移动终端更成为不可或缺的存在。UI 设计是指与软件的人机互动，包括了交互、操作、美观等整体设计，是用户面对一款应用程序的门户。用户从界面开始接触软件，再通过界面上的各类功能器件完成对软件功能的认可，所以，UI 设计逐渐成为一款应用程序是否能赢得更多用户的关键因素之一。UI 设计师们也已成为企业不可或缺的人员，职业发展机会也越来越多。

本书采用项目案例编写模式，针对目前的智能手机 UI 设计所涉及的相关知识和技术技能进行知识讲解和案例制作过程的演示，使读者在深刻理解 UI 设计相关知识的基础上，牢固掌握各类控件、图标和界面的制作技术，又将精益求精、严谨创新、树立正确的设计观等思政元素融入案例与教学中，体现在家国情怀、人文素养、深度学习、人格发展、创新实践、工匠精神等做到无痕融入。

本书编写特点如下：

（1）产教研结合，结合企业真实案例编写项目内容。多方走访企业，利用校企合作工作室平台，将真实案例编入其中，突出实用性、实践性；并在中国大学慕课网站上持续进行授课，含有全部配套资源和视频，并不断研究更新最新资源，可作为线上线下混合式教学使用，也可配合教学作为课后补充。

（2）技艺德融合，多重性载体保障全面发展，项目融思政教育、艺术培养、技术训练于一体化，将文化传承、规范严谨、精益求精、勇于创新等的思政元素融入学习任务中，实施讲授、实践等方法，有效实施课程思政，打造明德育人课堂，既育人育才，又提升艺术修养，有利于读者全面发展。

（3）多级化任务，呈现形式符合认知规律，本书分为基础设计和创意设计两个部分。第一部分主要介绍 UI 设计的基础与规范、控制元素设计与图标设计；第二部分主要以“寅虎”手机主题界面设计、“四时”天气 App 界面设计、“悦”新闻 App 界面设计、“轻说”社交 App 界面设计四个项目全面介绍智能手机 UI 设计的应用界面相关知识和技术技能。设计多级化子任务，让读者在完成逐层递进的子任务过程中，获得成就感。

本教材配套资源丰富，包括全套电子课件、387 分钟微课视频，拓展习题答案，可在书中扫描二维码进行学习。还有 1 个课程标准、82 页教学设计、196 个案例素材源文件和效果图，可前往链接（http：//www. chlip. com. cn/qrcode/231983J2X101ZBW/QR2002. htm）下载相应电子资源。另外，本书与中国大学慕课中《 移动软件 UI 设计》课程（http：//www. chlip. com. cn/qrcode/231983J2X101ZBW/QR2001. htm）配套进行，欢迎广大读者参与课程在线学习，团队成员实时在线互动与指导。

编者

于苏州

本书的教学时数为 64 课时，各项目的参考教学课时见下表。

单元	项目	任务	课时分配	
			理论	实践
第一部分 UI 基础设计	项目一 UI 基础与规范	任务一　什么是 UI 设计	1	—
		任务二　UI 设计的常用工具和工作流程	1	—
		任务三　UI 设计的原则和规范	2	—
	项目二 UI 设计常用控件	任务一　控制元素制作	1	1
		任务二　筛选器制作	1	1
		任务三　表单控件制作	1	1
		任务四　按钮制作	1	1
		任务五　其他控件制作	1	1
	项目三 图标设计	任务一　图标设计的准备	1	—
		任务二　线性化图标设计	1	1
		任务三　扁平化图标设计	1	2
		任务四　拟物化图标设计	1	2
第二部分 UI 创意设计	项目四 “寅虎”手机主题 界面设计	任务一　“寅虎”手机主题界面设计的准备	1	—
		任务二　“寅虎”主题形象和壁纸制作	1	1
		任务三　时钟天气 Widget 制作	1	1
		任务四　“计算器”图标设计与制作	1	1
		任务五　Android 系统界面布局	—	2
		任务六　鸿蒙系统界面布局	—	2
	项目五 实用型 App—— “四时”天气 界面设计	任务一　“四时”天气 App 产品定位和界面设计	1	—
		任务二　“四时”天气 App 图标设计	—	2
		任务三　“四时”天气 App 闪屏设计	1	1
		任务四　“四时”天气 App 主页面设计	1	1
		任务五　“四时”天气 App 近五日天气页面设计	—	2
	项目六 新闻类 App—— “悦”新闻 界面设计	任务一　“悦”新闻 App 产品定位和界面设计	1	—
		任务二　“悦”新闻 App 首页设计	1	1
		任务三　“悦”新闻 App 详情页设计	—	2
		任务四　“悦”新闻 App 登录页面设计	1	1
		任务五　“悦”新闻 App“我的”页面设计	1	1
	项目七 社交类 App—— “轻说”界面 设计	任务一　“轻说”App 产品定位和界面设计	1	1
		任务二　“轻说”App 图标与启动页界面设计	—	2
		任务三　“轻说”App 个人中心界面设计	—	2
		任务四　“轻说”App 圈聊界面设计	—	2
		任务五　“轻说”App 通讯录界面设计	—	2
		任务六　“轻说”App 圈子界面设计	—	2
课时总计			25	39

目 录

配套课件

项目一　UI基础与规范

项目一
UI基础与规范

本项目将完成以下任务：

- 任务一　什么是 UI 设计
- 任务二　UI 设计的常用工具和工作流程
- 任务三　UI 设计的原则和规范

在科技不断发展的今天，UI 设计与大众生活的联系日益密切，其功能也越来越强大，我们每个人几乎每天都会接触到 UI 设计。本项目介绍 UI 的基础知识，包括 UI 设计的概念、分类、常用工具、工作流程以及设计原则和规范等内容。

任务一　什么是 UI 设计

任务目标	知识目标	掌握 UI 设计的概念 了解 UI 设计师的职能 掌握 UI 设计的分类 掌握 UI 设计的发展趋势
	技能目标	能理解 UI 设计的概念 能了解 UI 设计师的职能 能掌握 UI 设计的分类 能掌握 UI 设计的发展趋势
	价值目标	培养对 UI 设计的兴趣 弘扬美育精神，提高审美能力和人文素养 增强文化自信，建立民族自豪感
建议课时	理论 1 课时	
课前准备	查找 UI 设计的概念和分类相关知识	
评价方法	线上测试、课后作业检测、教师评价、学生互评等	

相关知识

UI 设计凭借其协调美观的视觉性、灵活便利的交互性等特点得到了用户的高度认可，越来越多的企业开始重视 UI 设计，UI 设计行业也因此具有广阔的发展前景，下面我们就一起来了解一下什么是 UI 设计。

一、UI 设计概述

UI 是 User Interface 的缩约式，是指人和信息的交互界面设计或称界面设计，即对软件人机交互、操作逻辑、界面美观的整体设计。好的 UI 设计能让产品界面美观、简洁、时尚，也能表现出产品的品位和个性，还能让产品的操作更加简单舒适，从而提升用户的优质体验。

从字面上看，UI 设计分为用户与界面两个组成部分，但实际上 UI 设计还包括用户与界面之间的交互关系。UI 设计其实是协调用户与界面之间关系的设计，如图 1-1-1 所示。

图 1-1-1　用户与界面之间的交互关系

UI 设计主要有三个核心领域：用户研究、交互设计、界面设计。用户研究的研究对象是人，即用户；交互设计的研究对象是人与界面；界面设计的研究对象是界面视觉效果。与之相应的，UI 设计师需要具备三个工作职能，如图 1-1-2 所示。

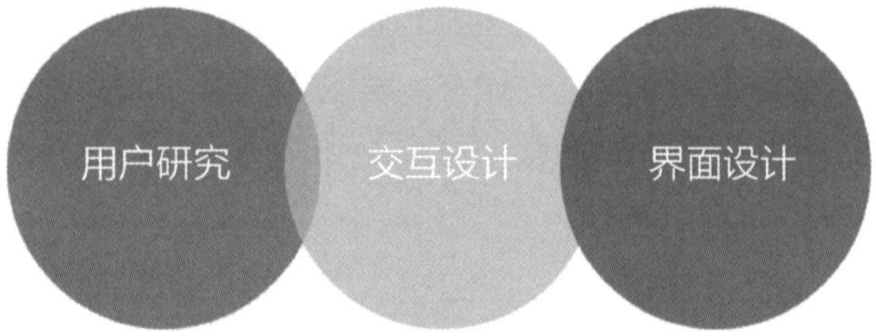

图 1-1-2　UI 设计师的工作职能

1. 用户研究

用户研究（User Experience，简称 UE 或 UX）。用户研究即研究用户的心理感受，是以用户为中心的一种设计手段，是 UI 设计的重要内容。在 UI 设计中，用户研究设计表现为从用户的角度出发，满足用户需求，提升用户体验。

在做界面设计时，要对软件的使用者、使用环境、使用方式进行定位，做到为用户而设计。完成设计后，要对产品进行测试。测试设计的合理性主要采用以目标用户调研的形式衡量 UI 设计的合理性。如果没有这方面的测试研究，UI 设计的好坏只能凭借设计师的经验或者企业领导的审美水平来评判，这样就会给企业带来极大的风险。所以 UI 设计要和用户研究紧密结合。

2. 界面设计

界面设计（Graphical User Interface，简称 GUI）也可以称作视觉设计。界面设计就是对软件产品“外形”视觉的设计。

优秀的界面设计可以使人对产品的印象深刻，同时也有发人深思的作用。例如某 App 的 UI 设计，如图 1-1-3 所示，主色采用了红色，有着极强的视觉冲击力。“学习”二字是洒脱的毛体字，而“强国”则是方正的黑体字，不仅借用了毛泽东书法艺术的恢宏气势和豪迈情怀，也彰显了中华民族深厚的文化底蕴。

3. 交互设计

交互设计（Interaction Design，简称 IXD）主要是对产品界面的操作流程、结构、规范等进行设计，让整

图 1-1-3 某 App 的 UI 设计

个产品界面的交互流程更加简单、方便，突出产品的特点。交互设计是 UI 设计和平面设计本质上的差异。在图形界面产生之前，UI 设计师就是指交互设计师。交互设计师一般多具有软件工程师背景。

二、 UI 设计的分类

在生活中，我们每天都会接触 UI 设计。根据用户和界面的不同会有不同的用户界面设计。大致可以分为四类，分别是移动端界面、PC 端界面、游戏端界面和其他端界面。

1. 移动端界面

移动端 UI 设计主要是指手机或平板电脑上的应用软件设计，如我们常用的天气软件、社交软件、支付软件等，如图 1-1-4 所示。随着移动互联网的快速发展，智能手机成为人们日常生活中的必需品，因此移动端界面设计就显得尤为重要，界面设计不但要美观、实用，而且还要带给用户好的操作体验。

图 1-1-4 移动端界面示例

2. PC 端界面

PC 端界面设计通常是指对计算机上的软件、网页的界面设计，如图 1-1-5、图 1-1-6 所示。PC 端界面设计不是对各种信息进行简单堆砌，而是运用各种设计手段和交互技术让网页内容更加丰富、美观，具有吸引力。PC 端界面设计的目的是激起用户浏览的欲望，同时让用户操作起来方便、快捷，并有效地接收网页

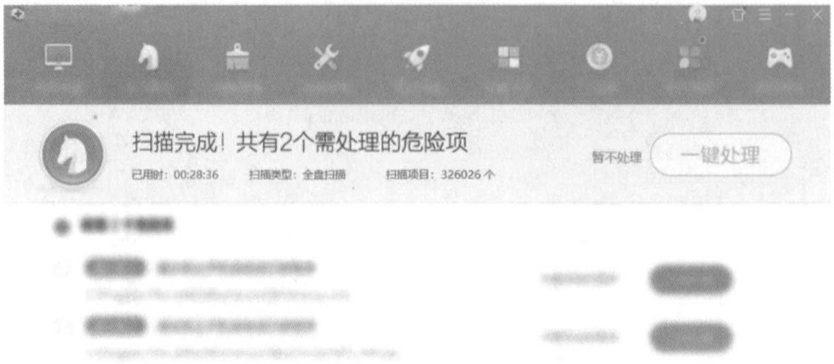

图 1-1-5　PC 端 UI 界面设计

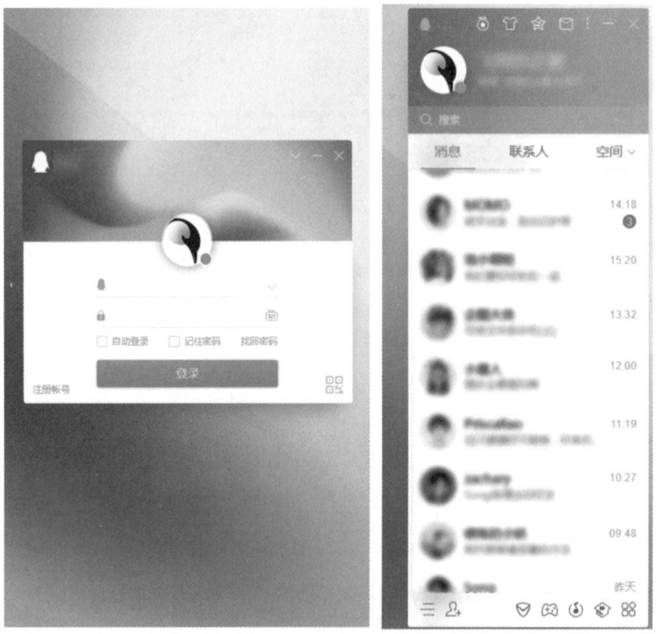

图 1-1-6　PC 端界面设计

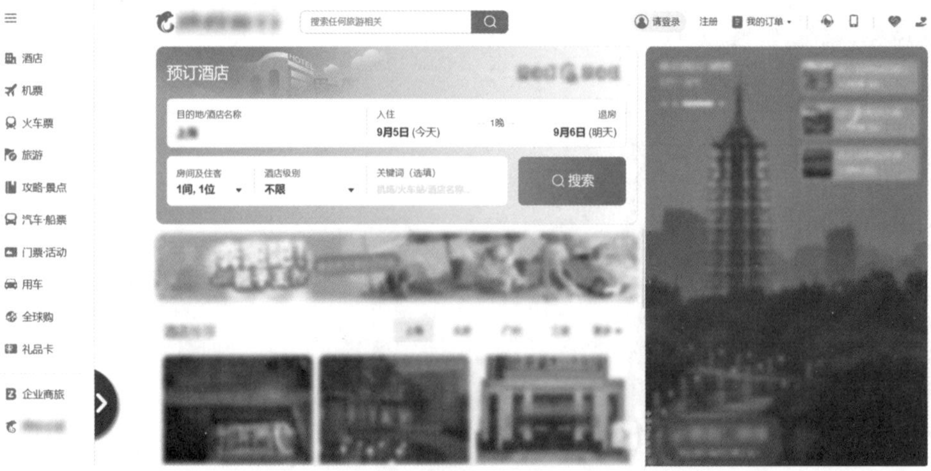

图 1-1-7　某旅行网站首页 UI 界面

所传达的信息。如图 1-1-7 所示为某旅行网站首页 UI 界面。该界面中各个板块排版合理,主次有序。左侧的抽屉式导航结构清晰，便于用户在网站中使用各种功能；中间的预订酒店搜索模块非常醒目，便于用户使用。

3. 游戏端界面

近几年，随着游戏行业的迅速发展，游戏端界面设计在游戏体验中所发挥的作用越来越重要。游戏端界面设计要求设计师有较好的美术基础和良好的造型能力。优秀的游戏端界面设计不仅能够帮助用户快速学会游戏操作,还具有较强的表现力和感染力，让用户获得更好的操作体验。一般来说，游戏端界面设计更注重人的感官体验和操作的实用性，如配乐、动效、画面和界面布局等。如图 1-1-8 所示为某游戏界面，该界面色彩艳丽，营造了一种轻松、活跃的氛围，界面的按钮和图标造型生动、尺寸规范，便于操作。

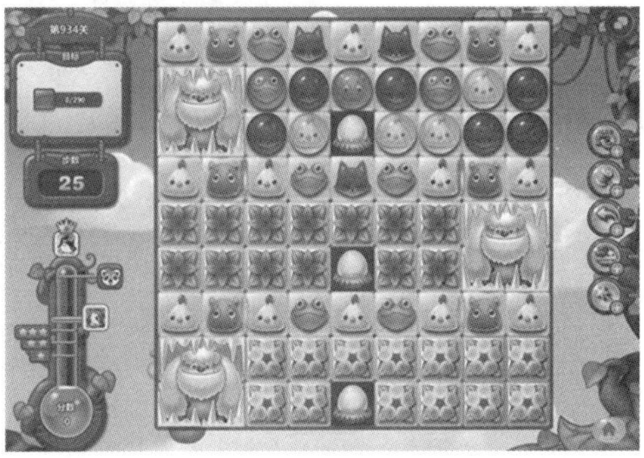

图 1-1-8　某游戏界面

4. 其他端界面

其他端界面设计范围较广泛，如车载系统、ATM 机等都属于其他端界面设计的范畴，如图 1-1-9、图 1-1-10 所示。

图 1-1-9　车载系统

图 1-1-10　ATM 机

三、 UI 设计的发展趋势

随着互联网 5G 时代的到来，各种智能化产品层出不穷。作为产品与用户的沟通桥梁，UI 设计也迎来了更加广阔的发展空间，出现了如人工智能产品界面设计、AR 产品界面设计和 VR 产品界面设计等新方向。

1. 人工智能产品界面设计

人工智能是计算机科学的一个分支，一般是指通过普通计算机程序来呈现人类智能的技术。人工智能产品是指通过人工智能技术所制作出的产品，包括智能家居产品、智能导航产品、智能穿戴产品、智能游戏机等。这些智能产品在功能上为人们的生活带来了极大的便利，其界面展示也非常重要，是 UI 设计的重点发展方向之一。如图 1-1-11 所示为智能家居产品的界面效果，如图 1-1-12 所示为智能穿戴产品的界面效果。

2. AR 产品界面设计

AR（Augmented Reality，增强现实）产品是指以 AR 技术为基础设计的现代化产品，能带给用户一种沉浸式的体验。随着人工智能以及大数据等科技产业的持续发展，AR 技术，进入更多应用领域，如医疗、服饰、游戏、视频、教育、工业、家居、旅游等正在极大地改变人们的生活、工作和学习方式。AR 产品界面设计即向用户展示虚拟界面和现实环境的交互关系。AR 产品界面设计主要包括整体界面的排版和布局设计、功能按钮设计、图标设计等，界面效果和交互方式都比较精简、直观，给用户一种沉浸式的交互体验。同

图 1-1-11　智能家居产品的界面效果

图 1-1-12　智能穿戴产品的界面效果

时，AR 界面既可以在移动端电子产品中展示，也可以在 PC 端和其他电子产品中展示。如图 1-1-13 所示为 AR 导航界面效果，其结合虚拟标识向用户精确地展示导航路线，让人们出行更加便利。如图 1-1-14 所示为

图 1-1-13　AR 导航界面效果

图 1-1-14　AR 虚拟试妆产品界面效果

AR 虚拟试妆产品界面效果，其结合虚拟场景向用户生动地展示产品的试用效果，将虚拟界面和现实环境完美融合，提升用户的体验感。

图 1-1-15　VR 游戏

3. VR 产品界面设计

VR（Virtual Reality，虚拟现实）产品是指以 VR 技术为基础设计的现代化产品。我国 VR 行业经过近几年的发展，市场规模迅速扩大，尤其是 5G 时代的来临，让 VR 迎来了新的发展阶段。随着 VR 技术的发展和产品的增多，其市场需求将不断扩大，这对于 VR 产品界面设计来说，也是一大利好因素。VR 产品界面设计主要分为环境和交互元素两个部分，环境是指用户使用 VR 产品时所看到的虚拟场景，交互元素是指界面中用户可以进行交互操作的各种元素。VR 产品界面设计主要是将环境与交互元素进行有机结合，使用户能够沉浸在设计人员为其创造的虚拟场景中，如图 1-1-15、图 1-1-16 所示。

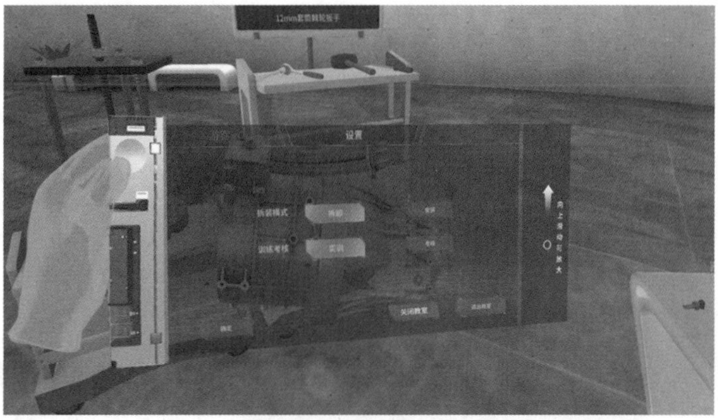

图 1-1-16　VR 界面设计

任务拓展

1. 完成以下测试题：

（1）什么是 UI 设计？

（2）UI 设计如何分类？

（3）UI 设计师的职能是什么？

2. 查找资料，说说 UI 设计还有哪些新的应用领域。

任务二　UI 设计的常用工具和工作流程

任务目标	知识目标	了解 UI 设计的常用工具 掌握 UI 设计的流程
	技能目标	能够使用 UI 设计的基本工具 能够掌握 UI 设计的基本流程 能够进行 UI 设计需求分析
	价值目标	培养对 UI 设计行业的兴趣与爱好 培养认真严谨、精益求精的职业精神 提升对 UI 设计的鉴赏能力
建议课时	理论 1 课时	
课前准备	查找 UI 设计工作流程的相关资料	
评价方法	线上测试、课后作业检测、教师评价、学生互评等	

相关知识

一、UI 设计的常用工具

在进行 UI 设计时，设计人员常用的 UI 设计工具有 Photoshop、Illustrator、After Effects、Axure RP 等。

1. Photoshop

Photoshop 简称“PS”，是 UI 设计、环艺设计、平面设计、网页设计等领域的常用工具，具有使用方便、功能强大的特点，可以高效地对图片进行处理与制作。使用 Photoshop 不仅能够制作静态的 UI 界面，还能够制作简单的动效，如按钮点击动效、登录交互动效、表情包动效等。如图 1-2-1 所示为使用 Photoshop 制作的 App 界面效果。

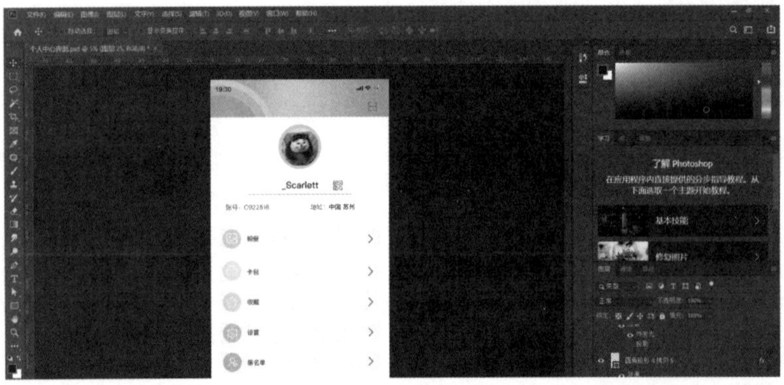

图 1-2-1　使用 Photoshop 制作的 App 界面效果

2. Illustrator

Illustrator 简称“AI”，是一款矢量图工具，具有矢量动画设计、界面设计、网站制作和网页动画制作等多种功能。Illustrator 广泛应用于广告设计、网页制作、插图绘制、UI 设计等诸多领域。设计人员在进行 UI 设计时常将 Illustrator 与 Photoshop 结合使用。如图 1-2-2 所示为使用 Illustrator 制作 UI 界面的效果。

图 1-2-2　使用 Illustrator 制作 UI 界面的效果

3. After Effects

After Effects 简称“AE”，是一款图形视频处理软件，具有视频处理、动画制作、多层剪辑等功能。UI 设计人员常使用 After Effects 制作产品界面中的动态图形和动画特效，使整个界面更能吸引用户的注意力。如图 1-2-3 所示为使用 After Effects 制作 UI 动效的效果。

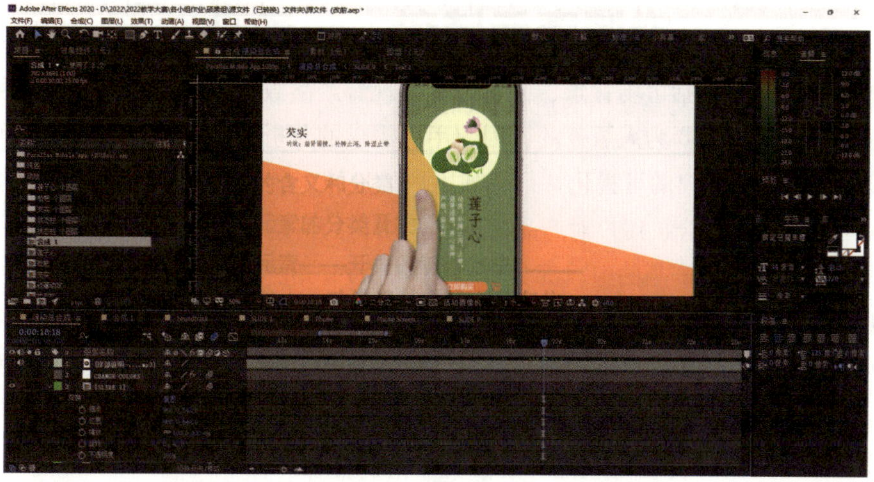

图 1-2-3　使用 After Effects 制作 UI 动效的效果

4. Axure RP

Axure RP 是一款专业的原型图设计工具，主要用于制作 UI 设计中用到的原型图、线框图和流程图。Axure RP 适合从小型 App 界面到大型网页界面的原型图绘制，尤其是在绘制网页界面原型图上具有很大优势，深受 UI 设计人员、交互设计人员的欢迎。如图 1-2-4 所示为使用 Axure RP 绘制原型图的效果。

原型图除了使用 Axure RP 以外，还有很多工具可以使用，例如：墨刀、Sketch 等。

二、 UI 设计的流程

在进行 UI 设计时，设计人员需要先分析设计需求，然后根据需求明确视觉定位，再进行界面的原型图和效果图绘制，最后对完成的界面进行标注和切图，这样得到的界面效果才更符合用户需求。下面对 UI 设计的流程进行具体介绍。

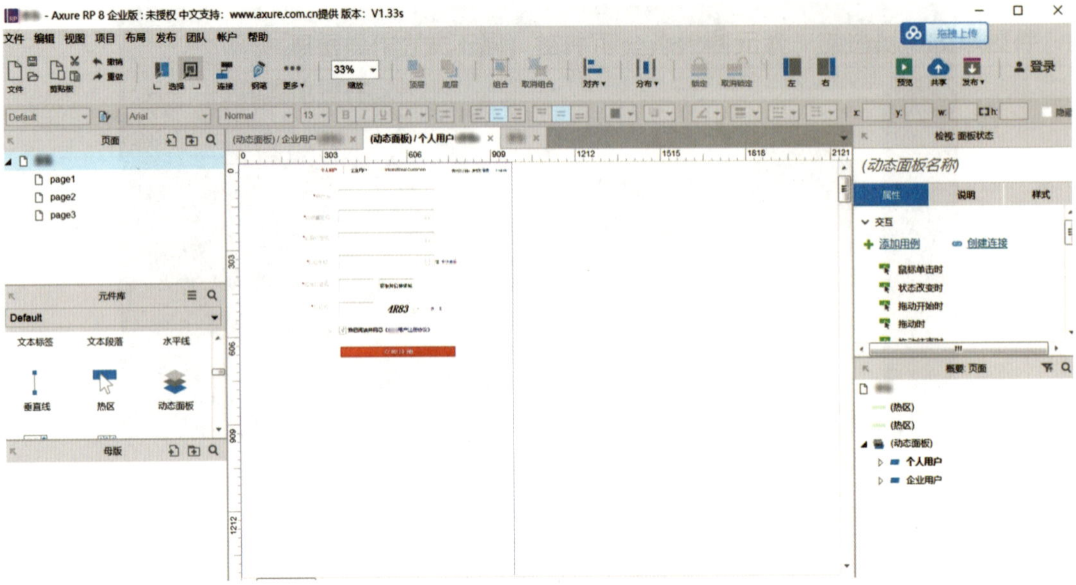

图 1-2-4　使用 Axure RP 绘制原型图的效果

1. 分析设计需求

在 UI 设计开始之前，设计人员需要先分析设计需求，整理设计思路，然后才能有针对性地开展设计。分析设计需求可以从以下三方面入手。

（1）市场需求。市场需求包括市场背景、市场定位、现有产品数据、产品的运营与盈利方式等。

（2）用户需求。产品最终是要为人服务的，因此用户需求的分析必不可少。用户需求可以从两个方面分析：一是用户的显性需求，即用户的可视化特征，如用户的地域、年龄、性别、职业、兴趣爱好等；二是用户的隐性需求，如用户的使用场合、用户对产品的期待、用户的情感需求等。

（3）产品需求。产品需求是产品的组成部分，也是产品设计最终要达到的目的。在这一阶段，设计人员需要确定产品的功能与内容，即产品中有哪些界面、每个界面中有哪些内容、哪些界面是重点设计部分、选择哪种产品系统等；设计人员也可以将自己设计的产品与同类产品进行对比分析，以明确产品的需求与优势。

2. 明确视觉定位

设计需求分析完成后，即可对 UI 设计的内容进行视觉定位，一般可从色彩与字体的选择、设计风格、界面布局和构图三方面进行考虑。

（1）色彩与字体的选择。界面中的色彩不仅会影响整个界面的效果，还会影响用户使用产品的感受。一般来说，界面中的主题色彩应采用品牌色，因为品牌色已深入人心，用其作为主题色可以进一步加深产品在用户心中的良好印象。界面中的字体也同样重要，可以直接影响界面风格。设计人员可根据产品属性和品牌特点选择合适的字体。

（2）设计风格。不同的界面有不同的设计风格，UI 设计的风格与产品属性是相辅相成的。设计人员可依据产品属性与需求选择合适的设计风格，这样更有利于提升产品的视觉效果。

（3）界面布局和构图。界面布局和构图是在有限的空间内，将界面元素按照产品的需求和风格进行排列组合。界面布局和构图是 UI 设计中不可或缺的部分，决定了产品界面最终的视觉效果，对产品的品牌也有着重要的影响。

如图 1-2-5 所示为某生活 App 的启动页界面，如图 1-2-6 所示为某购物 App 的启动页界面。从色彩来看，这两个界面的主题色彩都选择了品牌色，即黄色和红色；从设计风格来看，这两个界面的风格都比较精简、直白；从界面布局和构图来看，这两个界面都是将主要信息放置在中心位置，保持了视觉上的平衡感。总体来说，这两个界面的视觉定位都非常清晰、准确，让用户一目了然。

图 1-2-5 某生活 App 的启动页界面

图1-2-6 某购物 App 的启动页界面

3. 制定设计规范

设计规范旨在确保整个产品的视觉风格和用户体验的一致性。基于需求分析和设计研究的结果，UI 设计师会制定一套设计规范，这些规范包括色彩方案、字体选择、布局排版、按钮设计、图标样式等，如图 1-2-7 所示。

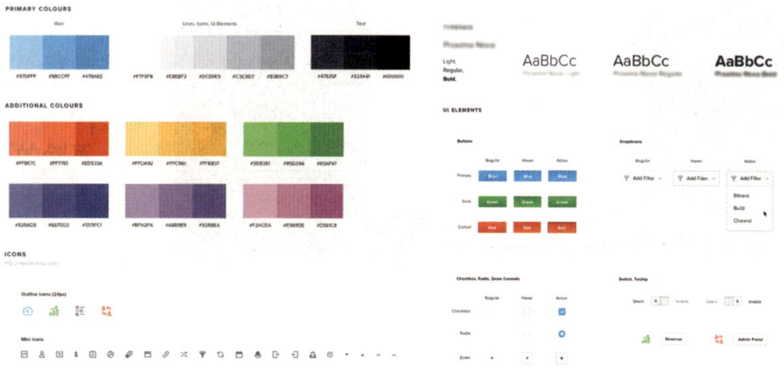

图 1-2-7 制定设计规范

4. 绘制原型图

原型图是设计人员对产品的最初设想，主要是对产品内容和结构进行粗略布局。明确设计规范后，设计人员即可进行原型图的绘制。在绘制原型图前需要对产品界面的文案、图片、音效、交互、动效、视频等加以明确，确定每个界面的内容与布局。如果要求不高，也可以找一些相关的图进行替代，重点还是将想要表达的思路阐述清楚。在原型图绘制过程中，设计人员需要和后期程序员积极沟通，例如界面场景动效如何构思展示、技术上能否实现等，这样才能够确保后续工作顺利完成。原型图可以是手绘的草图，如图 1-2-8 所示，也可以是专业软件制作的低保真原型图，如图 1-2-9 所示。原型图将用于讨论和验证设计的可行性。

5. 绘制效果图

完成原型图的绘制后，设计人员即可搜集需要使用的素材并进行 UI 设计。素材主要包括图片、视频、音效和文字类信息等。UI 设计多使用 Photoshop 或 Illustrator 等绘图软件来完成，设计人员可先根据原型图的要求绘制主要形状，再按照设计要求添加或绘制素材，进行界面的制作。在设计时要注意界面的适用性、规范性、易操作性、统一性和层级性。

6. 标注与切图

界面的效果图绘制完成后，为了保证后期程序员在开发产品时能够准确、高效地还原界面，设计人员需

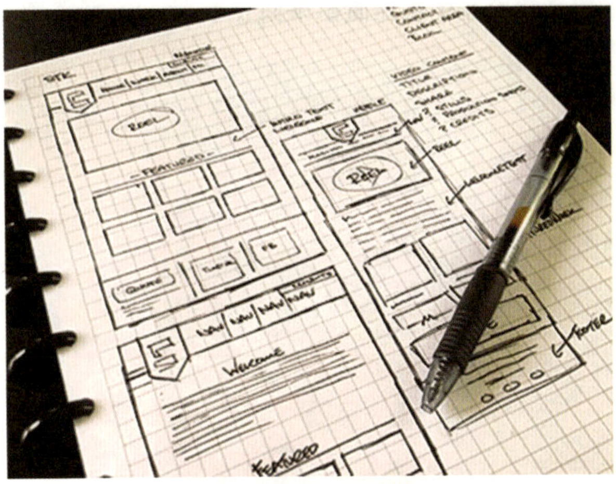

图 1-2-8　手绘原型图

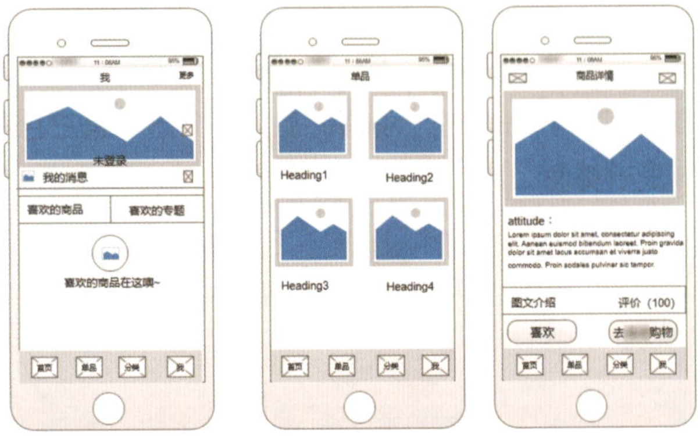

图 1-2-9　低保真原型图

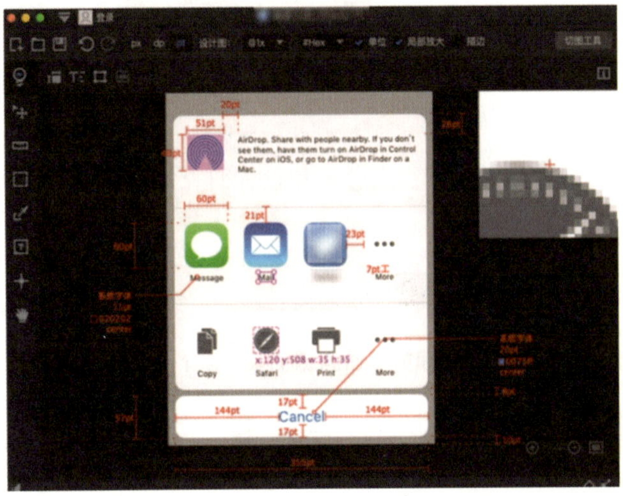

图 1-2-10　使用 PxCook 对设计图进行标注

要对设计出来的界面进行精确的尺寸标注与切图。合适、精准的标注与切图可以最大程度地还原设计图。专业的标注工具可以显著提高工作效率，如 MarkMan、PxCook 等工具；切图可直接使用 Photoshop。如图 1-2-10 所示为使用 PxCook 对设计图进行标注的效果。

7. 测试与完善

设计方案完成后，需要进行用户测试。通过观察用户的操作行为和分析用户的反馈，UI 设计师可以发现潜在的设计问题，并及时进行修正。根据用户测试的结果，UI 设计师要对设计方案进行修订和完善，包括调整布局、优化图标改进交互等。修订后的方案将再次进行用户测试，直到达到满意的用户体验为止。

8. 产品发布

在完成所有的测试和完善之后，即可进行产品的最终发布。在这个阶段，UI 设计师需要确保产品的设计在所有平台都能呈现出最佳的视觉效果和用户体验。

以上就是 UI 设计的整个流程。要注意的是，这个流程不是线性的，也就是说，不同阶段之间可能会有反复的过程。此外，在整个流程中，UI 设计师需要与项目团队的其他成员（如产品经理、开发人员等）保持密切沟通和协作，以确保产品的顺利开发与发布。

任务拓展

1. 完成以下测试题：

（1）UI 设计的常用软件是什么？它们适用的领域分别是什么？

（2）UI 设计的流程是什么？

（3）UI 设计的流程是不是线性的？为什么？

2. 请你挑选一款 App，进行用户需求分析。

分析思路（以微信 App 为例）。

根据公开信息和分析，微信的用户主要集中在以下人群：

（1）年轻人。年轻人是微信用户中比例最高的人群，包括中学生和大学生等。年轻人思想活跃，接受新事物较快，微信的社交功能和新颖的沟通方式正符合他们的需求。

（2）白领。白领是微信的主要用户群体之一，他们使用微信进行工作交流，关注公众大号，获取行业信息等。微信提供的跨平台、便捷的沟通方式以及丰富的社交功能，为白领提供了极大的便利。

（3）商务人士。微信的商业功能和高效便捷的沟通方式，使得商务人士成为微信的重要用户群体。他们使用微信进行业务交流、商业合作等，微信也为他们提供了丰富的商业资源。

（4）学生。学生是微信的主要用户群体之一，他们使用微信进行社交、学习、获取信息等。微信为学生提供了一个广泛的社交平台，同时也为他们提供了丰富的信息和知识资源。

（5）其他。其他类型的用户也可以加入微信，包括自由职业者、老年人等。他们使用微信进行沟通和交流，同时也享受微信提供的各种便捷服务。

综上所述，微信的用户主要集中在年轻人、白领、商务人士、学生和其他类型用户。微信凭借其便捷的沟通方式、丰富的社交功能和广泛的信息资源，吸引了不同群体的用户，成为人们日常生活中不可或缺的社交工具。

微信的用户需求主要体现在以下几个方面：

（1）沟通需求。微信最开始出现就是以解决人们的沟通需求为主要功能，尤其是熟人之间的沟通。微信的语音聊天功能使用户录入信息的方式更加简洁，符合移动互联网时代的特征。微信支持跨通信平台、跨操作系统平台操作，降低了使用不同平台的用户的沟通成本。

（2）信息分享需求。微信 4.0 版本加入了朋友圈这个重量级功能，满足了用户之间一对多的熟人沟通需求。同时，微信也支持查看附近的人、摇一摇、漂流瓶等陌生人社交功能，满足了用户基于陌生人交往的需求。

（3）社交网络需求。微信的社交网络需求也是非常重要的。朋友圈、公众号、微信群等社交网络功能满足了用户对社交网络的需求，让用户能够更好地建立和维护自己的社交网络。

（4）支付转账需求。微信支付功能为用户提供方便快捷的支付和转账服务，满足用户的金融需求。

（5）隐私保护需求。微信用户还希望保障自身数据的安全，防止个人信息泄露和其他安全问题。

任务三　UI 设计的原则和规范

任务目标	知识目标	掌握 UI 设计的原则 掌握 UI 设计的规范
	技能目标	能够理解 UI 设计的原则 能够运用 UI 设计规范进行作品赏析
	价值目标	提高对设计信息的搜集与分析能力 培养认真严谨、精益求精的职业精神 培养良好的 UI 设计规范与素养
建议课时	理论 2 课时	
课前准备	查找界面设计原则和规范的相关资料	
评价方法	线上测试、课后作业检测、教师评价、学生互评等	

相关知识

一、UI 设计的原则

好的 UI 设计不仅起着传播信息的作用，还能使用户得到视觉上的享受。为了使产品界面能有好的视觉效果，达到提升品牌形象、促进产品销售、传播价值理念等目的，UI 设计人员需要遵循以下五个原则。

1. 适用性

衡量一个 UI 设计是否成功，最主要是看设计的产品界面能否被用户接受，符合用户的使用习惯。适用性原则是 UI 设计的基本原则，主要包括以下两个方面。

（1）功能的适用性。对于一个产品来说，其本身是为人服务的，是为人所使用的，其展现目的也是满足用户的某种需求，因此产品功能的适用性是非常重要的。功能的适用性主要有两个方面，分别是实用功能的适用性和审美功能的适用性，二者相辅相成。实用功能的适用性是指产品界面的适用性，即尽量使用简洁的、用户熟悉的操作界面，而不是一味地追求华丽、炫酷，让用户快捷、轻松地获取需要的信息。审美功能的适用性是指在满足实用功能适用性的前提下提升产品界面带给用户的精神满足感。

（2）尺寸的适用性。UI 设计主要在软件产品界面中展示，很容易受到屏幕尺寸的限制，因此，设计人员在进行 UI 设计时需要注意尺寸的适用性，同一个软件应有不同尺寸的产品界面。如图 1-3-1 所示为不同尺寸的某旅行网站界面的 UI 设计效果。

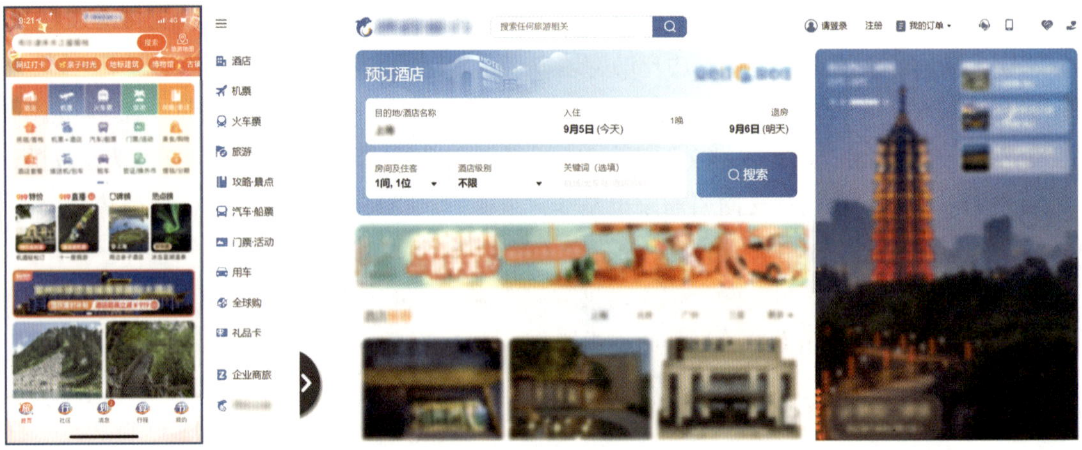

图 1-3-1　不同尺寸的某旅行网站界面的 UI 设计效果

2. 规范性

每个产品界面都有一套属于自己的设计规范，遵循规范性原则可以减少时间消耗和沟通成本，让界面最终的呈现效果与预期效果一致。不同的系统也会有不同的规范，如 iOS 和 Android 操作系统的设计规范就有所不同，如图 1-3-2 所示即为微信界面对于按钮的设计规范。

3. 易操作性

UI 设计不同于其他的平面设计。用户会在 UI 界面中进行交互操作，因此，UI 设计应具有方便易用的特性，帮助用户快速了解和使用产品，增加用户对产品的操作信心，减少使用产品的错误操作次数。一般来说，UI 设计的易操作性主要体现在进行交互操作的按钮上：按钮与按钮之间需要保持合适的距离；对用户进行操作引导；操作简洁易懂。如图 1-3-3 所示为某购物 App 的登录界面和产品购买界面，在登录界面中有多种登录方式供用户选择，用户既可以选择常用的手机号登录，也可以选择微信、QQ 等关联账号

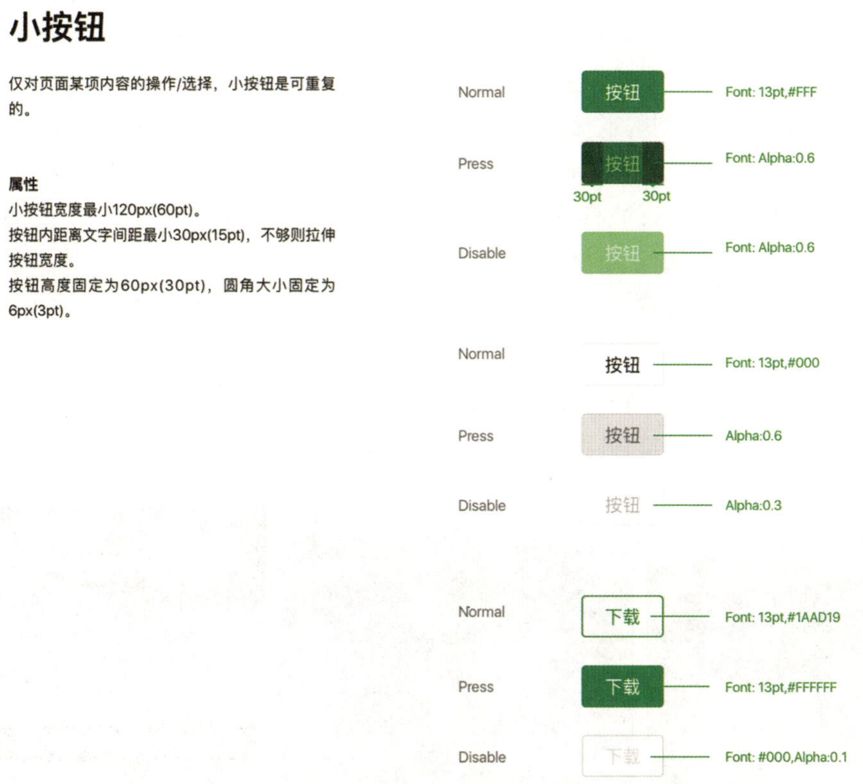

图 1-3-2　微信界面对于按钮的设计规范

登录。产品购买界面中有明确的提示按钮，如“购物车”“补贴价购买”等按钮，使用户的购物操作简单，成交快速。

图 1-3-3　某购物 App 的登录界面和产品购买界面

4. 统一性

通常来说，UI 设计不是一个单独的界面，而是由多个不同的界面组成的，因此，统一性是 UI 设计必须遵循的原则。统一性原则贯穿 UI 设计的全过程，如在整个 UI 设计过程中，界面中的版式、文字大小与间距、色彩、风格、布局等元素都要做到基本统一和协调；在对界面内容进行描述时，界面中的功能要与内容的描述保持一致，避免对同一功能的描述使用多个不同的词汇。另外，设计人员在进行交互设计时，其交互行为也需要统一，如所有需要用户确认的对话框中都应有“确认”和“取消”两个按钮。统一性原则可以让整个界面看起来整齐有序，加深界面在用户心目中的良好印象。

如图 1-3-4 所示为某游戏 App 界面。从风格上来看，该 App 各个界面中的按钮、图标和文字等统一采用了卡通风格；从色彩上来看，该 App 的整体色彩都比较艳丽、醒目；从文字上来看，每个单独界面中的文字字体样式和大小保持统一，第二个界面的“小伙伴们”与“风车币商店”；同时，界面的交互行为设计也都保持了统一，第三个界面的游戏操作和道具使用的交互效果是一样的。

图 1-3-4　某游戏 App 界面

5. 层级性

一般而言，界面内容的层次感分明、交互逻辑清晰会给用户带来良好的印象，而没有层级性的界面会让用户找不到内容重点，使用户感到困惑和混乱，从而产生不好的使用体验。并且，强烈的视觉层次感也会使用户形成清晰的浏览顺序。因此，UI 设计的层级性非常重要。设计人员在进行 UI 设计时需要先对内容作整体梳理，考虑各种信息之间的关联性，分清它们的主次关系，然后按照一定的规则进行展示。一般来说，设计人员可以从字体、色彩、图标等界面元素或用户浏览的习惯入手来体现界面内容的层级性。

如图 1-3-5 所示为某品牌的官方网站界面，从导航栏文字的字号与颜色来看，顶部第二排导航栏中，“新品”“定制”等文字颜色较深，与白色背景色对比度较强，因此为第一层级；顶部第一排导航栏中，“品牌首页”“商城”等文字颜色与背景色对比度较弱，字号也相对较小，因此为第二层级。网站首页的 Banner（横幅广告）图也遵循了层级性的 UI 设计原则。该图中展现产品特点的广告语“屏大 世界大”最为醒目，能让目标客户第一时间被吸引，属于第一层级；图中第二层级为产品名称和型号，符合用户的认知规律；图

图 1-3-5 某品牌的官方网站界面

中第三层级为产品的促销活动文字，使用黑体字和小字号，进一步激发用户对产品的兴趣。

二、 UI 设计的规范

一个完整的 UI 作品是由多个界面组合而成的，因此，统一的 UI 设计规范非常重要。UI 设计规范是设计人员在进行 UI 设计时共同遵循的标准，能够在表现界面特点的同时保证视觉的统一性，对产品界面的质量起着关键性作用。UI 设计规范是指图标、色彩、字体和行间距、按钮、图片、组件等 UI 组成元素的设计规范，遵守这些规范将有助于设计出更好的作品。

1. 图标设计规范

图标是具有高度概括性的、用于传达视觉信息的小尺寸图像，常与文本搭配使用。图标不仅能传达出丰富的信息，还能提升整个界面美观度和信息可识别性。有的图标还具有交互性和功能性，用户点击这些图标会执行特定的操作，触发相应的功能。同一产品中的图标大小会有所不同，这就意味着不同界面中的图标设计会有差异。如图 1-3-6 所示为几种 App 界面中不同大小的图标。在 UI 设计中，常见的图标大小为“48px×48px”“44px×44px”“32px×32px”“24px×24px”（px 表示“像素”），设计人员可根据图标大小和用途将界面分类，帮助用户理解界面，图标的风格、色彩和大小等要素保持一致。

图 1-3-6 几种 App 界面中不同大小的图标

2. 色彩使用规范

色彩使用规范主要是确定产品 UI 设计中所能使用的色彩种类。设计人员在设计界面时，可以将需要用

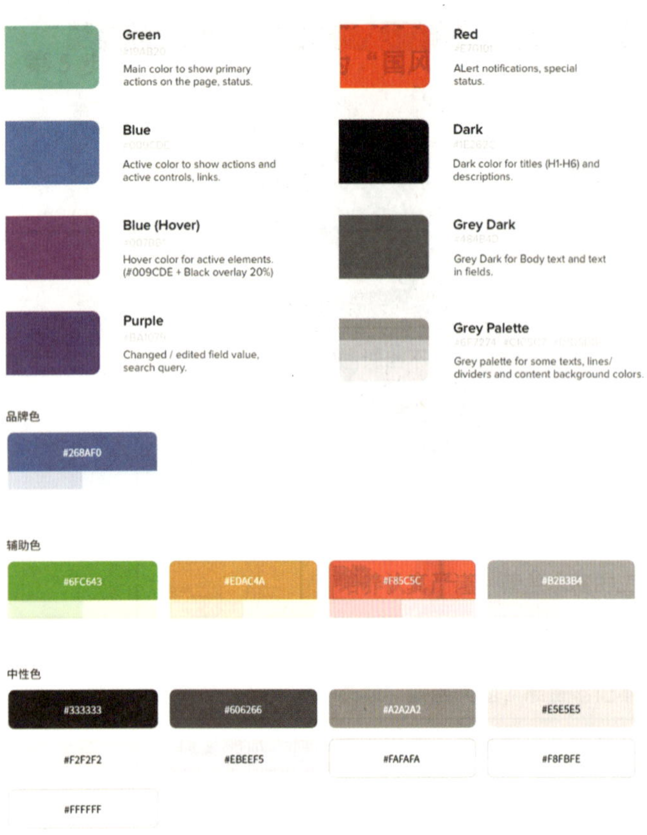

图 1-3-7　色彩使用规范案例

到的所有色彩罗列出来，包括主色、辅助色、点缀色、字体用色、图标用色、按钮用色、块面用色等，并将色彩的标准值标注清楚，如图 1-3-7 所示。

3. 字体设计规范

字体规范是指字号、字体类型、字体颜色等在界面中的使用方式、使用位置等标准，使整个界面的字体具有统一性。字体规范的确立可以让界面层级更加清晰，界面操作功能性更加明确。

（1）系统默认字体规范。很多界面调用系统的默认字体，因此设计人员需要了解系统默认的字体有哪些规范。

iOS 的默认字体规范：iOS 9 以后的版本的中文默认字体为“苹方”，英文默认字体为“San Francisco”，这两种字体的字形纤细饱满，便于阅读，如图 1-3-8 所示。

Android 操作系统的默认字体规范：Android 操作系统的中文默认字体为“思源黑体”，英文默认字体为“Roboto”，这两种字体的字形线条粗细适中、端正大方，如图 1-3-9 所示。

图 1-3-8　“苹方”和“San Francisco”字体

图 1-3-9　“思源黑体”和“Roboto”字体

（2）常用的字号规范。由于各个 App 都是由多个界面组成，因此字号的统一性非常重要，是 UI 设计的基本标准。

（3）App 界面的常用字号。一般来说，App 界面中的导航栏字号和标题字号为 36～40px，正文字号为 32～34px，副文字号为 24～28px，最小字号不低于 18px，如图 1-3-10 所示为字号规范的案例。

编号	字号	行高	粗细	使用场景参考
F1	34px	40px	Medium	页面TopBar标题
F2	32px	38px	Medium	弹窗浮层标题
F3	30px	36px	Regular	楼层标题、重要文本信息
F4	28px	34px	Regular	常规文本信息
F5	26px	30px	Regular	大段落文本信息
F6	24px	28px	Regular	辅助文本信息
F7	20px	24px	Regular	底部导航文本
F8	18px	22px	Regular	属性标签内文本（最小字号）

图 1-3-10　字号规范

因 App 的类型不同，其字号的选择也会有所差别，设计人员可根据 App 的具体设计需求进行选择。如图 1-3-11 所示为某阅读类 App 的界面，因为阅读类的 App 会更注重文本的易读性，所以其整体字号会偏大。如图 1-3-12 所示为某课程类 App 的界面，整体字号为常规大小。

图 1-3-11　某阅读类 App 的界面

图1-3-12　某课程类 App 的界面

（4）网页界面的常用字号。字体是网页界面设计的灵魂，字号也能够对网页界面呈现效果产生较大的影响，其作用不可小觑。网页界面的字号没有明确规定，常用字号为 12～30px。

要注意的是：设计人员在选用字号的时候要尽量选择偶数的字号，以便于后期在开发界面时进行字号换算。

（5）常用的字体色彩规范。除了字体、字号规范外，还有文字色彩规范。一般来说，界面中的字体色彩不宜过多，可先选择一种主色，然后在主色基础上进行字体色彩的透明度变换，如图 1-3-13 所示。

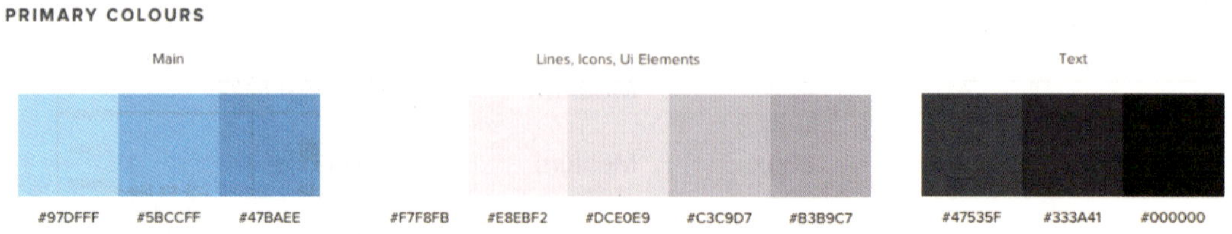

图 1-3-13　字体色彩规范案例

（6）按钮设计规范

按钮是 UI 设计中的必备元素，设计人员应将按钮的设计规范进行文字说明，包括将按钮的整体尺寸、圆角大小、描边大小，以及按钮中的文字大小等标注清楚，如图 1-3-14 所示。按钮的视觉表现主要包括默认状态、点击状态和禁用状态三种。通常情况下，点击状态下按钮的色彩明度比默认状态下的明度低，禁用状态下按钮的色彩较浅、较灰如图 1-3-15 所示。

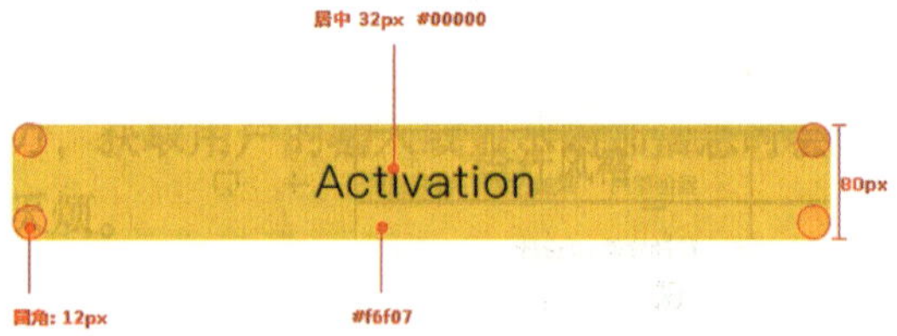

图 1-3-14　按钮的标注

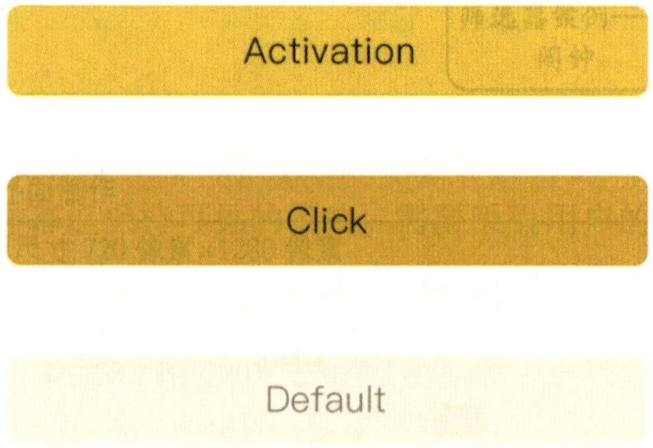

图 1-3-15　按钮的三种常用状态

（7）图片设计规范　在 UI 设计中，对于图片的比例没有严格的规定，设计人员可根据需求进行调整，常用的图片比例有 16∶9、4∶3、3∶2、1∶1 和 1∶0.618（黄金比例）等。

（8）组件设计规范　UI 设计中的组件很多，常见的包括状态栏、导航栏、选项卡、下拉列表框、单选项和复选框、文本输入框、搜索框、进度条、弹出面板、提示框、分割线、开关等。

① 状态栏。状态栏通常显示信号、时间和电量等信息，如图 1-3-16 所示。状态栏的文本和图标通常为白色或黑色，但背景可以被设计成任何颜色，有时会与导航栏合并。

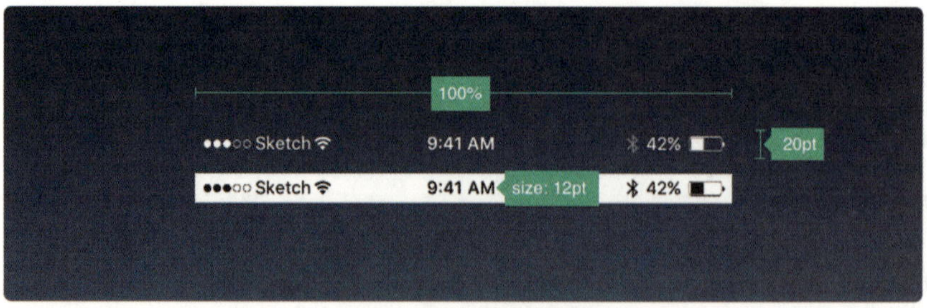

图 1-3-16　状态栏

② 导航栏。导航栏能告知用户当前所在位置，并提供回到上一步或部分下一步操作入口，通常是以顶部出现的形式将当前页面内容作整理分类，并将各类型入口聚合在导航栏，为用户提供全局操作，如图 1-3-17 所示。

③ 选项卡。选项卡也是一种导航组件，通常为反白效果，用户点击某个选项卡后，该选项卡就会填充颜色，如图 1-3-18 所示。

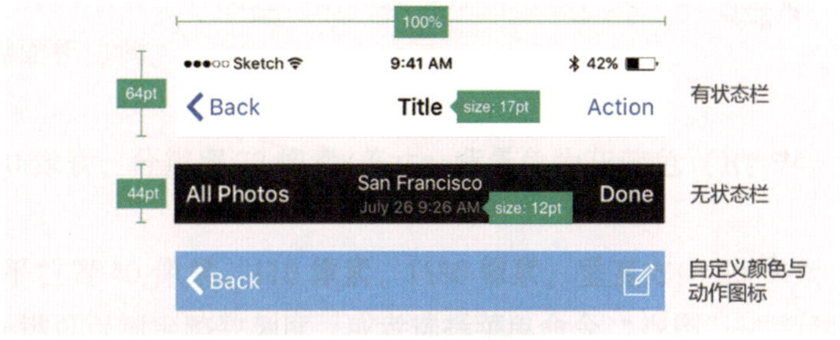

图 1-3-17　导航栏

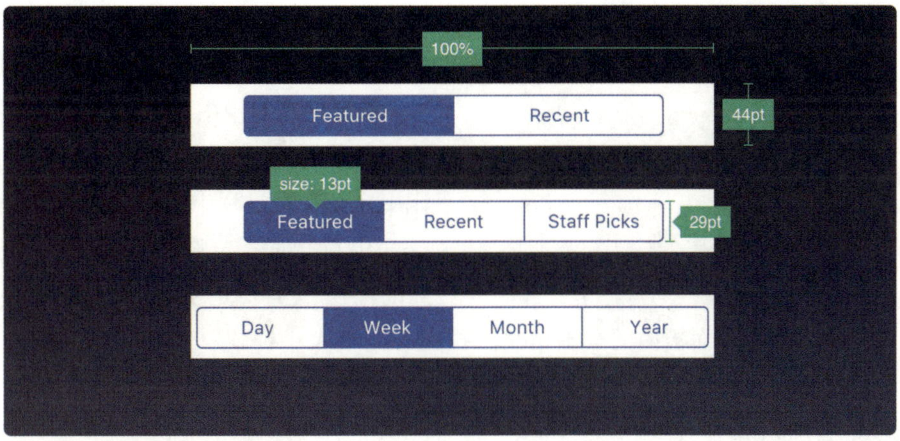

图 1-3-18　选项卡

④ 下拉列表框。下拉列表框为用户提供了多个可供选择的组件，可以帮助用户缩小选择范围。设计人员在制作下拉列表框时需要设置三种状态，分别是“默认”“悬停”和“点击”，如图 1-3-19 所示。

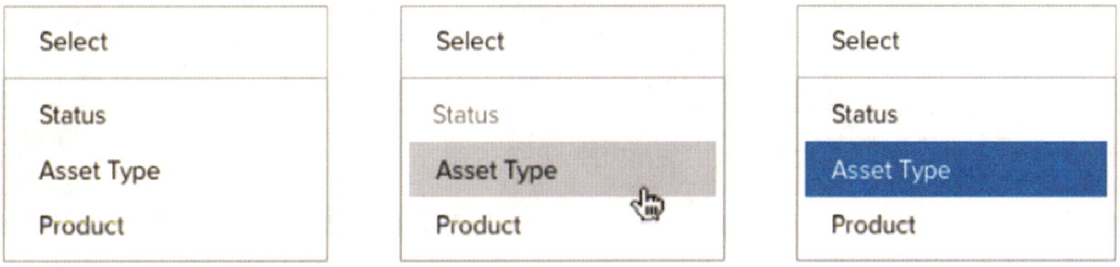

图 1-3-19　下拉列表框

⑤ 单选框和复选框。单选框是指在多个选项中只能选择一个，复选框是指在多个选项中可以选择多个。设计人员在设计单选框和复选框时需要设置“未选中”“悬停”“选中”“不可点击”四种状态，如图 1-3-20 所示。

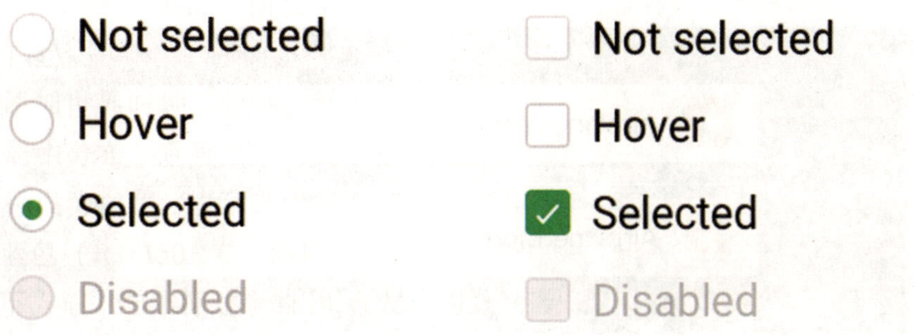

图 1-3-20　单选框和复选框

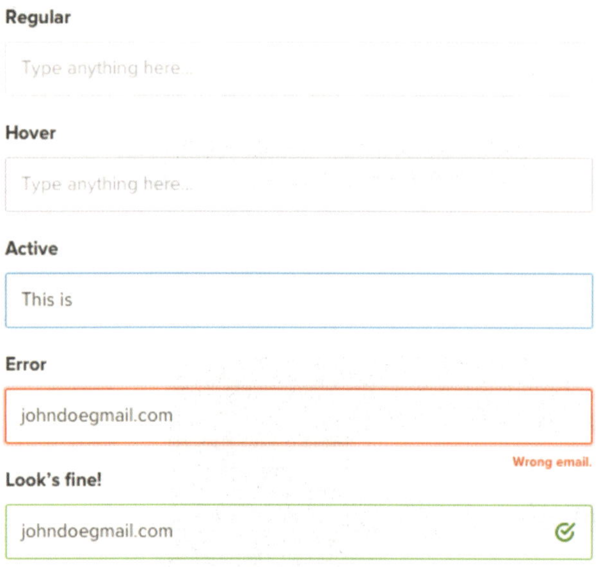

图 1-3-21　文本输入框

⑥ 文本输入框。文本输入框是 UI 设计中必不可少的组件，主要有五种状态，即“默认”“悬停”“输入”“错误”和“完成”，如图 1-3-21 所示。

⑦ 搜索框。搜索框和文本输入框类似，都需要输入内容后完成操作，主要有四种状态，即“默认”“输入”“搜索下拉”和“错误”。设计人员在制定设计规范时需要将不同状态下文字的字号、色彩等都标注出来。

⑧ 进度条。进度条在界面中非常常见，主要是为了让用户清晰地了解当前状态。进度条的状态包括“默认”“上传中”“上传成功”“上传失败”。设计人员需要在 UI 设计规范中标注进度条的所有状态，让用户在操作过程中能够及时收到响应。

⑨ 弹出面板。弹出面板是一个需要用户进行交互的浮层，主要是引导用户完成一个特定的操作。其主要由五个部分组成，分别是面板内的文本信息、按钮、面板大小样式、蒙版颜色和蒙版透明度。设计人员在制定设计规范时需要注意视觉上的统一性，如弹出面板的蒙版颜色、蒙版透明度、按钮大小等，以及交互操作的统一性，如关闭按钮的位置等。

⑩ 提示框。提示框是一个由事件触发而显示弹出面板的组件，在用户操作时给予提醒。其类型多样，设计人员在制定设计规范时需要将其中的字号、色彩等标注出来，如图 1-3-22 所示。

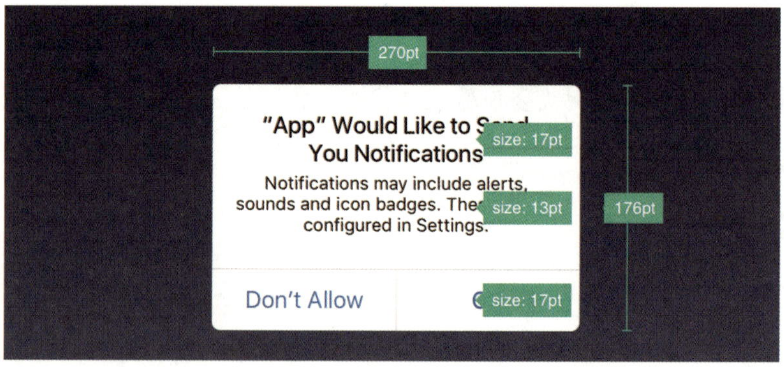

图 1-3-22　提示框

⑪ 分割线：分割线是划分界面层次的常用组件。设计人员在制定设计规范时需要注意分割线的使用场景，场景不同，其色彩透明度也会有所不同。常见的分割线颜色色值有 # E5E5E5、#CCCCCC” 等。

⑫ 开关。通常用滑块表示，通过滑块的左右位置和颜色的变化区分“开”和“关”的属性，如图 1-3-23 所示。

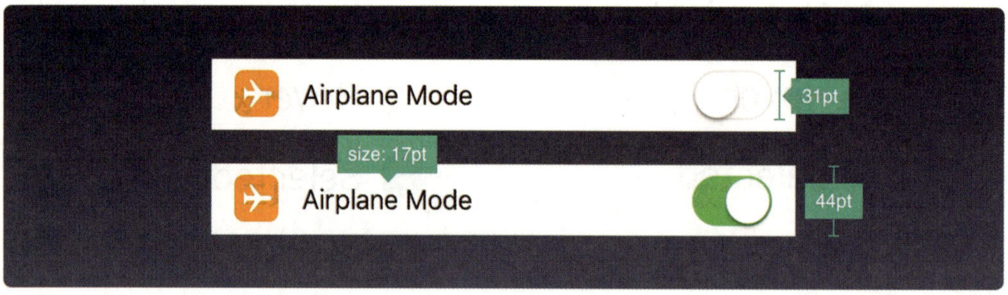

图 1-3-23　开关

三、设计规范分析案例

下面对图 1-3-24 所示的某旅行 App 界面进行赏析，分析该界面设计中遵循了哪些设计规范，从而巩固本任务所学知识。

图 1-3-24 某旅行 App 界面

赏析思路：

（1）该 App 界面框架包含了状态栏、导航栏、主菜单栏、内容区域等部分。状态栏为界面最上方的电量、时间、信号等信息区域；状态栏与导航栏合并；第一个界面上方的“搜索栏”和“酒店 1 折起”“网红打卡”等按钮为导航栏；第一个和第三个界面下方的“首页”“社区”“消息”等图标和文字显示区域为主菜单栏。

（2）图标。从界面中可以看到该 App 的图标风格一致、大小一致、色彩运用规律一致，如第三个界面中的“全部订单”“待付款”“未出行”等图标。

（3）文字和间距。界面中的文字和间距也非常有规范性，同一组合中的文字大小一致。

（4）搜索框。可以看到第一个界面中的搜索框处于默认状态，第二个界面中的搜索框处于输入状态。

（5）卡片。界面中卡片统一采用的是圆角半径相同的圆角矩形，同一组合中的卡片大小一致。

任务拓展

1. 完成以下测试题：

（1）UI 设计的原则有哪些？

（2）UI 设计的规范包括哪些内容？

（3）iOS 操作系统和 Android 操作系统的默认中英文字体规范分别是什么？

2. 请你对图 1-3-25 所示的 UI 界面进行赏析，分析其 UI 设计原则和规范。

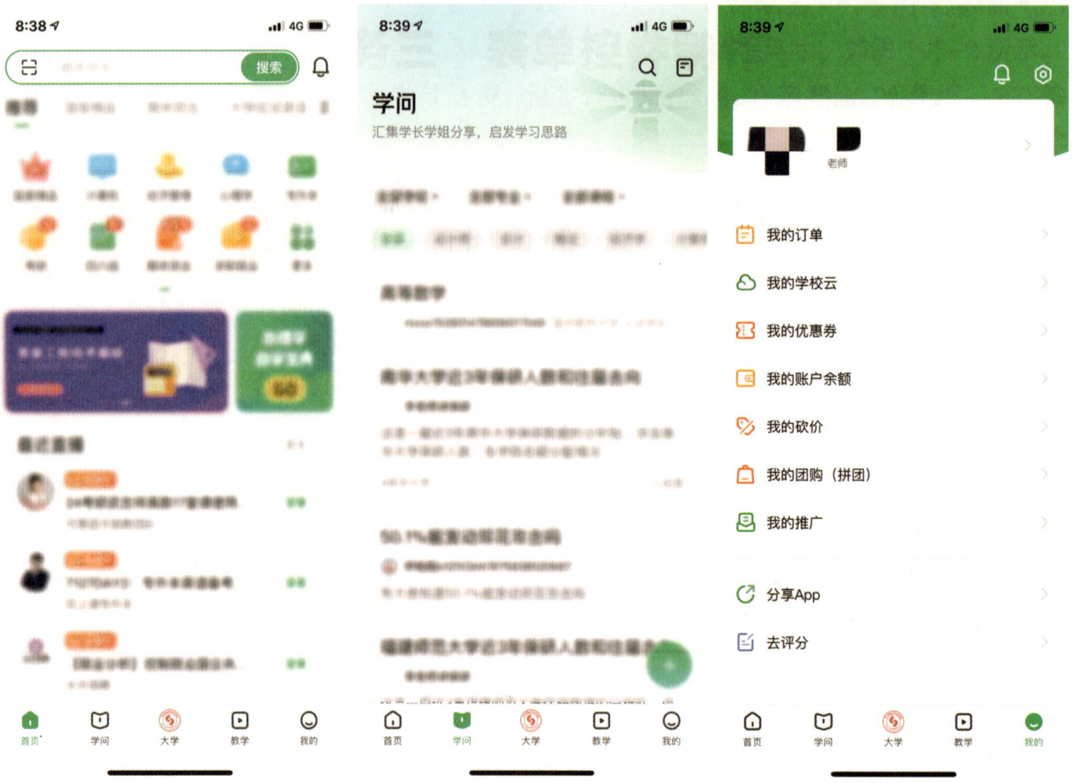

图 1-3-25　某 App 界面

配套课件

项目二 UI设计常用控件

项目二

UI设计常用控件

本项目将完成以下任务：

- 任务一　控制元素制作
- 任务二　筛选器制作
- 任务三　表单控件制作
- 任务四　按钮制作
- 任务五　其他控件制作

在 UI 设计中，控件可以梳理界面、完善界面结构并进行界面跳转。那么，什么是控件？控件有哪些类型？按钮、文本框、滑块等属于哪种类型的控件？还有什么类型的控件？它们有什么功能？

本项目通过对控件相关知识的介绍和用 PS 软件设计不同功能的控件，学习控件的设计技巧和制作技术，为后续手机界面设计做准备。

任务一　控制元素制作

任务目标	知识目标	了解控件的含义和分类 掌握控制元素的分类及功能 掌握控制元素——开关的制作方法
	技能目标	能列举 UI 界面中用到的控件 能说出不同控制元素的功能 能用 PS 软件制作开关
	价值目标	树立正确的艺术观和创作观 弘扬美育精神，提高审美能力和人文素养 关注用户体验，培养匠心精神
建议课时	理论+实践 2 课时	
课前准备	预习本任务微课视频，整理问题，准备笔记本	
评价方法	线上测试、课后作业检测、教师评价、学生互评	

相关知识

在 UI 设计中，控件（Widget）是 UI 的基本构建块，如文本框（Text Box）、按钮（Button）、复选框（Checkbox）、滑块（Slider）等。大多数控件具有执行功能或通过“事件”引发代码运行并完成响应的功能。控件是可视化图形“元件”，将这些元件更好地排列组合从而满足产品的调性，让用户尽快适应且易操作，如图 2-1-1 所示。

控件在视觉上是变化的，在与用户互动的过程中，随着用户的操作变化显示不同的状态。可以通过设置

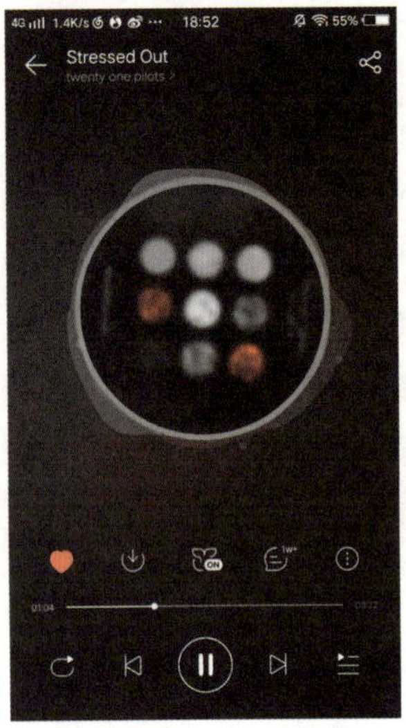

图 2-1-1　控件界面

颜色、字体、内边距等属性来满足 UI 设计的需求。

根据操作方式不同，控件可分为控制元素、筛选器、表单控件、按钮控件和其他控件。

一、常用控制器

控制元素也称控制器，用于显示状态或进度，主要包括活动指示器、进度指示器、页码控制器、刷新控件、滑动器、开关和步进器等。

1. 活动指示器

活动指示器（Activity Indicator）用于告知用户有一个操作正在进行中。当任务开始处理或加载时，活动指示器就开始旋转，任务完成后活动指示器消失，用户无需与之进行交互。如图 2-1-2 所示为活动指示器正在处理加载任务的表现形式。

活动指示器在状态栏上可使用系统自带的图形，不需要额外设计。在界面中可以根据产品风格设计活动指示器的尺寸和颜色，使之与视图的背景相协调。iOS 和 Android 操作系统的活动指示器，如图 2-1-3 所示。

图 2-1-2　活动指示器样式

图 2-1-3　iOS 和 Android 系统的活动指示器

2. 进度指示器

进度指示器（UI Progress View）用于展示可预测完成度（时间、量）的任务或过程的完成情况。进度指示器可分为确定性和不确定性两类。在同一个 App 产品中，两类进度指示器可以叠加使用。

确定性进度指示器可以明确告诉用户完成某个操作的进度情况，给用户即时的反馈，一方面告诉用户应用需要等待一段时间完成某个操作，另一方面告诉用户这个过程大概需要多长时间。

确定性进度指示器有两种形状：线性和圆形。线性进度指示器又称为进度条（Progress bars），适合用在水平方向有足够空间的界面，如图 2-1-4 所示。圆形进度指示器又称为环形进度条，或进度圈（Progress circle），由于所占空间比线性的要小，它适合用在空间不大、纵向分布的区域，或小组件（如按钮、文本框）内，如图 2-1-5 所示。

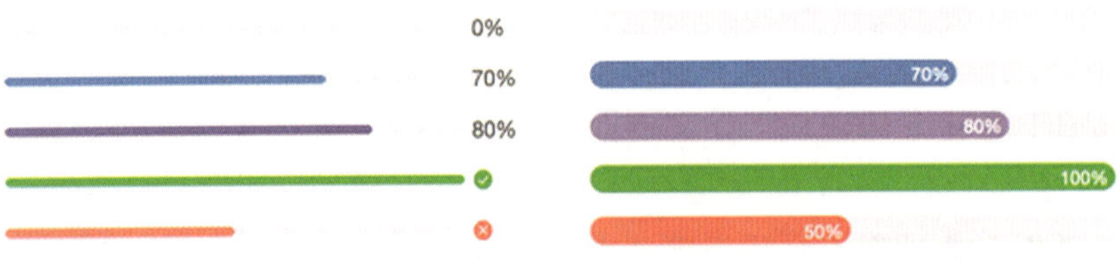

图 2-1-4　线性进度指示器

图 2-1-5　圆形进度指示器

不确定性进度指示器会不停循环滚动直到进程操作结束，相当于活动指示器引导用户等待但并没有明确告知用户等待时间或进度。在等待需要 10 秒或更长时间的情况下，如果用户看到富有创意的指示器时，比如有趣的动画，他们可能会不太关注等待本身，如图 2-1-6 所示。

图 2-1-6 不确定性进度指示器

3. 页码控制器

页码控制器（UI Page Control）也称为页码指示器，可显示共有多少页视图，当前为第几页。在 iOS 系统中，每一页视图在页码指示器中用一个圆点表示，圆点顺序与视图的顺序一致，白色的圆点为当前打开的视图。用户可以点击白色点左右的圆点浏览上一页或者下一页，如图 2-1-7 所示。

一般设计不超过五个“圆点”，纯白色不透明的圆点表示当前页，灰色（20%透明度的白色）表示未激活页，如图 2-1-8 所示。页面控制器上的圆点不会因为数量增加而缩小，也不会因为数量减少而相互挤压。

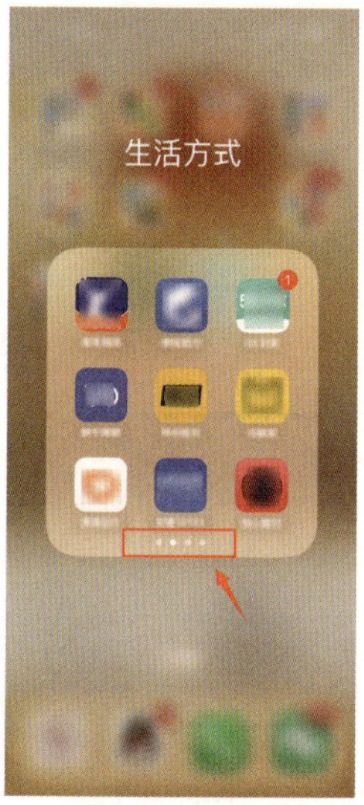

图 2-1-7 iOS 系统的页码控制器

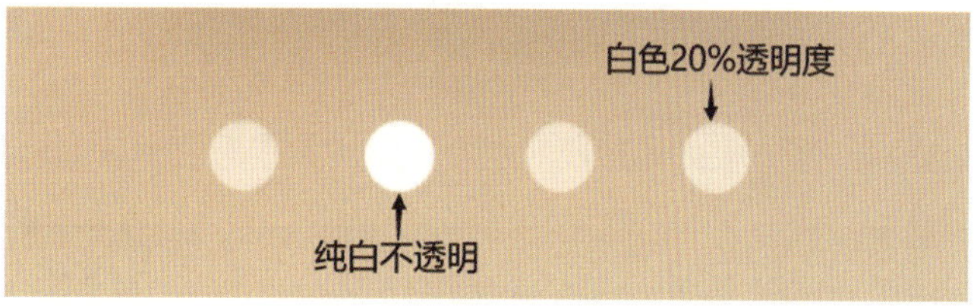

图 2-1-8 页码控制器设计规范

4. 刷新控件

刷新控件（Refresh Control）用于刷新当前页面的内容。目前主流的有下拉刷新和上拉刷新两种方式。以某视频 App 为例，在当前页面实施下拉动作，界面反馈当前页面内容条数不变，而内容更新，如图 2-1-9 所示。上拉刷新意为加载，一个页面固定加载一定条数的内容，由上至下看完一定条数，实施上拉动作，后面的内容将继续载入，如图 2-1-10 所示。

5. 滑动器

滑动器（Slider）包含滑块和滑轨两部分，当滑动滑块时，相应的值会实时连续变化。用户可以使用滚动条精准地控制数值或者操控当前的进度。滑动器样式如图 2-1-11 所示。

6. 开关

开关又称为切换器（Switch），用于切换两种互斥的选择或状态，如图 2-1-12 所示。切换器展示当前的激活状态，用户滑动控件即可切换状态。

7. 步进器

步进器（Steps）由两个分段控件组成，一个显示增加的符号，一个显示减少的符号，如图 2-1-13 所示。用户单击一个分段来增加或减少某个值。步进器并不展示用户更改的值。

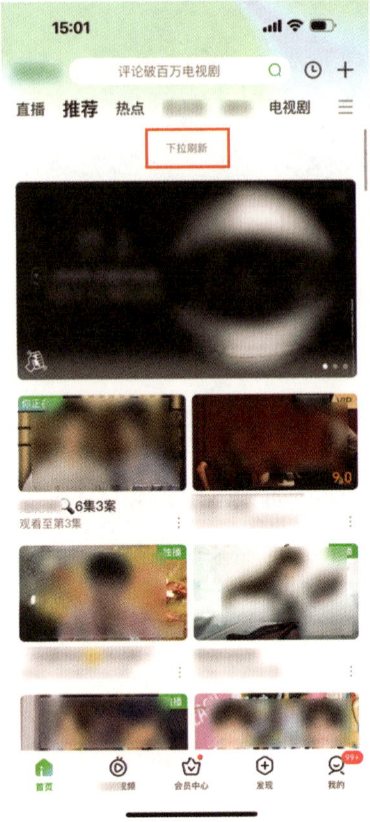

图 2-1-9　某视频 App 下拉刷新

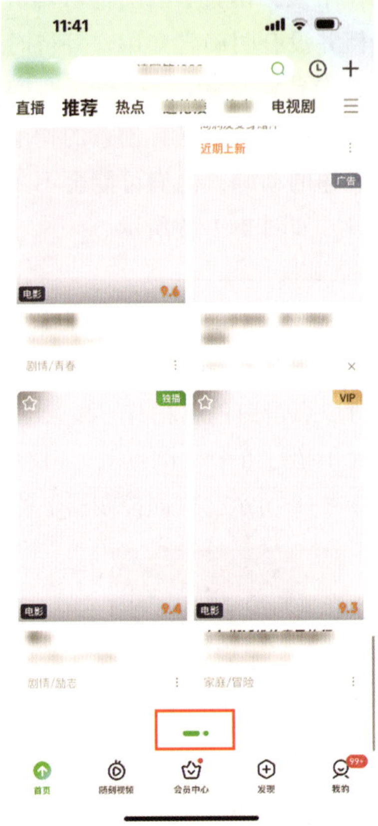

图 2-1-10　某视频 App 上拉刷新

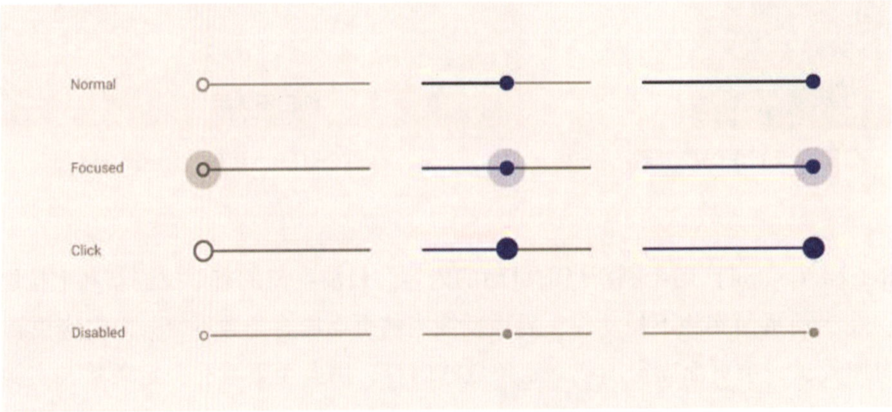

图 2-1-11　滑动器样式

图 2-1-12　开关

图 2-1-13　步进器

二、控制元素案例制作

配套视频

控制元素——开关操作演示

案例主题	立体感开关制作	
任务分析	尺寸规格	宽高 250 像素×100 像素、半径 50 像素
	设计风格	立体化风格
	颜色运用	（R：90　G：233　B：250） （R：206　G：204　B：205）
效果展示		

立体效果的开关整体成圆角矩形状态，主要分成两部分：蓝色的底座有内凹效果；滑块凸起于底座，滑块之上还有一个内陷结构，表达左右滑动滑块切换开关状态的功能用意。开关的凹凸立体感通过不同图层样式的参数设置来呈现。

● 绘制步骤：

第 1 步　新建文件，宽度、高度均为 800 像素，分辨率 72 像素/英寸，背景白色。

第 2 步　使用“圆角矩形”工具绘制宽高 250 像素×100 像素、半径 50 像素的圆角矩形作为开关的基本形状，如图 2-1-14 所示；填充色为蓝色（R：90　G：233　B：250），如图 2-1-15 所示。

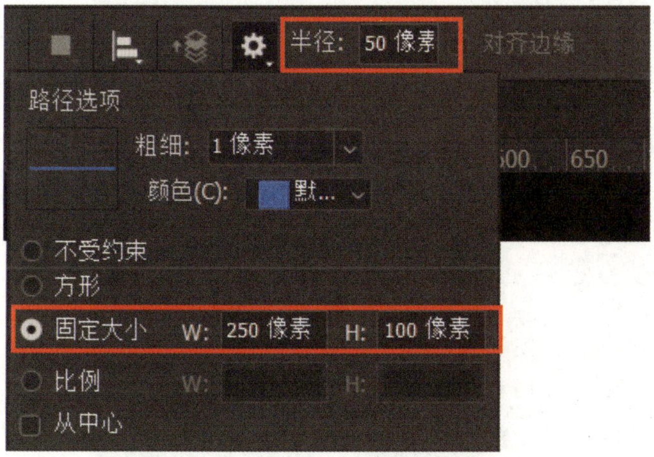

图 2-1-14　圆角矩形参数

图 2-1-15　开关基本形状

第 3 步　添加图层样式，设置内阴影，参数设置如图 2-1-16 所示，使得圆角矩形带有内向凹陷的效果（**注意：**阴影的颜色不要使用黑色，要选择与底色同色系的颜色）。

第 4 步　设置外发光效果，参数设置如图 2-1-17 所示，使得圆角矩形边缘柔和，与环境融合。设置完成后的效果如图 2-1-18 所示。

第 5 步　为了让当前圆角矩形背景更有层次感，再新建一个 255 像素×105 像素大小的圆角矩形，添加渐变叠加图层样式，呈现上蓝下白的渐变效果。参数设置如图 2-1-19 所示。

第 6 步　将新生成的圆角矩形图层拖到初始圆角矩形图层下方，两个图层同时选中，在“移动工具”栏中选择状态，使两个圆角矩形水平、垂直居中对齐叠加在一起，如图 2-1-20 所示。

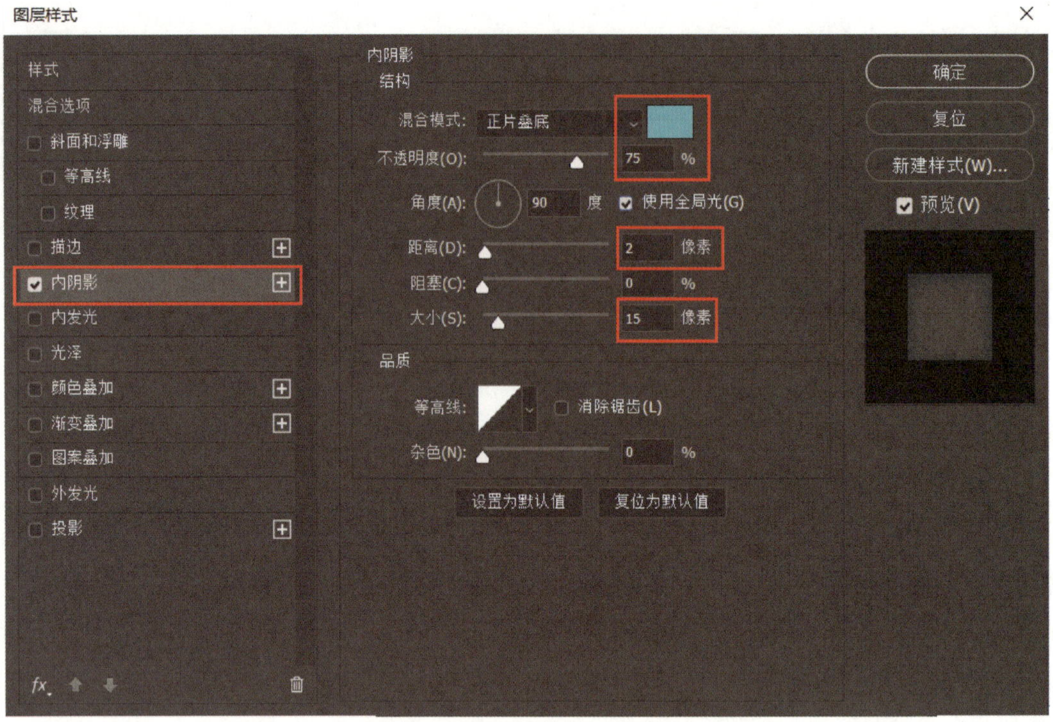

图 2-1-16　内阴影图层样式设置

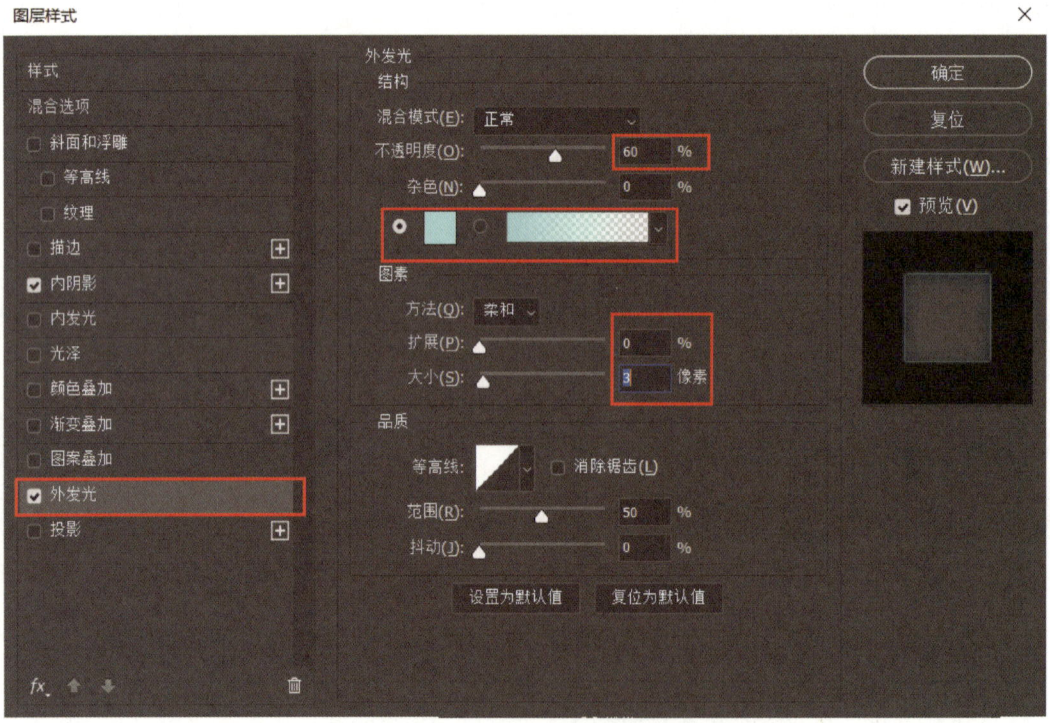

图 2-1-17　外发光图层样式设置

图 2-1-18　内阴影+外发光开关效果

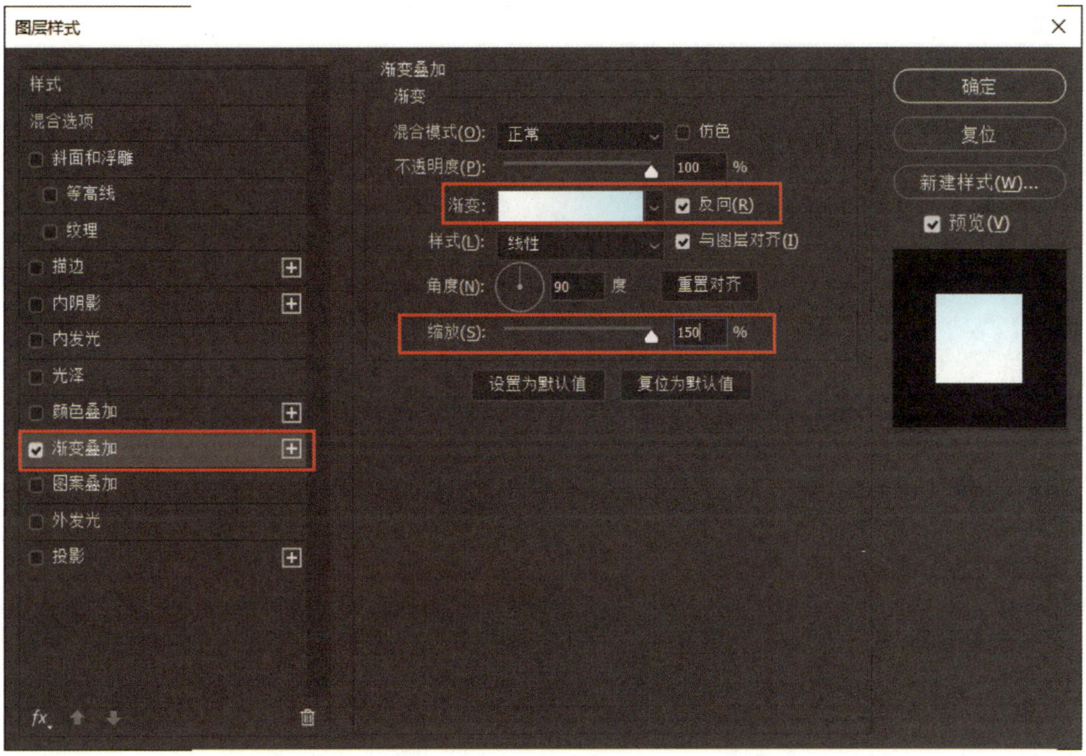

图 2-1-19　外发光图层样式设置

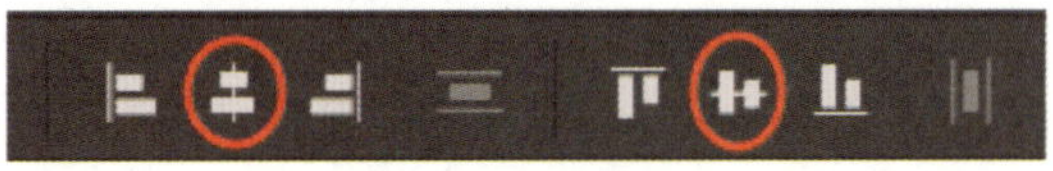

图 2-1-20　两个圆角矩形水平、垂直居中对齐

第 7 步　制作开关底座上的滑块：新建图层，创建宽高 150 像素×95 像素、半径 50 像素的白色圆角矩形，添加渐变叠加和投影图层样式，表现滑块的凸起感。参数设置如图 2-1-21、图 2-1-22 所示，滑块效果如图 2-1-23 所示，立体感开关雏形初现。

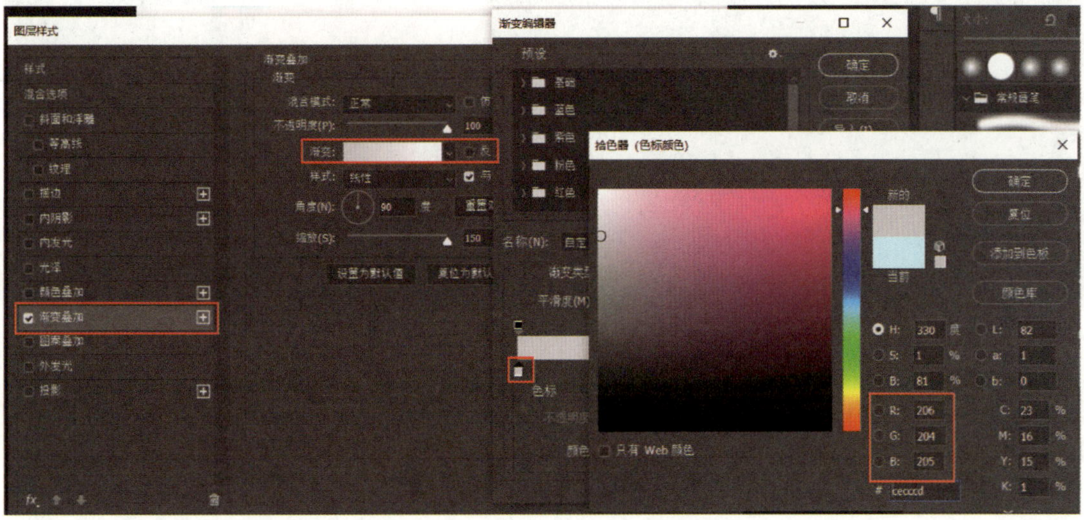

图 2-1-21　渐变叠加图层样式设置

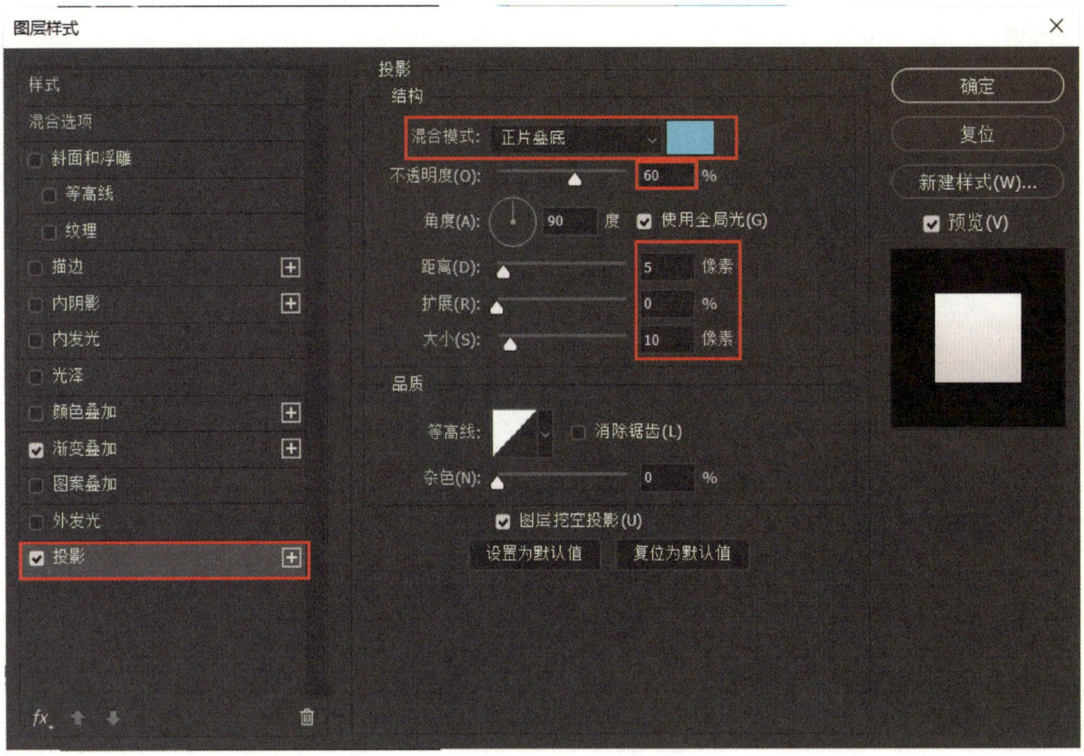

图 2-1-22　投影图层样式设置

图 2-1-23　滑块效果

第 8 步　再次新建一个宽高 145 像素×90 像素、半径 50 像素的白色圆角矩形图层，添加渐变叠加图层样式，上白下灰渐变，灰色适当深一些，参数设置如图 2-1-24 所示。本图层位置与原滑块图层水平、垂直居中对齐，进一步增加开关滑块的立体感。

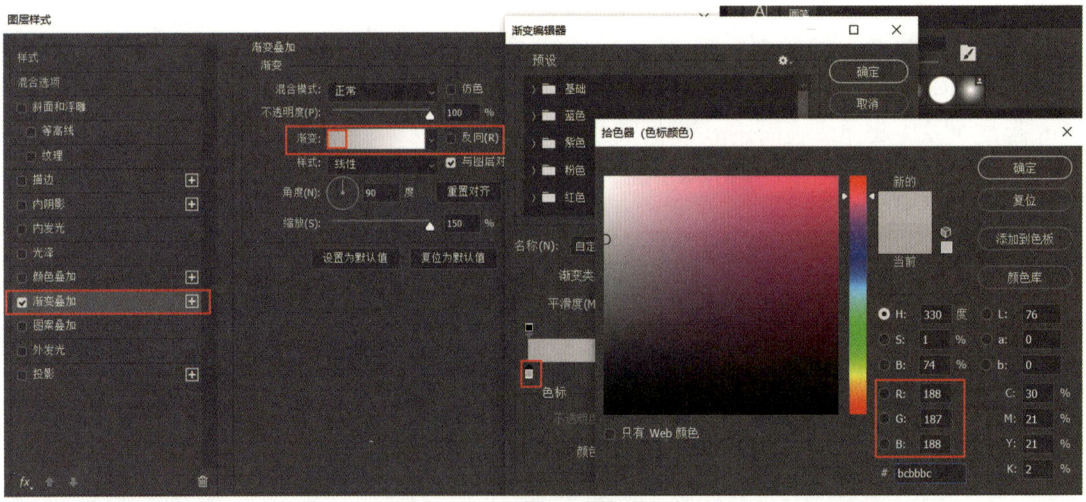

图 2-1-24　渐变叠加图层样式设置

第 9 步　新建图层，使用“椭圆”工具绘制一个直径为 70 像素的正圆形，将其移动到滑块偏左的位置，添加渐变叠加图层样式，上灰下白，形成凹陷效果，参数设置如图 2-1-25 所示，开关完成效果如图 2-1-26 所示。

第 10 步　可以在开关下方设置简单的文字加以说明，效果如图 2-1-27 所示。

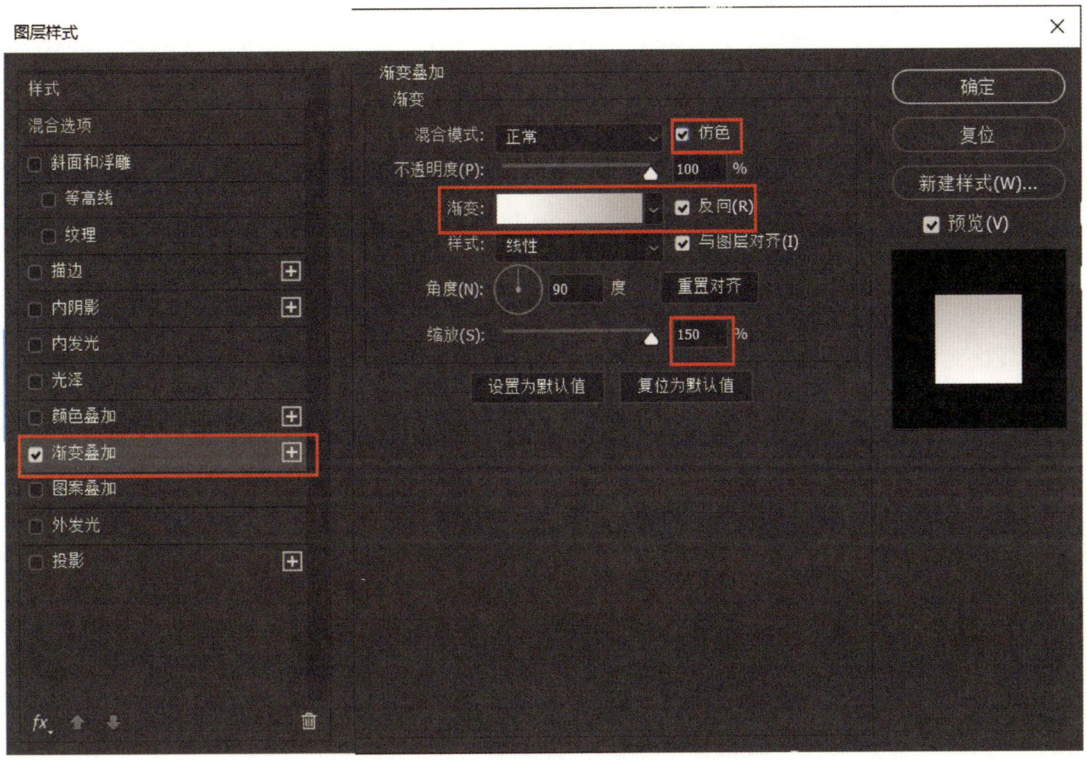

图 2-1-25　渐变叠加图层样式参数设置

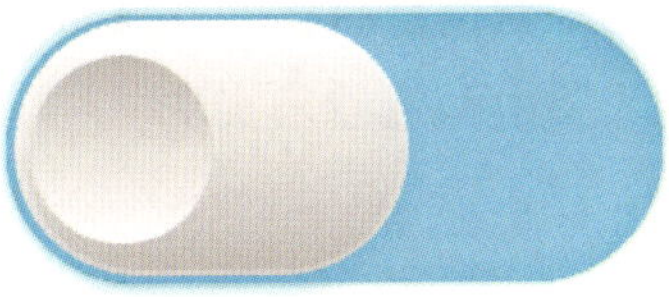

图 2-1-26　开关完成效果

图 2-1-27　开关说明文字

任务拓展

1. 完成以下测试题：

（1）什么是 UI 控件？UI 控件有哪几种类型？

（2）制作开关案例时，为表现开关底座内向凹陷的效果，内阴影选择的是哪种混合模式？

（3）制作开关底座上的滑块时，为表现滑块的凸起感，使用的是什么图层样式？

2. 模仿案例制作图 2-1-28 所示的立体开关。

图 2-1-28　题 2 图

任务二 筛选器制作

任务目标	知识目标	掌握筛选器的分类及功能 掌握手机闹钟界面的制作过程
	技能目标	能说出不同筛选器的功能 能用 PS 软件绘制图形 能用 PS 软件制作时间选择器
	价值目标	明确理论指导实践，训练有序思维，养成计划行为习惯 提高审美能力和人文素养，传播真、善、美 培养认真严谨、精益求精的工作态度，充分发扬工匠精神
建议课时	理论+实践 2 课时	
课前准备	预习本任务微课视频，整理问题，准备笔记本	
评价方法	线上测试、课后作业检测、教师评价、学生互评	

相关知识

每位成年人每天都要面对大量的选择对象，人们的决策成本会随着平行信息时代的发展与日俱增。UI 界面设计可以帮助人们在面对大量选择对象时提升决策效率，这一功能主要由筛选器来实现。

一、常用筛选器

筛选器主要包括选择器、日期时间选择器、分段控件、选项卡、排序控件、地区选择控件等。

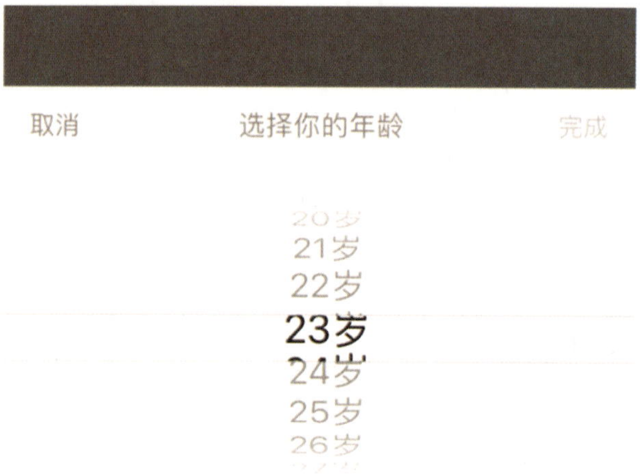

图 2-2-1 选择器

1. 选择器

选择器（Picker），有时也被称作拾取器、选取器，是指提供多个选项，让用户选择其中一项的控件。

选择器的效果类似 Web* 上的下拉菜单，如图 2-2-1 所示。当用户对整组值的内容都有所了解时，选择器会更适合，这是因为在任意时刻都有很多值是隐藏的；如果用户对可选值并不了解，建议使用表格而不是选择器，表格的高度更高、滚动翻页也更方便。

2. 日期时间选择器

日期时间选择器（Data Picker）为用户选择日期或时间提供了一种简单的方法。时间选择器最多可以

* Web（World Wide Web）即全球广域网，也称为万维网。

有四个独立的可旋转滑轮，每个滑轮都会显示不同类别的值，如月份或小时。用户以弹或拖动的方式旋转每个滑轮，直到它在横跨选择器并位于选择器中间的选择栏下方显示所需的值。最后的值包括每个滑轮中显示的值。

从左到右依次选择完成后，选择器中间选项栏中黑色放大显示的数值就是所需的值，如图 2-2-2 所示。不同的系统有不同的样式，如图 2-2-3 所示的选择器为深色背景填充、文字反白效果。

图 2-2-2 iOS 系统日期时间选择器

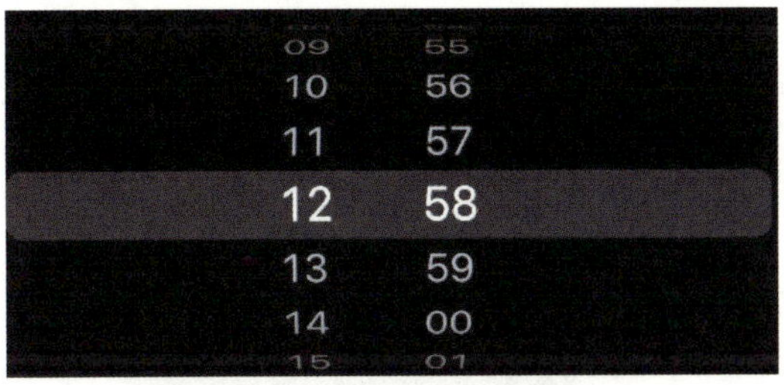

图 2-2-3 反白填充深色背景

3. 分段控件

分段控件（Segmented Control）是一种典型的 iOS 系统控件，通常用于切换不同的视图，如图 2-2-4 所示为 App Store 的排行榜分段控件。分段控件是一组分段（Segment）的线性集合，每一个分段的作用是互斥的，即点击某分段使之处于触发状态，其他分段将恢复正常状态。

分段控件的高度是固定的，长度由分段的数量决定，较长的分段更容易点击。为了提高可用性，一般将分段数量控制在五个以内。所有分段都应该具有相等的长度，否则会降低一致性。分段的文案长度需要精简，控制在两至四个汉字。如图 2-2-5 所示为电池用量的分段控件。

图 2-2-4 排行榜分段控件

图 2-2-5 电池用量分段控件

一个分段就像一个按钮，按钮内可以使用文字或者图标表达其含义，但是同一个分段控件中文字和图标不能混用，否则用户会觉得混乱和不一致。如图 2-2-6 所示分别为文字和图标分段控件。

4. 选项卡

选项卡是 Andriod 操作系统的设计样式，如图 2-2-7 所示。在某些情况下，选项卡的功能等同于分段控件。一般而言，如果 iOS 系统应用中的可选项在三项以内多用分段控件，超过三项可使用选项卡样式。

图 2-2-6 文字和图标分段控件

图 2-2-7 选项卡样式

5. 排序

在列表页中，根据条件，使用不同的排序规则得到选择结果，如图 2-2-8 所示。可采用触发下拉菜单的设计形式，选定列表中的一个标题作为排序关键字，以此来为数据排序。

6. 地区选择控件

地区选择是电商类应用的常用控件，一般采用下拉选择菜单的形式，通过切换城市来筛选获取不同的信息。安装应用时，手机会定位用户所处城市，用户根据需要选择目的城市，如图 2-2-9 所示。

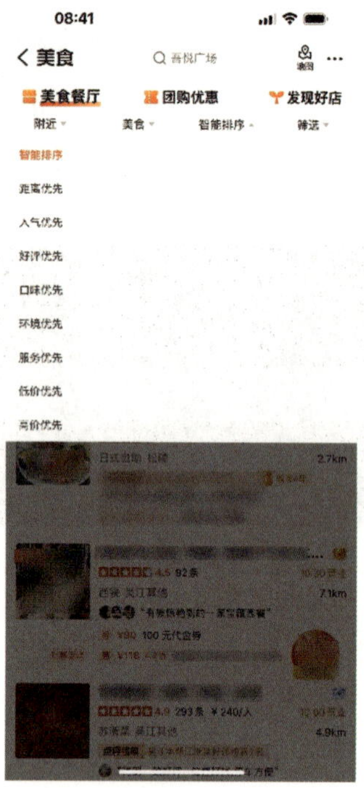

图 2-2-8　某电商 App 列表页排序筛选

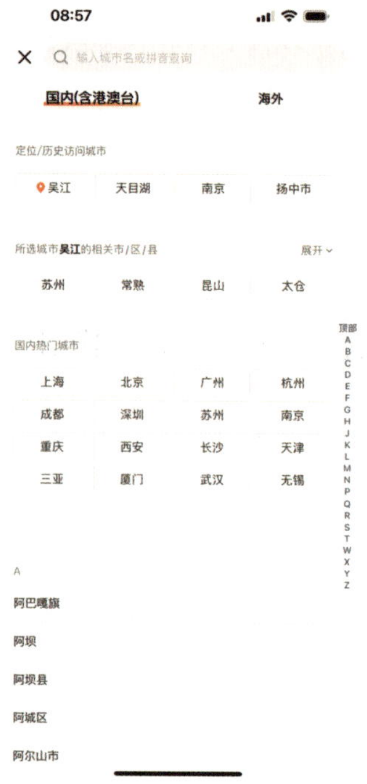

图 2-2-9　某电商 App 地区选择

配套视频

筛选器案例——闹钟

二、筛选器案例制作

案例主题	手机闹钟界面制作	
任务分析	尺寸规格	界面尺寸 720 像素×1280 像素
	设计风格	简约扁平化风格
	颜色运用	（R：74　G：93　B：120） （R：48　G：70　B：99） （R：150　G：164　B：184） （R：211　G：214　B：220）
效果展示		

闹钟界面主要由背景、顶部区域、底部区域、钟面元素、时间选择区和线框按钮组成，其中时间选择区是典型的筛选器之一，制作时应注意与闹钟整体界面相协调。

● 绘制步骤

第 1 步　新建文件，宽度 720 像素，高度 1280 像素，分辨率 72 像素/英寸，背景色为灰蓝色（R：74　G：93　B：120）。

第 2 步　按 Ctrl+R 组合键打开标尺，创建水平位置 40 像素、110 像素、1180 像素，垂直方向 50 像素、670 像素的参考线划分界面。创建方法：按住 Shift 键可以锁定整数刻度，或者选择菜单命令“视图”—“新建参考线”，在对话框中设置参考线的取向和位置数值。

第 3 步　新建图层“顶底部填充”，使用矩形工具，以“像素”状态，如图 2-2-10 所示，在顶部和底部绘制深蓝色（R：48　G：70　B：99）矩形，效果如图 2-2-11 所示。

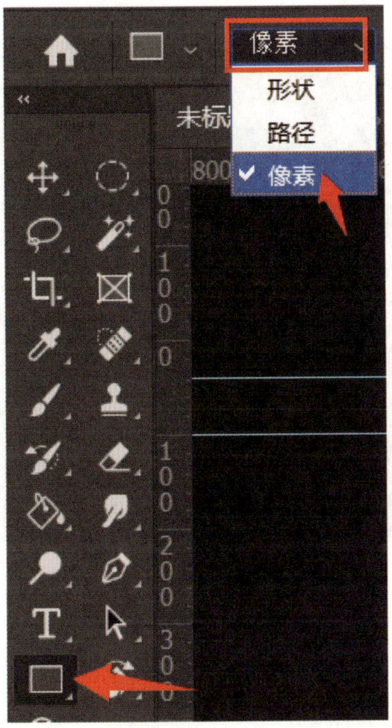

图 2-2-10　矩形工具的“像素”状态图

图 2-2-11　界面参考线和填充效果

第 4 步　将素材“手机状态栏”添加到画面中，适当调整大小，将此图层栅格化；按住 Ctrl 键单击图层缩览图，如图 2-2-12 所示，载入选区；填充为白色，按 Ctrl+D 组合键取消选区，使用移动工具将其调整到顶部参考线 40 像素的位置。

第 5 步　选择“横排文字”工具，在状态栏下方居中位置输入文字“闹钟”，打开“字符”面板设置文字样式为微软雅黑，30 点，白色。

第 6 步　在底部添加世界时钟、闹钟、秒表、计时器四个图片素材，水平居中分布、垂直居中对齐。栅格化这四个图层，将闹钟图标设为白色，表示选中状态，其余三个图标颜色调整为灰蓝色（R：150　G：164　B：184）。

第 7 步　在图标下方输入与图标对应的 14 点大小的微软雅黑文字：世界时钟、闹钟、秒表、计时器。“闹钟”二字为白色，其余为灰蓝色（R：150　G：164　B：184），

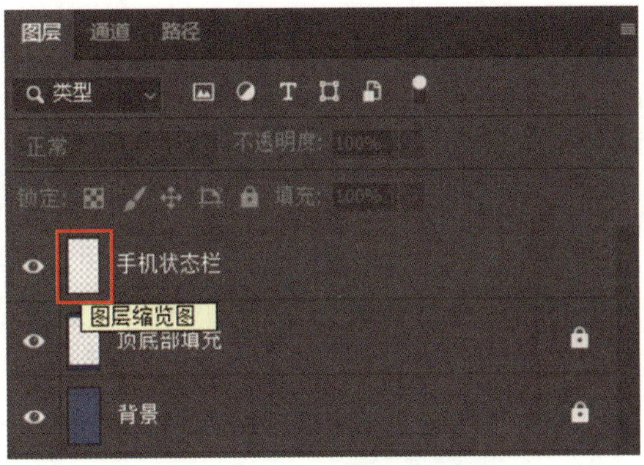

图 2-2-12　图层缩览图位置

效果如图 2-2-13 所示。在图层面板下方“创建新组”，命名为“菜单栏”，将底部的图标和文字图层拖入其中。

第 8 步　新建图层“钟面”，用椭圆选框工具，按住 Shift 和 Alt 键，在画面上部拖出一个大小适中的圆形，填充色为蓝灰色（R：150　G：164　B：184），选择菜单命令“编辑”—“描边”，为圆形添加居外 20 像素的灰色（R：211　G：214　B：220）描边，按 Ctrl+D 组合键取消选区，参数如图 2-2-14 所示。

图 2-2-13　顶底部效果

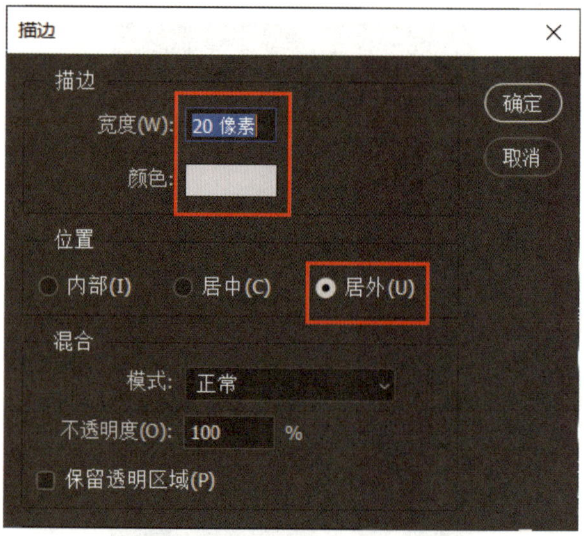

图 2-2-14　“描边”参数

第 9 步　新建图层“中心圆”，使用椭圆工具，以“像素”状态绘制一个白色小圆，作为时针分针的固定零件。用选择工具，将其与“钟面”图层水平、垂直居中对齐。

第 10 步　新建图层“刻度”，使用“矩形”工具，以“像素”状态在钟面中上方绘制灰蓝色（R：48　G：70　B：99）矩形，按 Ctrl+J 组合键复制这一图层，调整位置到钟面中下方，用“选择”工具将两个矩形与“中心圆”水平居中对齐。

第 11 步　按 Ctrl+J 组合键复制两个刻度图层，再按 Ctrl+T 组合键开启自由变换功能，配合 Shift 键，旋转 90°。

第 12 步　用类似的方法，绘制一长一短两个矩形作为时针、分针，旋转一定角度，放置在“中心圆”图层下方。在图层面板下方“创建新组”，命名为“时钟”，将从“钟面”开始创建的图层拖入其中，钟面完成效果如图 2-2-15 所示。

第 13 步　新建图层，命名为“选中”，使用“圆角矩形”工具，以“像素”状态在画面中下部绘制半径为 40 像素的灰蓝色（R：48　G：70　B：99）圆角矩形，水平居中对齐画面。

第 14 步　用“横排文字”工具在“选中”圆角矩形上创建白色数字“06 50”，复制四个副本，从上至下按序摆放，用“选择”工具将五个数字图层水平居中对齐、垂直居中分布。数字的透明度由中间向两头降低，突出中间选中数字的显示，如图 2-2-16 所示。将数字和“选中”图层拖入到新组“时间选择”中。

图 2-2-15 钟面效果

图 2-2-16 “时间选择”区

第 15 步 新建图层“按钮描边”，使用圆角矩形工具，以“路径”状态在时间选择区下方绘制半径为 40 像素的矩形路径，按 Ctrl+Enter 组合键，将路径转换为选区，选择菜单命令“编辑”—“描边”，为圆形添加居外 3 像素的白色描边。用横排文字工具输入“设置提醒”，用“移动”工具调整位置，效果如图 2-2-17 所示。

第 16 步 隐藏画布参考线，整理图层，如图 2-2-18 所示。最后保存文件为 JPG 格式图片。

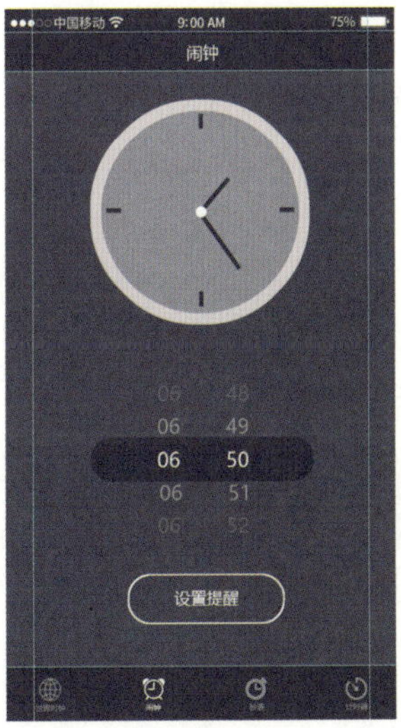

图 2-2-17 “设置提醒”按钮效果

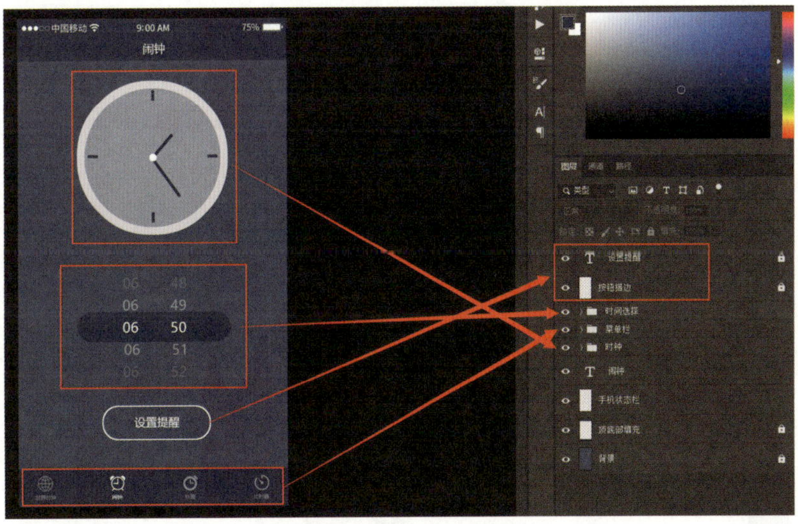

图 2-2-18 整理图层

任务拓展

1. 完成以下测试题：

（1）常用的筛选器有哪些？它们的功能分别是什么？

（2）分段控件的每一个分段的长度和高度是如何设定的？

2. 请设计并绘制一个扁平化风格的分段控件。

任务三 表单控件制作

任务目标	知识目标	了解表单控件的分类及功能 掌握表单控件——下拉框的制作方法
	技能目标	能说出不同表单控件的功能 能使用 PS 软件制作下拉框 能熟练使用圆角矩形工具、移动工具对齐按钮 会使用内阴影、投影等图层样式丰富案例效果
	价值目标	正确理解整体与局部的关系，树立大局意识 弘扬美育精神，提高审美能力和人文素养 训练有序思维，养成勤作规划的行为习惯
建议课时	理论+实践 2 课时	
课前准备	预习本任务微课视频，整理问题	
评价方法	线上测试、课后作业检测、教师评价、学生互评等	

相关知识

表单无处不在，用户每次登录网站、注册时，都在使用表单。从用户界面（UI）设计的角度来看，表单是允许用户向服务器发送信息的元素。形式对于设计的成功至关重要，无论是视觉还是商业目的，构建有效的表单可以帮助 UI 设计师创建令人更愉悦、可用和包容的用户界面。

一、常用表单控件

常用表单控件有单选框、复选框、文本框、下拉框等。

图 2-3-1 单选框样式

1. 单选框

单选框（Radio）用于在一组相关但互斥的选项中，用户能且只能选择一个选项。选中一条单选框选项后，其他选项将不可再选。选中与非选中状态不同，如选中后按钮显示明显的颜色，未选中按钮一般为灰色，如图 2-3-1 所示。

单选框选项的数量不宜过多，如果屏幕空间足够，且选项内容需要重点罗列展示，可使用选项按钮，否则使用下拉列表控件。当只有两个互斥选项时，可使用开关控件。

2. 复选框

复选框（Check box）控件的作用是为用户提供一组相互关联但内容不兼容的选项，用户可以选择一个或者多个选项，也可以不做任何选择。选中与非选中状态不同，如选中后按钮显示明显的颜色，未选中按钮一般为灰色，如图 2-3-2 所示。

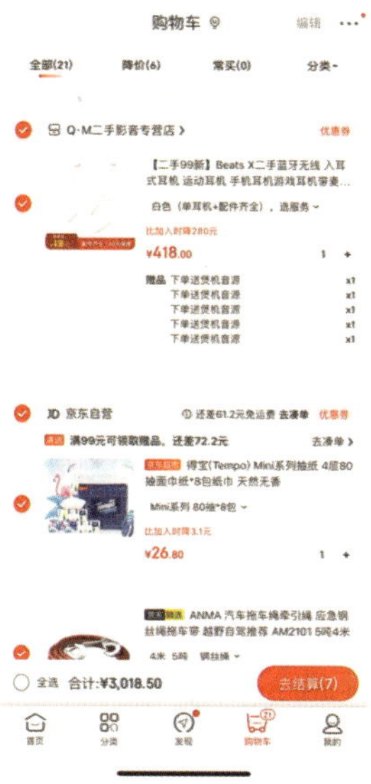

图 2-3-2　某购物 App 的复选框

复选框作为基础控件之一，用于切换选项的开关状态，或者选择/取消选择一个项目。

3. 文本框

文本框（TextField）是用户输入文本内容的区域。当用户点击文本框区域时显示键盘，点击完成后，应用程序会对反馈的内容进行相应的处理，如图 2-3-3 所示。

设计师在使用文本框之前，应先考虑是否有其他控件能令用户的输入更简单，如选择器或列表。能让用户选择就不要输入。可以视情况对文本框输入内容进行字数限制。

4. 下拉框

下拉框（DropDown list）又称为下拉菜单，可以帮助用户缩小筛选信息的范围，在有限的屏幕范围内，最大程度利用空间，提高用户的选择效率。在下拉列表中，用户只能选择列表中列出的选项，最终只显示选择的一项内容。在下拉框中，上部分文本框有默认文字字段提示；下拉选项菜单的样式可根据需要进行设计，如文字左对齐、选中选项的背景色加深、造型内凹，如图 2-3-4 所示。

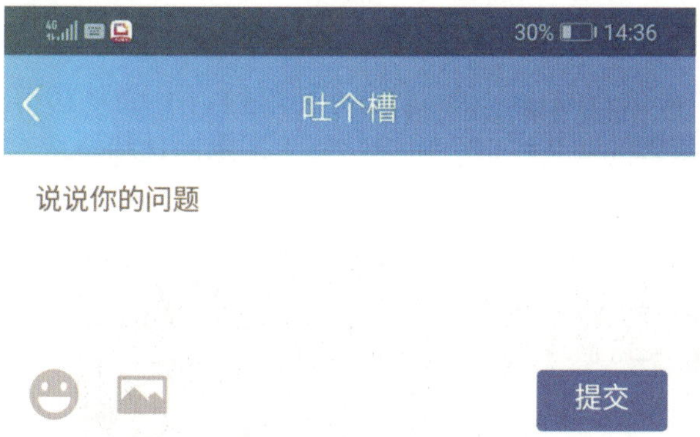

图 2-3-3　文本框样式

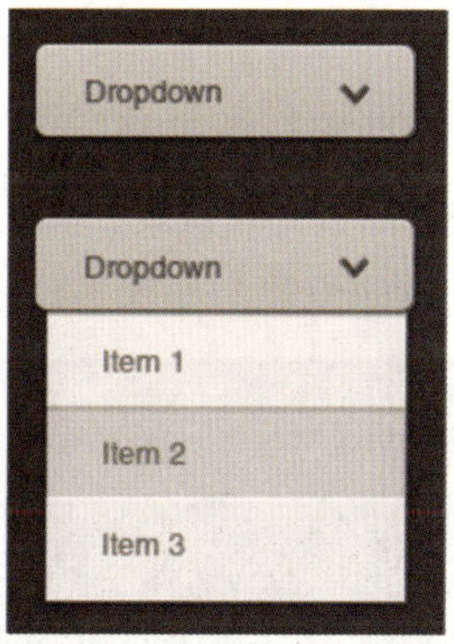

图 2-3-4　下拉框样式

配套视频

表单控件——下拉框操作视频

二、表单控件案例制作

案例主题	下拉框制作	
任务分析	尺寸规格	按照画布尺寸 720 像素×1280 像素进行设计
	设计风格	简约立体风格
	颜色运用	（#dae5f4） （#6494f4） （#b6b7b8） （#838384）

续表

案例主题	下拉框制作
效果展示	

最常见的标准型附属下拉框，其字段文本框和选项菜单时是连成一体的。本案例制作的是标准型分离式菜单风格，这类下拉框允许将选项菜单放在字段文本框的上方或下方，以节省屏幕空间。

• 绘制步骤

第 1 步　新建文件，宽度 720 像素，高度 1280 像素，分辨率 72 像素/英寸，背景色填充为蓝紫色（# a0b5d4）。

第 2 步　按 Ctrl+R 组合键打开标尺，配合 Shift 键，创建水平位置 300 像素、410 像素、500 像素、590 像素的参考线。

第 3 步　使用“圆角矩形”工具，以“形状”状态创建颜色为浅蓝色（#dae5f4）、半径为 10 像素、无描边、宽高分别为 480 像素×90 像素、480 像素×360 像素的圆角矩形，作为字段文本框和选项菜单，用“移动”工具结合参考线调整位置，如图 2-3-5 所示。

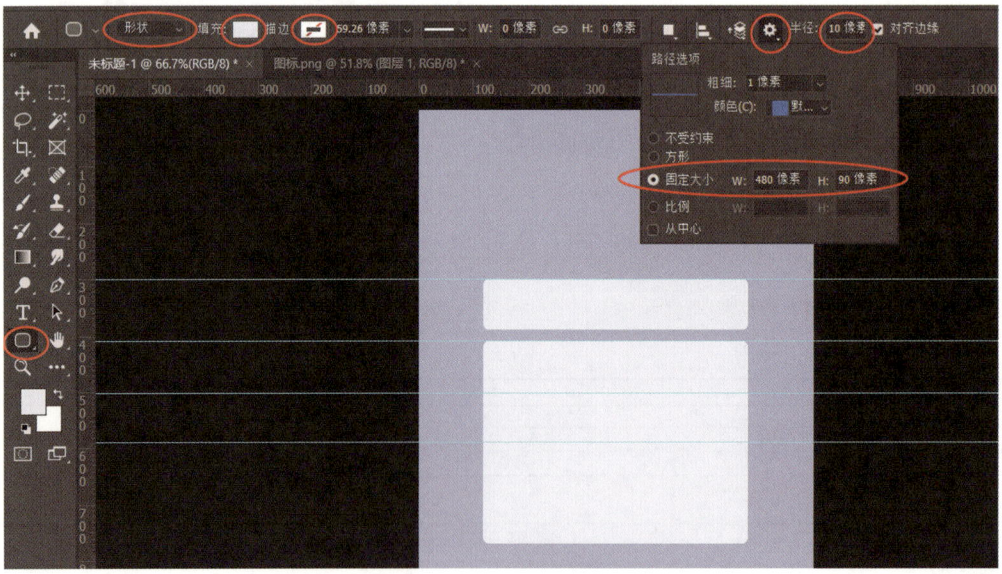

图 2-3-5　下拉框定位

第 4 步　使用“矩形”工具，以“形状”状态创建宽高为 480 像素×90 像素的蓝色（#6494f4）矩形，作为选项菜单第三行选中状态，为其添加灰色的内阴影图层样式，表现内凹效果，如图 2-3-6 所示。

第 5 步　为选项菜单和字段文本框都添加深灰色投影的图层样式，表现立体效果。

第 6 步　新建图层“分隔线”，使用“画笔”工具，参数设置如图 2-3-7 所示。配合 Shift 键，在水平参考线 500 像素处绘制 1 像素的灰色（#b6b7b8）直线。

图 2-3-6　内凹的选中背景

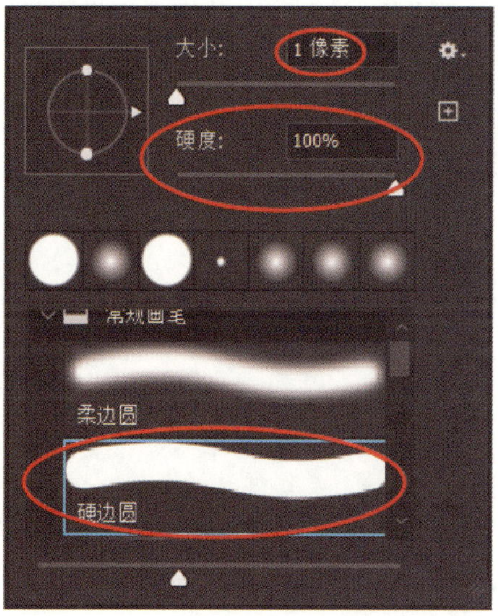

图 2-3-7　设置画笔参数

第 7 步　打开“视图”菜单选择“显示”命令，取消勾选“画布参考线”，避免遮挡分隔线。按 Alt 键，滚动鼠标中键放大显示画布，如果绘制分隔线偏短，则按 Ctrl+T 组合键开启自由变换，将分隔线拉长；如果绘制分隔线偏长，则用“矩形”工具选择多余部分，如图 2-3-8 所示，按 Delete 键删除。

第 8 步　为分隔线图层添加方向向下的斜面与浮雕图层样式，效果如图 2-3-9 所示。

图 2-3-8　框选分隔线多余部分

图 2-3-9　分隔线效果

第 9 步　新建图层“骑行图标”，用 PS 打开“图标”图片文件，使用“矩形”工具框选对应图标，再用“移动”工具，拖入“骑行图标”图层中。按住 Ctrl 键单击图层缩略图载入选区，填充灰色（#838384），按 Ctrl+D 组合键取消选区，按 Ctrl+T 组合键开启自由变换，按下工具栏上“保持长宽比”按钮，将图标宽高等比缩小到原来的 30%，如图 2-3-10 所示。

第 10 步　用“横排文字”工具，输入黑体、灰色（#838384）、24 点大小的文字“骑行”，用移动工具

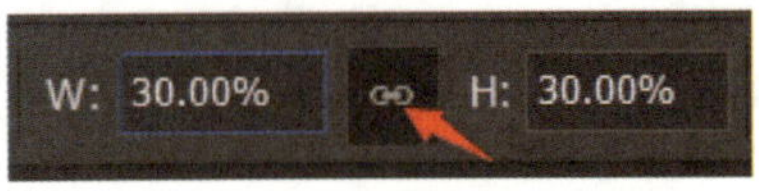

图 2-3-10　宽高等比缩放

将文字和图标摆放到合适位置，如图 2-3-11 所示。

第 11 步　骑马、溜冰、游泳的图标和文字做法同第 7、8 步。溜冰为选中状态，其图标和文字填充颜色均为白色。

第 12 步　复制“骑行”文字，移动到字段文本框上方，修改为黑色文本“项目选择”。使用多边形工具，绘制大小合适的黑色三角形作为下拉箭头图标。按 Ctrl+T 键开启自由变换，点击工具栏上“保持长宽比”按钮取消等比缩放，对三角形稍压扁。这样，整个下拉框就制作完成了，效果如图 2-3-12 所示。

图 2-3-11　文字和图标

图 2-3-12　下拉框效果

任务拓展

1. 完成以下测试题：

（1）选择：在制作下拉框案例时，使用（　　）图层样式产生凹陷造型。

A. 内阴影　　B. 内发光　　C. 外阴影　　D. 斜面与浮雕

（2）如何设置、隐藏/显示、删除画布参考线？

2. 请参考图 2-3-13 样式设计制作一款下拉框。

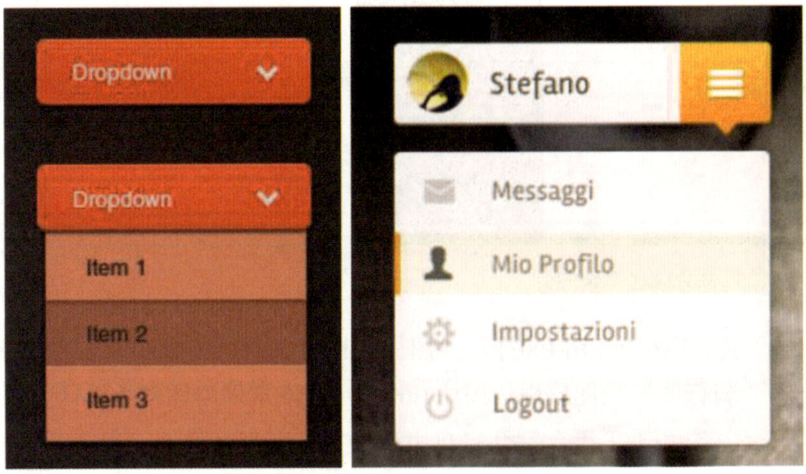

图 2-3-13　题 2 图

任务四 按钮制作

任务目标	知识目标	了解按钮的设计规范 了解国潮风格的特点 掌握国潮风按钮的制作过程
	技能目标	能举例国潮风格的作品 能使用文字工具输入不同效果的文字 能高效绘制对称图形
	价值目标	理解中华优秀传统文化的思想精华和其蕴含的时代价值，增强文化自信 弘扬美育精神，提高审美能力和人文素养，传播真、善、美 精益求精，培养工匠精神
建议课时	理论+实践 2 课时	
课前准备	预习本任务微课视频，整理问题	
评价方法	线上测试、课后作业检测、教师评价、学生互评等	

相关知识

按钮控件的作用是引发即时操作——用户单击按钮则触发即时操作。作为常用基础控件之一，按钮广泛应用于不同平台的所有产品中，常见功能有跳转链接、弹出信息、控制屏幕等。

一、按钮规范

1. 背景+文字

此类按钮由“背景+文字”组成，同一高度的按钮中，文字到按钮边缘的间距保持统一；文字简洁清晰，文字过长则使用文字链接。如购物 App 的界面一横排会设置两个按钮，分别是“加入购物车”和“立即购买”按钮。根据颜色的强弱赋予按钮视觉优先级，商家更希望用户单击购买按钮，所以“立即购买”使用“强”层次按钮，“加入购物车”使用“中”层次按钮，主色为红色，辅色为橘色，如图 2-4-1 所示。

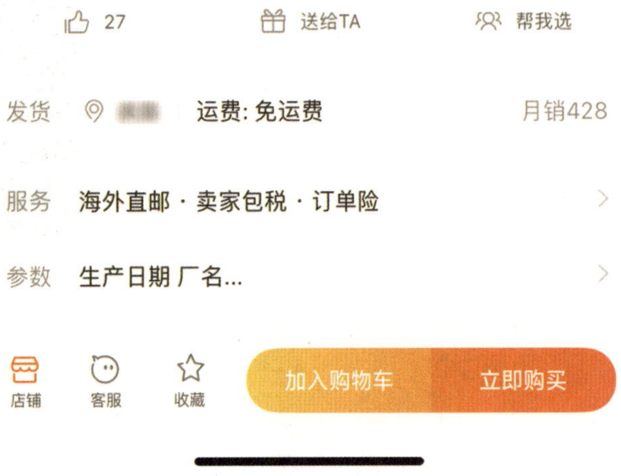

图 2-4-1 购物 App 界面按钮

完整的按钮视觉体系包含强、中、弱三个层次。按钮的状态分为正常未单击（默认状态）、单击和不可用（按钮非激活）三种状态，如图 2-4-2 所示。

在元素较少的界面中，大色块按钮显得过于厚重，因此会设计弱层次按钮，比如描边样式的按

图 2-4-2　按钮的三种状态

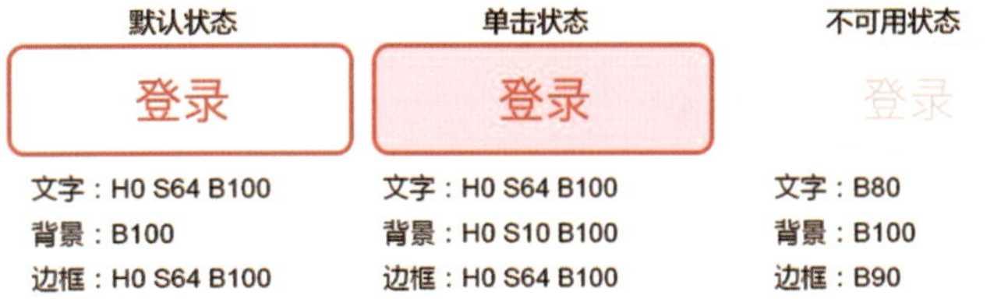

图 2-4-3　弱层次按钮

钮，如图 2-4-3 所示。

2. 背景+图标

“背景+图标”的按钮规范一般用于详情页，文字前加上不同状态的图标，可以更好地说明当前的状态：加关注前的图标是一种状态，加关注后的图标是另一种状态。根据界面风格的需要，可以设计为主色填充式按钮、灰色半透明按钮或描边线性按钮，如图 2-4-4 所示。

图 2-4-4　“关注”和“已关注”按钮

3. 图标+文字

“图标+文字”按钮的规范与“背景+图标”按钮的设计形式基本一致。区别在于前者会根据界面风格的不同而有对应的设计。一般设计为线性图标，图标使用应用程序的主色，如图 2-4-5 所示。

图 2-4-5　不同的点赞按钮

4. 纯文字

纯文字按钮规范一般用于顶部导航栏上。受限于显示面积，导航栏上按钮的文字不宜过长，一般中文字符不宜超过四个，如图 2-4-6 所示。英文单词比较长，可能会超出设计面积，所以需要考虑单词局部显示加上省略号的形式。

图 2-4-6　纯文字按钮

二、国潮艺术

现在越来越多的产品包装都加入了不少有关传统文化的艺术元素，掀起一股“国潮热”。

顾名思义，“国”是经典、传统，“潮”是风靡时下、不断更新。随着中国经济和文化的复兴，90 后、

00 后的年轻人愈加喜欢中国本土的文化美学，纷纷穿起了汉服。2018 年，某国产品牌的国潮服饰燃爆某国外时装周，一货难求。同年，拥有 600 年历史的故宫大玩跨界联名，掀起了“文创热”，诸多国际大牌也纷纷赶来分一杯羹。

图 2-4-7　国潮服饰和文创

每一款国潮艺术品都是传统与现代的交流碰撞，赋予传统艺术更鲜活的时代价值，是对中国传统文化的传承、创新与融合，所以国潮首先代表了一种跨界融合的艺术，创造国潮艺术品需要与生俱来的责任感和不断突破的精神。国潮风格设计是通过对图像、文字、色彩与版式的整体归纳与融合，将中国传统文化与精神理念贯穿于作品之中，向大众传达传统文化内涵，引发大众的文化认同感与情感共鸣，如图 2-4-8 所示。

图 2-4-8　国潮风格设计作品

图形类国潮风格海报设计分具象写实与抽象概括两类，如图 2-4-9 所示。具象写实类着重刻画事物的细节变化，以求还原视觉元素的真实状态，突出其造型美；抽象概括类将元素进行打散与重组，赋予图形新的风格与形态，使其在改变原有造型的基础上保留其文化底蕴，凸显其形式美。

在 UI 设计方面，作为一种更具中国传统内涵的风格，国潮风的表现不止于主屏界面中，还隐藏在详情页的设计中，任意一张国潮风格的详情页，从 UI 到边框设计，都透露着满满的国风，如图 2-4-10 所示。

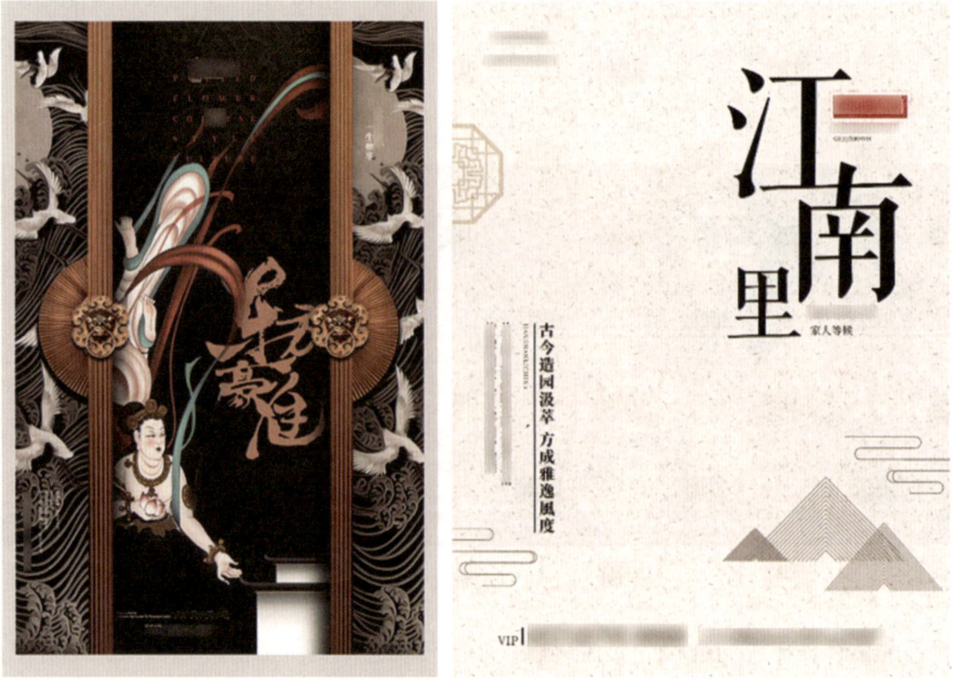

图 2-4-9　国潮风格海报设计

图 2-4-10　国潮风格 UI 设计

配套视频
国潮按钮制作

三、按钮案例制作

案例主题	国潮按钮制作	
任务分析	尺寸规格	按照画布尺寸 800 像素×600 像素进行设计
	设计风格	国风镶边按钮
	颜色运用	（#AD2E28） （#119681） （#D86934） （#2E2F1F） （#F7E0AE）

续表

案例主题	国潮按钮制作
效果展示	

镶边和传统符号逐渐成为古风国潮设计的一种趋势，如图2-4-11所示。在设计这种类型的UI按钮时，许多人会寻找素材直接使用，但是素材对于原创的限制性很大，最好的做法就是自主绘制。传统符号看起来样式复杂，但因其对称性，可以启用PS的轴对称绘制方法来实现，难度降低，效率提高，效果较好。

- 绘制步骤

第1步 色卡选择：现在市面上的国潮搭配色卡有很多，这里选择的素材是九种不同类型的国潮搭配色卡，如图2-4-12所示，初学者使用此类搭配不容易出错。将色卡图用PS打开，后续操作可通过吸管吸取颜色本案例选择的是04号色卡上的经典红绿搭配。

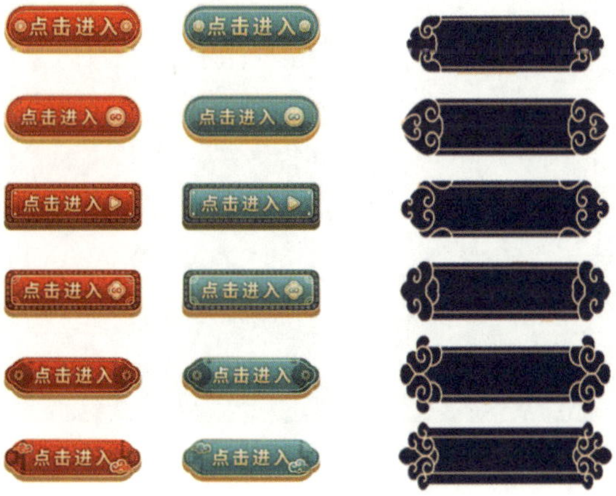

图2-4-11 UI按钮镶边样式

图2-4-12 国潮搭配色卡

第2步 新建文件，宽度800像素，高度600像素，分辨率300像素/英寸，背景色先选择透明。

第3步 用“吸管”吸取04号色卡的绿色（#119681），填充背景色图册，为避免误操作，将此图层锁定。

第4步 选择“直排文字”工具，如图2-4-13所示。设置颜色为04号色卡的金色（#F7E0AE）、字体选择中式样式，可自行下载，输入文字“国潮按钮”，用“移动”工具将其调整到画布中心位置。

第 5 步　新建图层，命名为“国风按钮”，并添加图层样式，主要是设置斜面与浮雕，具体参数设置如图 2-4-14 所示，可根据实际情况进行微调。

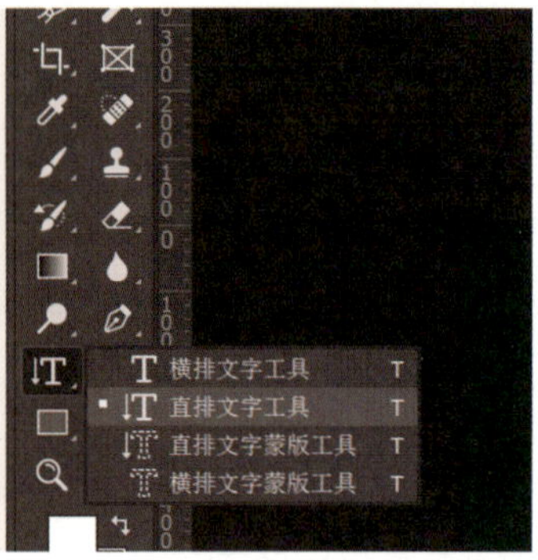

图 2-4-13　直排文字工具

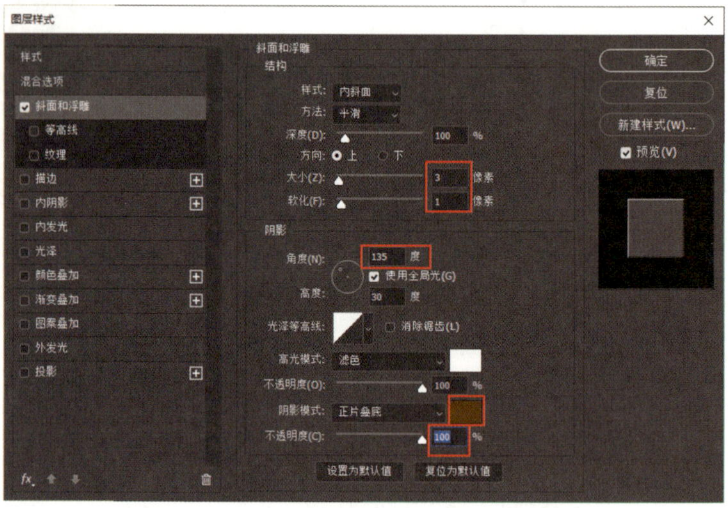

图 2-4-14　斜面与浮雕图层样式参数设置

第 6 步　选择“画笔”工具，在属性栏中点击“对称”工具，选中“双轴对称”，如图 2-4-15 所示。此时，屏幕上会出现“田”字形对称轴，需要将对称轴的位置调整到刚才输入的文字“国潮按钮”的中心，如图 2-4-16 所示。

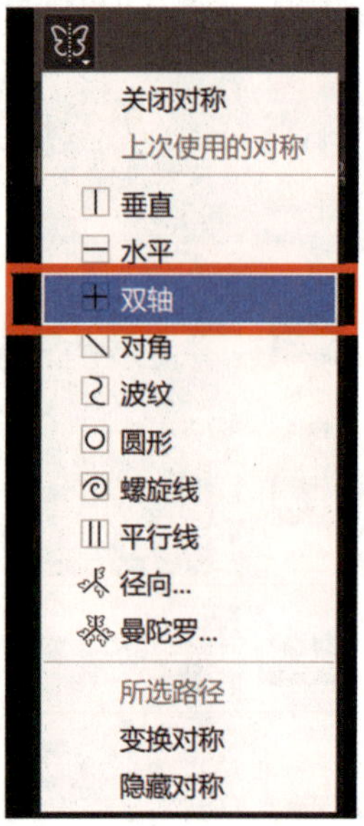

图 2-4-15　画笔工具的双轴对称

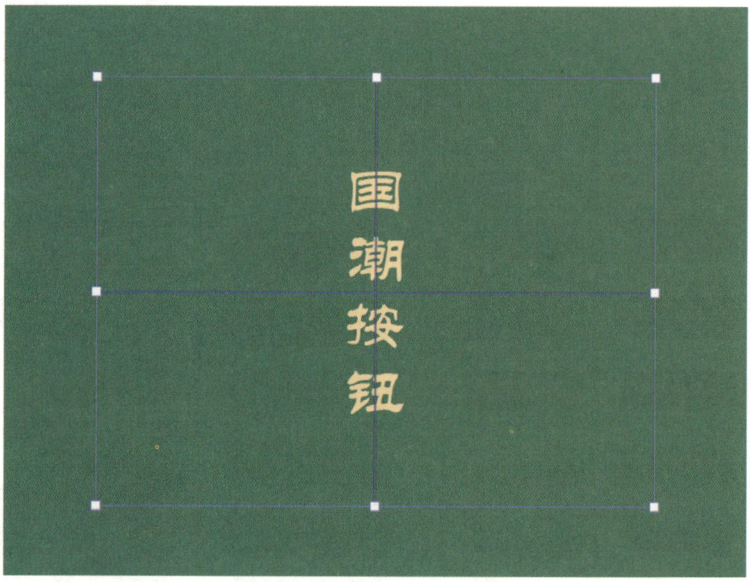

图 2-4-16　田字形对称轴

第 7 步　将画笔设置合适大小，笔触选择“硬边圆”类型，如图 2-4-17 所示。在对称轴一侧进行绘画，这时候只需要几笔简单的勾勒，多试几次就可以形成不错效果的边框轮廓，如图 2-4-18 所示。

第 8 步　新建图层命名为“按钮背景色”，选择按钮内部区域，如图 2-4-19 所示。填充 04 号色卡的红色（#AD2E28），再将这个图层移动至文字图层下方，按 Ctrl+D 组合键取消选区，国潮按钮就制作完成了，如图 2-4-20 所示。如果觉得色彩还有些许不足，也可使用色相饱和度等操作进行调整。

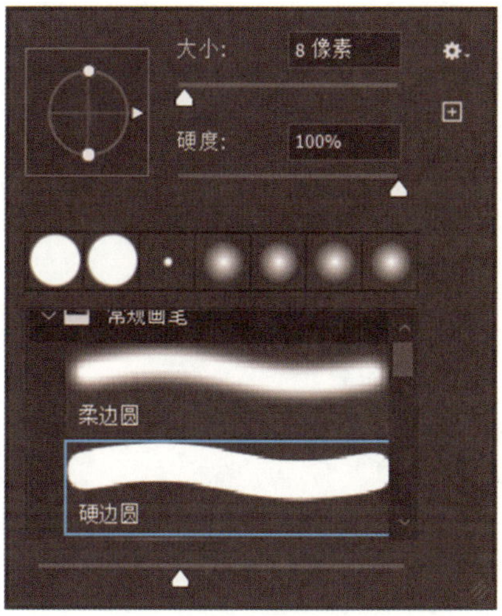

图 2-4-17 画笔设置

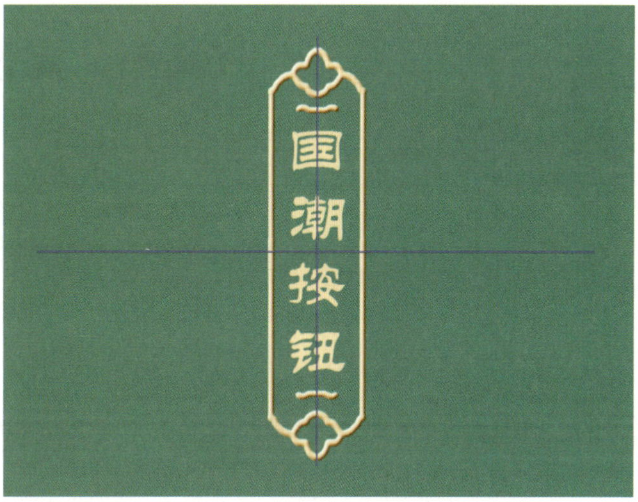

图 2-4-18 国潮按钮边框轮廓

图 2-4-19 选择按钮内部区域

图 2-4-20 国潮按钮完整效果

任务拓展

1. 完成以下测试题：

（1）选择：用画笔工具绘制对称效果的图形时，可以使用对称按钮提高效率。本任务案例制作国潮按钮时，使用的是（　　）选项。

A. 垂直　　B. 水平　　C. 双轴　　D. 对角

（2）选择：本任务案例中制作按钮的立体效果主要使用的是（　　）图层样式。

A. 斜面与浮雕　　B. 投影　　C. 外发光　　D. 内发光

2. 请你模仿案例，自行设计制作一个国潮按钮。

任务五　其他控件制作

任务目标	知识目标	了解模态浮层和非模态浮层的含义及功能 掌握模态浮层——广告弹窗的制作过程
	技能目标	能说出不同的模态浮层和非模态浮层 能使用 PS 软件的滤镜制作效果 能用 PS 软件编辑文字造型
	价值目标	鼓励发散性思维，培养独立思考的能力和创新精神 弘扬美育精神，提高审美能力和人文素养 培养勇于开拓进取、艰苦奋斗精神、热爱劳动的精神
建议课时	理论+实践 2 课时	
课前准备	预习本任务微课视频，整理问题	
评价方法	线上测试、课后作业检测、教师评价、学生互评等	

相关知识

UI 界面设计中，除了控制元素、筛选器、表单和按钮控件外，还存在其他控件，如模态浮层和非模态浮层。“模态”是出现在父屏幕顶部的窗口，它创建了一种禁用父屏幕但保持可见的模式。需要吸引用户的注意力，获取用户的输入或显示附加信息时会使用模态，其简化了 UI，节省了屏幕空间，但过度使用会导致用户厌烦。

一、模态浮层

图 2-5-1　对话框模式

模态浮层是一种重量级的提示，会打断用户的操作行为，强制用户必须进行操作，否则不可以进行其他操作。

模态浮层一般有对话框模式、半层模式和气泡模式。

对话框模式使用频次最多、使用场景最多、视觉样式最多，它通常出现在屏幕正中心，底部有半透明遮罩，必须进行操作，视觉层级是最高的。对话框模式常用于运营活动和广告宣发、警告弹窗、二次确认、规则说明、版本更新等，如图 2-5-1 所示。

半层模式模态浮层如图 2-5-2 所示，一般是在用户触发某一行为后对当前内容的补充说明。

它通常有半透明遮罩衬底，因此也比较吸引用户注意。半层模式模态浮层通常出现在界面底部，在视觉感受上，它是从界面的某一位置滑出的，与当前操作的关联性较强；它同样需要用户反馈，但其可操作区域更大，点击浮层外的任意位置一般默认为关闭操作。正因为以上特征，其对用户的阻断性弱，体验上更加流畅平滑。半层模式常用于动作列表、作出选择、二次确认等场景。

气泡模式如图 2-5-3 所示，通常在用户点击某一功能控件后出现，有时会伴随半透明遮罩衬底，用户点击浮层区域或之外空白处即可进行下一步操作。气泡模式通常被用作下拉菜单，汇集功能入口。

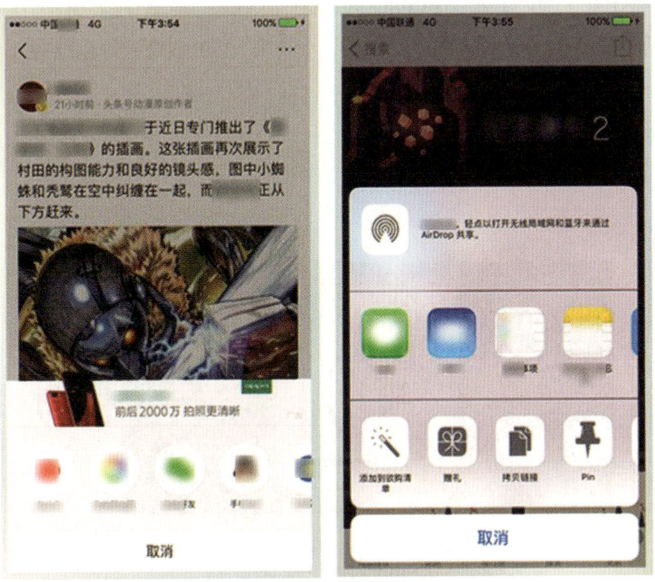

图 2-5-2　半层模式

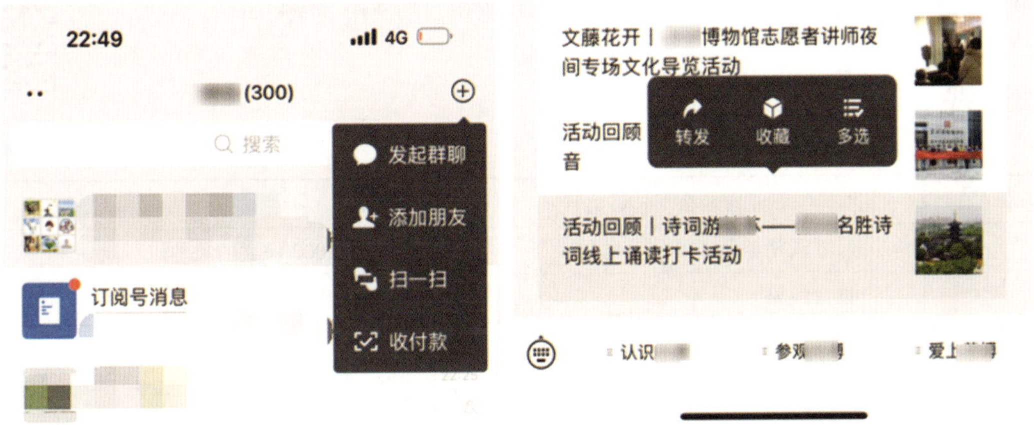

图 2-5-3　气泡模式

图 2-5-4　Toast

二、非模态浮层

非模态浮层是一种轻量级提示，它悬浮在当前页面场景之上，定位在页面中心位置，不会影响用户操作，用户可以不回应。非模态浮层通常有时间限制，出现一段时间就会自动消失，主要用于通知用户出现一些非关键性的问题。

Toast/HUD 是最常见的非模态浮层形式。一般而言，Toast 是 Android 的控件，如图 2-5-4 所示，但也不绝对，现在 iOS 的提示控件中也会采用 Toast 形式。Toast 是用户操作后的即时反馈，确保用户所处的状态，并且做出相应的措施。Toast 出现在界面的上中下位置，具体位置根据需求本身制定，会在几秒内消失，只需要用户看到、无需操作，即使用户看不到也不会影响正常使用。Toast 通常用于更新反馈以及重要程度低的反馈说明。HUD 是 iOS 的控件，如图 2-5-5 所示。除了文案，HUD 一般还带一个 icon 或者动画效果，内部内容可以变化（如音量调节）。

Snackbar 原是 Android 的控件，现在也通用于 iOS 系统中。它通常出现在页面底部，一般可进行交互，短暂停留或滑动页面之后会自行消失，如图 2-5-6 所示。

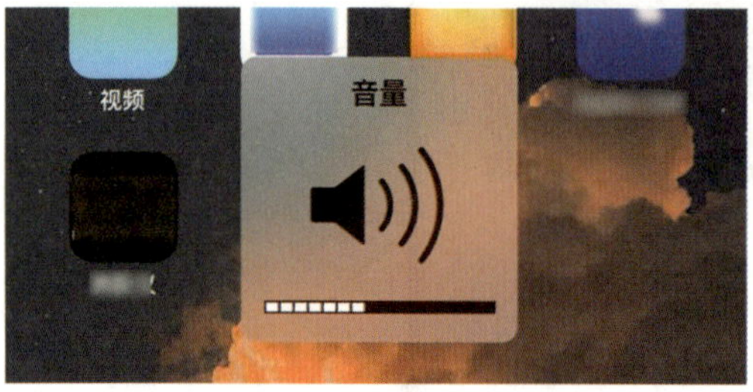

图 2-5-5　HUD

图 2-5-6　Snackbar

配套视频

其他控件——广告弹窗制作视频

Toast 作为信息的反馈提示，可以承载更多的提示语：提示语较长的时候建议用 Toast，Snackbar 中的文案要求简洁；如果在提示信息里嵌入操作按钮，则使用 Snackbar。

三、其他控件之模态浮层案例制作

案例主题	广告弹窗	
任务分析	尺寸规格	按照 720 像素×1000 像素的尺寸进行设计
	设计风格	常规扁平化风格
	颜色运用	（R：111　G：178　B：241） （R：62　G：127　B：187） （R：33　G：80　B：125） （R：167　G：208　B：245） （R：229　G：76　B：18）
效果展示		

广告弹窗是对话框模式的模态浮层，常用于运营活动，如领券、激活、参与活动等，主要用来吸引用户点击进入这个动作，用于拉新或者活动引导转化。在 UI 设计上，需要更多考虑画面设计感，造型要多样化，吸引眼球。根据运营目的突出活动优势，强化按钮或相关数字。

本案例是夏日冲浪活动相关的广告宣传弹窗，弹窗内容要体现“夏日冲浪”这一主题，需要有创意文字、象征大海的蓝色系、海浪、棕榈树、冲浪者等经典元素，用价格标签的形式标注优惠活动吸引注意力。按钮作为弹窗的重要元素，在底部突出显示。

- 绘制步骤

第 1 步　新建文件，宽度 720 像素，高度 1000 像素，分辨率 72 像素/英寸，背景色为蓝色（#6fb2f1）。

第 2 步　新建图层，命名为“海浪”，用“矩形选框”工具选择下部分区域，使用渐变填充，填充上白下蓝（#6fb2f1），如图 2-5-7 所示。按 Ctrl+D 组合键，取消选区。

第 3 步　选择菜单命令“滤镜”—“扭曲”—“波纹”，打开“波纹”对话框，数量调至最大，大小选择“大”，如图 2-5-8 所示。再次选择菜单命令“滤镜”—“扭曲”—“波纹”，打开“波纹”对话框，数量保持最大，大小选择“中”，效果如图 2-5-9 所示。

图 2-5-7　渐变填充效果

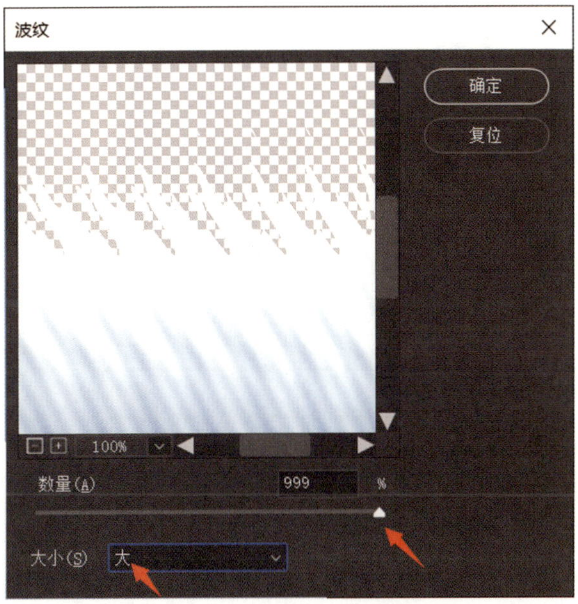

图 2-5-8　“波纹”对话框参数设置

第 4 步　选择菜单命令“滤镜”—“扭曲”—“旋转扭曲”，打开“旋转扭曲”对话框，如图 2-5-10 所示，一边预览效果，一边调整合适的角度数值，形成海浪的效果，如图 2-5-11 所示。

第 5 步　导入素材图片，调整大小和位置，效果可参考图 2-5-12 所示。

第 6 步　选择“圆角矩形”工具，以“形状”状态不受约束地创建半径为 20 像素的、大小适当的蓝色（#3e7fbb）圆角矩形。“圆角矩形”工具参数和效果如图 2-5-13 所示。

第 7 步　绘制蓝色（#21507d）圆角矩形和浅蓝色（#a7d0f5）矩形，与第 6 步绘制的矩形对齐放置，形成标签效果如图 2-5-14 所示。

第 8 步　将浅蓝色矩形图层栅格化，选择“橡皮擦”工具，调整合适的大小，点击“切换画笔设置面板”按钮，在“画笔设置”面板调整合适的间距，如图 2-5-15 所示。按住 Shift 键，在矩形图层垂直擦除矩形的边缘，产生圆形锯齿边效果，如图 2-5-16 所示。

图 2-5-9 “波纹”效果

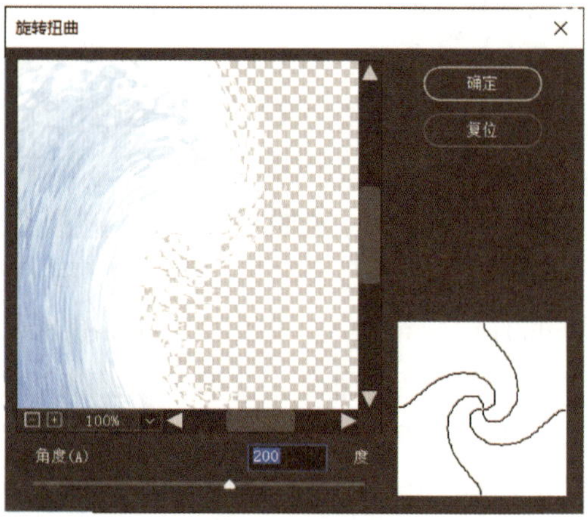

图 2-5-10 “旋转扭曲”对话框参数设置

图 2-5-11 “海浪”效果

图 2-5-12 画面元素摆放

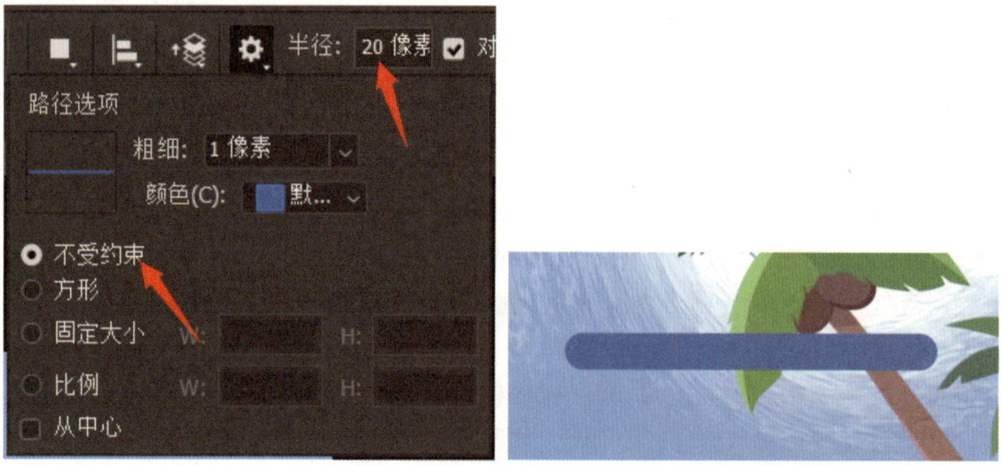

图 2-5-13 绘制蓝色圆角矩形

图 2-5-14　标签效果

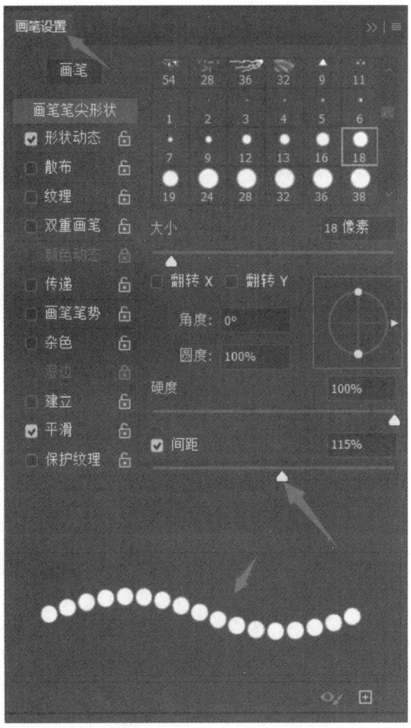

图 2-5-15　画笔设置

第 9 步　绘制白色圆角矩形，而后用“横排文字”工具输入黑色文字“实付满 2000 元使用”和红色文字“￥100”（将字体调大，突显数字），中间用浅灰色直线隔开。创建新组“价格标签”，将除文字以外的其他相关图层都拖入其中，调整其透明度，略微透出背后的棕榈树图形，效果如图 2-5-17 所示。

图 2-5-16　圆形锯齿边效果

图 2-5-17　价格标签完成效果

第 10 步　绘制大小合适的红色（#e54c12）圆角矩形，添加“斜面和浮雕”“渐变叠加”图层样式，前者主要设置两项参数，如图 2-5-18 所示，后者设置“红粉”渐变参数，用“横排文字”工具输入白色黑体文字“立即预定”，按钮设计就完成了，如图 2-5-19 所示。

第 11 步　用“横排文字”工具输入白色 100 点大小的黑体文字“一起去撒欢”，将文字栅格化，借助“画笔”工具和“橡皮擦”工具，呼应主题绘制浪花和气泡等小元素点缀，使文字造型活泼起来。最后，为图层添加蓝色（#3e7fbb）投影的图层样式，摆放好位置，效果如图 2-5-20 所示。

第 12 步　再次输入文字“水上冲浪之旅”和“Enjoy Surfing”，并为前者绘制矩形底座，其颜色与冲浪女孩的冲浪板颜色一致（用吸管吸色填充），整体画面和谐又有呼应，效果如图 2-5-21 所示。

第 13 步　在右上角绘制半透明灰色圆形，输入黑体大写字母“X”，调整两者的大小比例和位置关系，形成表示“关闭”的图标，效果如图 2-5-22 所示。

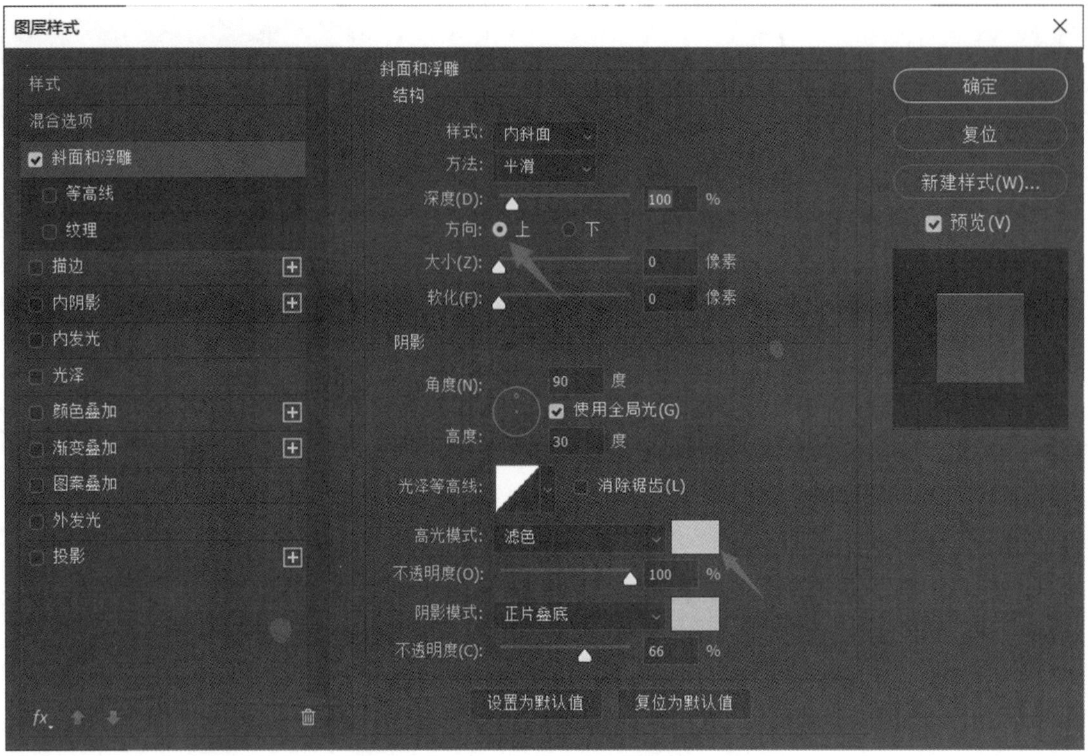

图 2-5-18　斜面和浮雕参数设置

图 2-5-19　按钮完成效果

图 2-5-20　修改文字造型

图 2-5-21　点缀文字

图 2-5-23　广告弹窗完成效果

图 2-5-22　关闭图标

第 14 步　绘制矩形，颜色与冲浪男孩的衣服一致，按 Ctrl+T 组合键开启自由变换，右键菜单选择“透视”，将矩形调整成上大下小的梯形，再旋转一定角度，降低其透明度，用同样的方法创建多个梯形，并设置不同的透明度，摆放位置在文字和海浪的下方，模拟光束效果。广告弹窗的整体效果如图 2-5-23 所示。

任务拓展

1. 完成以下测试题：

（1）什么是模态浮层和非模态浮层？请举例。

（2）扭曲滤镜一共有几种类型？

2. 请你自行设计并制作一个春节促销的广告弹窗。

配套课件

项目三 图标设计

项目三

图标设计

本项目将完成以下任务：

- 任务一　图标设计的准备
- 任务二　线性化图标设计
- 任务三　扁平化图标设计
- 任务四　拟物化图标设计

在UI设计中，图标作为核心设计元素之一，承载着信息传播的重要作用。这些图标既方便了人们的生活，又传递着审美价值。本项目从图标的概念、设计技巧等准备知识开始，介绍不同类型图标的制作技术。

任务一　图标设计的准备

任务目标	知识目标	理解图标的概念 理解图标的分类 掌握图标的设计原则 掌握图标的设计创意 掌握图标的设计要点 掌握图标的设计规范
	技能目标	能遵循图标设计原则设计图标 能按照图标设计流程设计图标
	价值目标	立足时代、深入生活，树立正确的艺术观和创作观 弘扬美育精神，提高审美能力和人文素养 增强文化自信，建立民族自豪感
建议课时	理论1课时	
课前准备	预习本任务微课视频，整理问题，准备纸、笔、橡皮等	
评价方法	线上测试、课后作业检测、教师评价、学生互评等	

相关知识

生活中图标随处可见，大到公路上的限速标志，小到手机上的各种应用图标，一枚成功的图标能留给人深刻印象，使人们理解其所代表的功能的同时，牢牢记住其特有的符号化特性。对于UI设计来说，图标的设计非常重要。那么，什么是图标？图标有哪些种类？其设计原则是什么？设计流程是什么？

一、图标的含义

图标是一种可视控件，以最便捷、简单的方式指引浏览者获取想要的信息资源。用户通过图标，可以快速找到需要的信息或完成某项操作，从而节省大量时间和精力，如常见的交通图标，如图 3-1-1 所示。

图 3-1-1　交通图标

在计算机图像中，图标也具有明确的含义，如操作系统桌面图标是软件或操作快捷方式的标识。UI 设计中的图标是功能标识，是界面中非常关键的部分。随着社会的发展和科技的进步，以及人们对美、时尚、趣味和质感的不断追求，图标设计呈现出百花齐放的局面。

优秀的图标设计，可以为界面增添美感。设计精良的图标可以使界面设计更加连贯，富于整体感，交互性更强。好的图标设计不仅要精美独特、可识别性强，更要具有很强的实用性，还应具有多样性、艺术性、准确性、实用性和持久性等特点。

二、图标的分类

从内容上分，图标可以分为四类：图像类图标、内容类图标、比喻类图标和标志类图标。

1. 图像类图标

图像类图标是指利用实体物品说明用途，如图 3-1-2 所示的图标。萝卜保卫战游戏图标，用萝卜卡通图案来直接说明这个游戏的主要对象；计算器图标也让人一目了然；日历图标和电池医生图标同样是以日常生活中的常见物体作为图标的主题。这种表现方法能够直观地展现应用程序的使用方式和操作方法，使用户能直接清晰地了解 App 的功能。

图 3-1-2　图像类图框

2. 内容类图标

内容类图标是将应用或游戏的操作方式或是代表性图形表现出来，如图 3-1-3 中的水果忍者、枪击游戏、桌球游戏等。这些游戏图标选择相应的游戏内容作为图标造型，用户几乎一看便知游戏是怎样操作的。所以内容类图标多用于游戏应用——这类应用更需要向用户展示尽可能多的游戏玩法和游戏内容。

图 3-1-3　内容类图标

3. 比喻类图标

比喻类图标是指用相关事物让人们产生对应用的联想的图标，如图 3-1-4 中健康 App 中有一颗“心”，录音 App 中有一个话筒，运动 App 中有跑步的人体图形。这类图标往往会在效率类、聊天类、健康类应用中使用，因为这些应用的功能抽象，所以使用与之相关的代表性图形作为图标易被用户识别并留下深刻印象。

图 3-1-4　比喻类图标

4. 标志类图标

标志类图标是利用已有产品或已经深入人心的标识来展现。如图 3-1-5 中的中国铁路 App、新浪网 App、京东 App、网易 App，人们对这四个网站已经非常熟悉了，图标使用的是网站最具代表性的标志进行制作。对于已经有一定用户基础的 App 来说，使用这种设计方式非常合适。

图 3-1-5　标志类图标

三、图标的设计原则

在进行图标设计时要遵循一定的原则，这些原则可以帮助我们快速进行设计定位。

1. 识别性

识别性是一个图标应该具备的最基本特性。这里的识别性主要从两个方面来讲。一是图标要易于理解，应用图标代表的是一个产品的属性和功能，优秀的图标应该能够让用户一眼就能够感知到这个应用的属性和功能。二是图标是否简洁易辨认，因为 App 在手机上显示时，图标相对较小，能否清晰辨认显得尤为重要，虽然简洁的图形设计可以提升图标的设计品质，但是过于缺乏细节又会显得非常单调，所以在设计过程中要注意把控。

2. 差异性

移动互联网发展迅速，优秀的图标层出不穷，要想在数百万的应用图标中脱颖而出，图标就要具有差异性。在设计过程中，要对竞争对手从视觉和表意的准确性上进行客观分析，借鉴他人优点的同时突出自身产品的核心特征和属性，凸显图标的差异性和独特性。只有通过差异化的设计打造应用图标的独特性，才会让应用图标脱颖而出，给用户留下深刻的印象。

3. 关联性

应用图标要与名称和产品的功能属性具有关联性。品牌深厚的企业进军移动互联网或进入新的领域时，与原有品牌有关联性可以让品牌的积淀继续发挥作用，延续品牌形象，赋予品牌更强的生命力。具有良好关联性的图标可以使用户对产品有更好的认知，提高用户下载意愿，进而提高转化率。

4. 合适的色彩

与情感之间的紧密联系，使色彩变得主观，不同的色彩能够带给人不同的心理感受。干净明快的色彩和合理的色彩搭配，可以给应用图标带来更多的关注度。但色彩的数量也不要太多太杂，只要能使图标在显示屏幕中可以与背景色对比明显，可被用户快速识别就好。

5. 多场景测试

当图标设计完成后，应该进行多场景测试，来反馈该图标是否具有较强的吸引力、是否有识别困难等，结合测试反馈结果来决定是否要对图标进行优化。

四、图标的设计创意

图标最关键的点在于“隐喻”，这是图标的灵魂。当设计应用程序图标时，首先要考虑什么样的图标能够说明你的应用程序，吸引你的目标用户。这就需要设计师认真地分析和提炼，让图标更具生命力。

下面以“水果忍者”为例分析图标创意过程。

（1）分析应用程序的性质。这款游戏是一款第一人称视角的游戏，用户将扮演忍者，用户的手指是忍者刀，要尽可能切开屏幕中出现的所有水果，同时要避开与水果一起弹出的手雷。

（2）根据内容进行关键词提炼重组。应用程序是一款游戏，需要尽量用一个词语或一个“动词+名词”的形式将游戏内容展现出来。提炼关键词非常重要，要尽可能去掉副词和形容词以及描述性的语言。提炼关键词并重组，如图 3-1-6 所示。

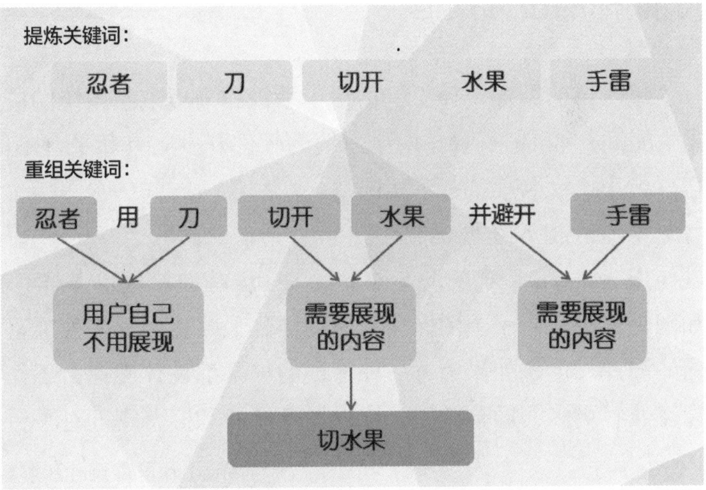

图 3-1-6 水果忍者创意概括图

（3）将词语具象化、语言图形化。这个过程是确定图标的重要环节，也是将语言图形化的第一步。由“切”这个动词，我们可以联想到“刀”“刀痕”等，而刀痕更容易表现破坏的厉害程度，从而激发用户尝试的欲望；“水果”容易图形化，但需要进一步具象化，给用户更直观的感受，所以，选择具有强烈视觉冲击力的色彩和形象饱满的水果——西瓜，容易让人产生好奇心和破坏的欲望。故选定“刀痕”和“西瓜”。

（4）斟酌用户喜好，确定图标风格类型。目前，图标大致可以分为商务型和卡通型两种。商务型图标以“冷色”为主，纯度低，能使人冷静、情绪平缓；卡通型图标以“暖色”为主，颜色鲜艳绚丽，对比强烈，易于调动人的情绪，更快进入角色。“水果忍者”图标应倾向于使用卡通型图标。确定了风格之后，就可以进行草图的绘制了，如图 3-1-7 所示。

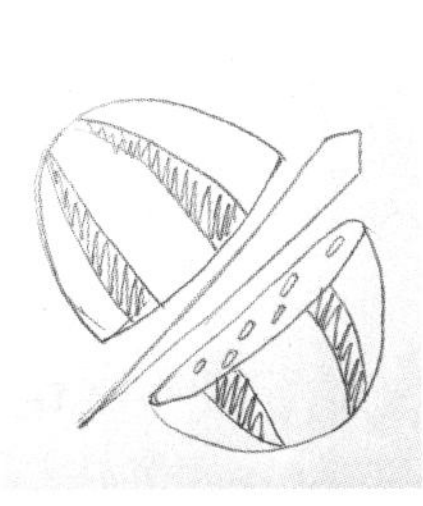

图 3-1-7 “水果忍者”图标草图

（5）对草图进行填色和细化设计。最后，反复修改草图，从构图、色彩等方面进一步细化，并适当添加装饰等，得到最后的效果图，如图 3-1-8 所示。

五、图标的设计要点

（1）避免图标中堆积过多元素。图标内容越简单、表意越清楚越好，只要有一件物品能表达清楚意思，就不要再加任何同类物品，增加图标的复杂度无异于画蛇添足。

（2）注意保持光、反射、影子的一致性。图标中的内容必须具有一致性，比如光源、影子、反光、倒影、透视等，否则会显得杂乱无章，让人感到图标是拼凑起来的。

（3）充分利用有限空间，使用饱满的图形。在选择图标元素或是游戏内容的时候，尽量挑选既有代表性又非常饱满的图形，如果没有饱满的图形，可以通过制造假空间、框体等方式来弥补，如图 3-1-9 所示。

图 3-1-8　水果忍者图标效果图

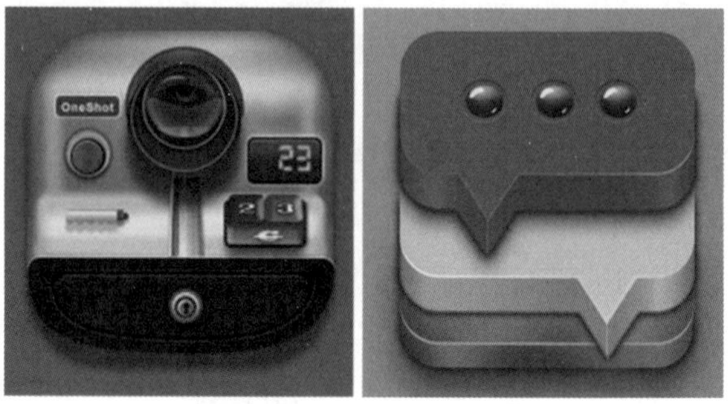

图 3-1-9　饱满的图形

六、图标的设计规范

这里所说的图标设计，是指用于手机和平板电脑系统的应用程序启动图标。国内普遍使用的手机操作系统是 Android 和 iOS 两种。两个系统的软件开发工具和平台不同，决定了 UI 设计的规范也有所区别。就图标而言，大小、命名规范都不相同。

1. Android 系统图标制作规范

使用 Android 系统的设备种类很多，屏幕的参数也多样，这就要求我们在设计图标时要注意考虑屏幕密度和图标大小。同一个图标在高密度屏幕上要比在低密度屏幕上看起来小，设计师要为不同密度的屏幕提供不同的图片。但是如果为每一种密度的屏幕都设计图标，工作量大且不能满足程序的兼容性要求。为了简化设计且兼容更多的屏幕类型，依据屏幕尺寸和屏幕密度对平台进行区分，如表 3-1-1 所示。

表 3-1-1　Android 屏幕尺寸和屏幕密度

屏幕尺寸	屏幕密度(分辨率)	图标尺寸(例)
小	低(120dpi)	36 像素×36 像素
正常	中(160dpi)	48 像素×48 像素
大	高(240dpi)	72 像素×72 像素
特大	超高(320dpi)	96 像素×96 像素

由此，在设计 Android 系统的图标时，可以为表 3-1-1 中所列的四种普遍使用的屏幕密度分别设计一个图标，并将它们储存在特定的资源目录下。当运行应用程序时，Android 系统将会根据设备屏幕的属性加载特定密度资源目录下相应图标。

2. iOS 系统图标制作规范

iOS 系统图标的命名与尺寸如表 3-1-2 所示。

一般 iOS 系统的图标以“Icon@ 1x. png”“Icon@ 2x. png”“Icon@ 3x. png”的形式命名，其中@ 1x 可以理解为倍数关系，@ 3x 是@ 1x 的 3 倍。例如：使用 750 像素×1134 像素（iPhone6/7/8）尺寸做设计稿，切图输出就是@ 2x，缩小 1 倍就是@ 1x，扩大 1.5 倍就是@ 3x。最标准的做法就是在图标完成后保持 3 套图，程序运行会自动选取对应的图片，如图 3-1-10 所示。

表 3-1-2　　iOS 系统图标的命名与尺寸

反缀	适用机型	屏幕密度	图标尺寸
@ 1x	iPhone1～3	320 像素×480 像素	—
@ 2x	iPhone4～8	640 像素×960 像素(iPhone4) 640 像素×1136 像素(iPhone6) 750 像素×1134 像素 (iPhone6/7/8)	120 像素×120 像素(App) 1024 像素×1024 像素 (App Store)
@ 3x	iPhone Plus/iPad	1242 像素×2208 像素	180 像素×180 像素(App) 1024 像素×1024 像素 (App Store)

图 3-1-10　图标切图

但是，设计图标时都是按照最大 1024 像素×1024 像素进行的，之后按照比例缩小调整，并且高光部分与圆角不需要做，由 iOS 系统自动生成。

任务拓展

1. 完成以下测试题：

(1) 什么是图标？

(2) 图标有哪些类型？

(3) 请简述图标设计的原则。

2. 说说你见过的印象最深的图标，并简述印象深刻的原因。

3. 请你试着设计一款飞行旗游戏 App 的图标。

任务二　线性化图标设计

任务目标	知识目标	理解线性化图标的特征 掌握线性化图标的绘画准备 掌握两种常用线性化风格图标的绘画技法

续表

任务目标	技能目标	能使用形状工具的轮廓功能绘制线性化图形 能使用变换等变形效果丰富图形 能使用蒙版工具进行局部细节处理
	价值目标	立足时代、深入生活，树立正确的艺术观和创作观 培养认真严谨、精益求精的工匠精神 开阔视野，增强传统文化美育教育，增强文化自信
建议课时	理论+实践 2 课时	
课前准备	预习本任务微课视频，复习 Photoshop 软件基础操作	
评价方法	教师评价、学生互评等	

相关知识

一、线性化风格图标的特征

线性化的风格被广泛运用在各类平台，所以有必要对目前流行的线性图标风格进行归类。线性化风格是由直线、曲线、点等元素组合而成的样式，其优点是轻巧简练，具有一定的想象空间，且不会对界面产生太大的视觉干扰，如图 3-2-1 所示。

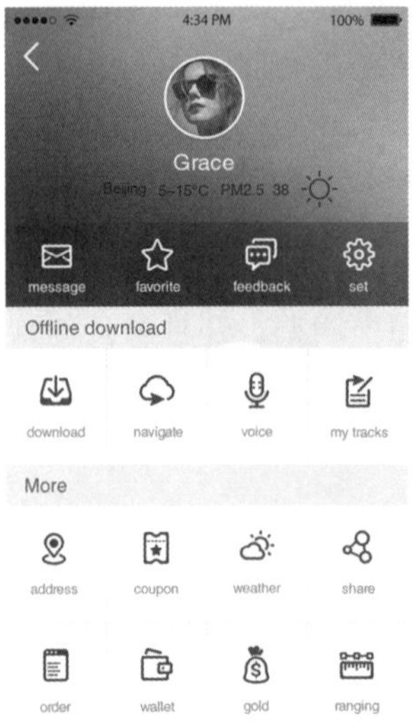

图 3-2-1　线性化风格界面

线性化风格设计所用的线条有粗细之分，图标选用的线条越细，识别度相对越低，但同时更容易给人以精致的感觉，线条越粗则识别度越高。

不同的线形具有不同的特点：①像素的线形目前基本很少使用，甚至不用，因为在屏幕中它显得很细，横线和竖线使用居多；②像素的线性图标显示也很细，相对识别度低，但容易给人以精致时尚的感觉，时尚类 App 常考虑使用；③像素的线性图标多用在工业型产品中，因为它更稳重，且不会过分加重视觉图标在整体界面中的比例；④像素的线性图标则更加厚重，容易给人“年轻”“潮”的感觉，但其在整体界面中的视觉占比会比较重，因而在图标大小和留白的处理上，需要谨慎使用。

如果在图标中间涂上与线条颜色相同的色彩，就成了面形图标，如果在图标中间涂上与线条颜色不同的色彩，就是线面混合图标，如图 3-3-2 所示。

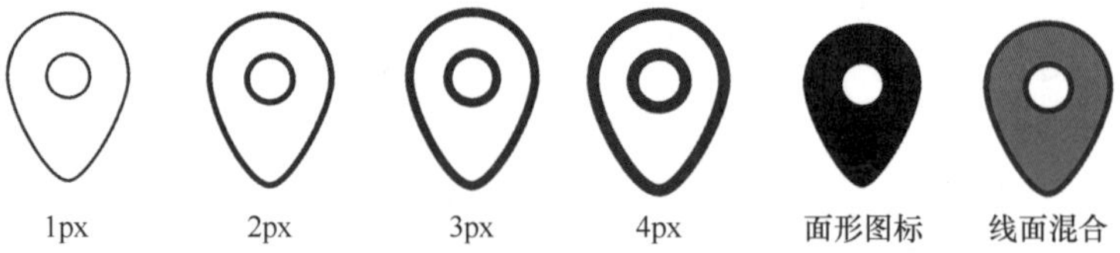

图 3-2-2　不同粗细线性化图标

二、线性化风格图标的分类

线性化风格图标可以分为简易线性、复杂线性、插画类线性、轮廓类线性四种。

（1）简易线性图标。这类图标是指用尽量少的线条去描述图标所要表达的意义，适用于元素简单、仅凭轮廓就能感知物体意义的图形，如图 3-2-3 所示。

（2）复杂线性图标。这类图标是指通过增加图标的局部细节，使图标更具层次性和独特性，适用于图标整体尺寸比较大、限制比较小的情况。复杂线性图标是在简易线性图标中增加一些细节，使图标更加生动有趣，增加的细节常采用断点、粗细、线条相结合等方式描述，如图 3-2-4 所示的图标采用了三像素轮廓加二像素内部细节的绘图方式，轮廓线较粗，内部细节较细。

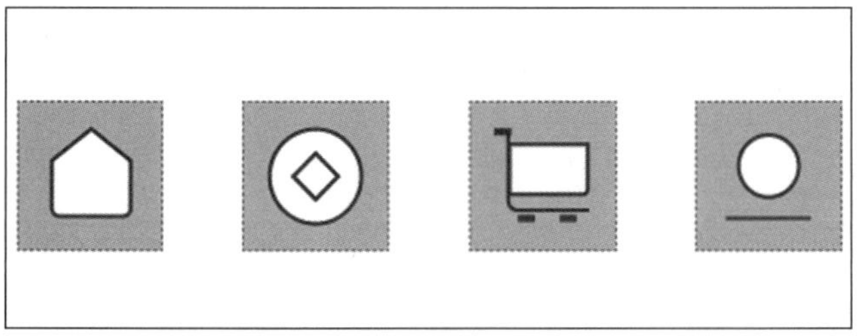

图 3-2-3　简易线性图标

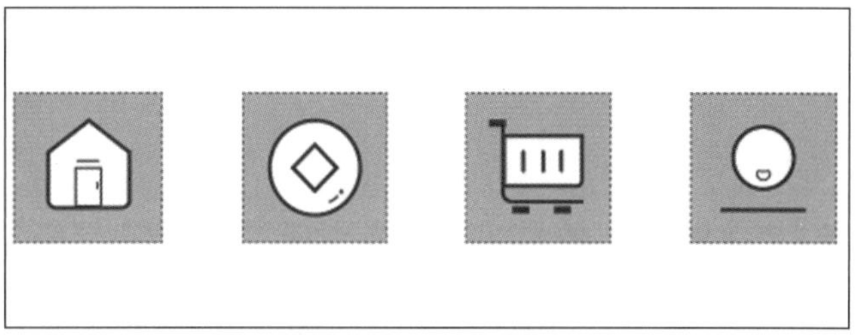

图 3-2-4　复杂线性图标

（3）插画类线性图标。这类图标是指通过增加图标的点阵，使图标看上去有类似喷绘的效果，展现的层次更加丰富，更好地区别于导航位置的图标，使页面中的图标样式不重复，不容易产生视觉疲劳。这类图标尺寸要求稍大一些，才能使用户注意到图标中间的细节。如图 3-2-5 所示，在四个图标中间增加了圆点组合而成的点阵，使它们看上去具有了喷绘的效果。除喷绘效果之外，设计师还可以尝试做更多的细节。

（4）轮廓类线性图标。这类图标是指通过对图标轮廓的粗线条描绘和描边，使图形轮廓显而易见，再辅以些许细节和底色，使图标轮廓清晰，图形易于理解。这类图标之所以区别于色块图标，是因为轮廓使用的清晰线条形成了自己独有的个性，看起来更加可爱和卡通，能起到调节页面氛围的作用，如图 3-2-6 所示。

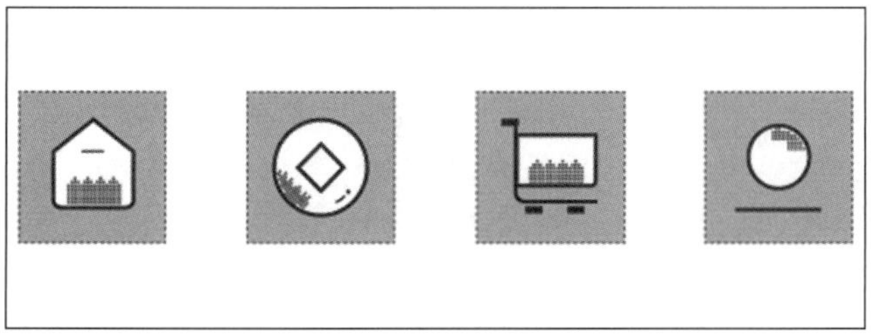

图 3-2-5　插画类线性图标

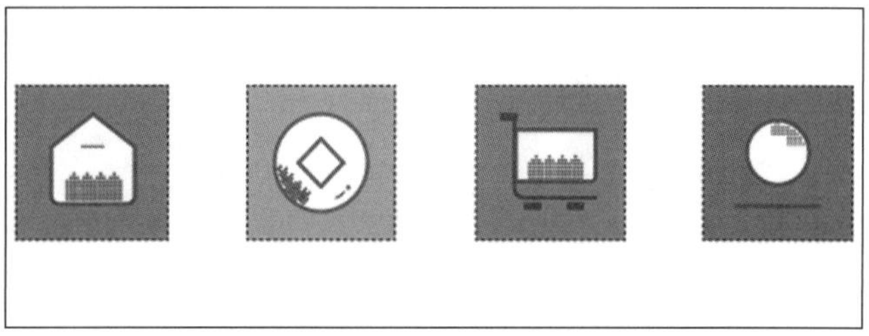

图 3-2-6　轮廓类线性图标

三、线性化风格图标的绘画准备

配套视频

线性化风格
图标绘画准备

在绘制线性化风格图标之前，需要做一些准备。移动应用中的图标通常很小，会给绘制增加很多难度，导致许多设计师绘制的图标在放大以后出现轮廓发虚的问题。iOS 的线性图标轮廓一般多使用二二像素块的线框，轮廓一旦发虚，会导致图标显示模糊。

可以用以下三种方法来解决：

第一种方法，在图标的设计中尽量使用 45°角。比较如图 3-2-7 中的两张图。这两张图是不同的角度放大以后的一像素分布，第一张图是 45°，第二张图是 60°，通过比较可以看到 45°角在放大以后像素分布比较均匀，60°角放大以后，整个像素的分布相比 45°角来说则比较杂乱。因此，45°角在放大以后，相较于其他度数的角来说，比较不容易发生模糊的状态。

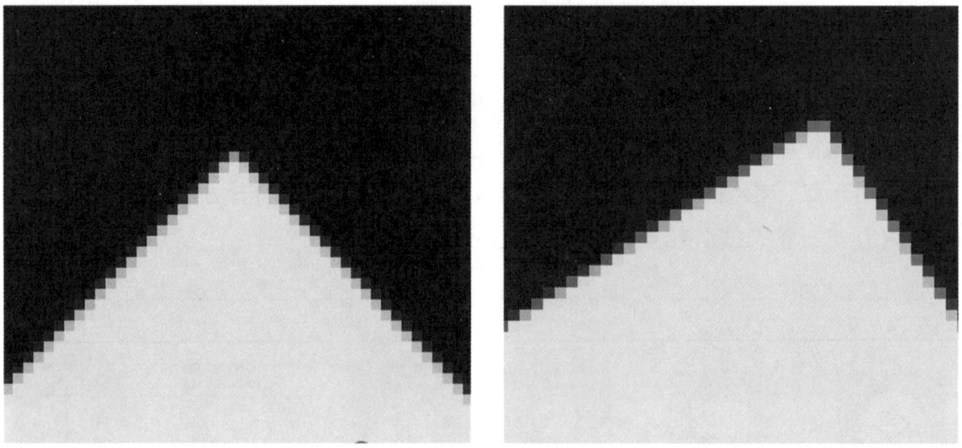

图 3-2-7　45°角和 60°角

第二种方法，勾选 PS 软件中的常规选项，具体步骤为：编辑—首选项—工具，勾选“将矢量工具与变化和像素网格对齐”，如图 3-2-8 所示。

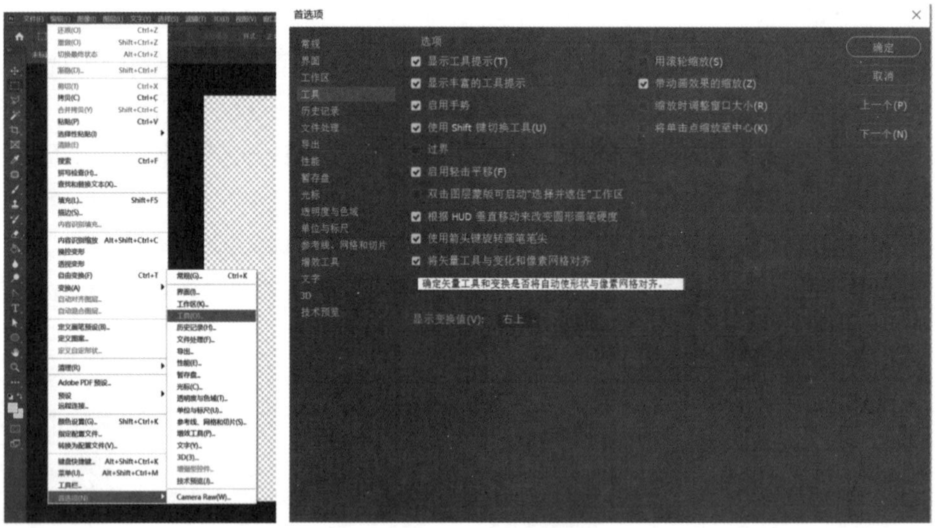

图 3-2-8　编辑菜单选项

第三种方法，设置像素网格，具体步骤为：视图—显示—网格，勾选“像素网格”，如图 3-2-9 所示。

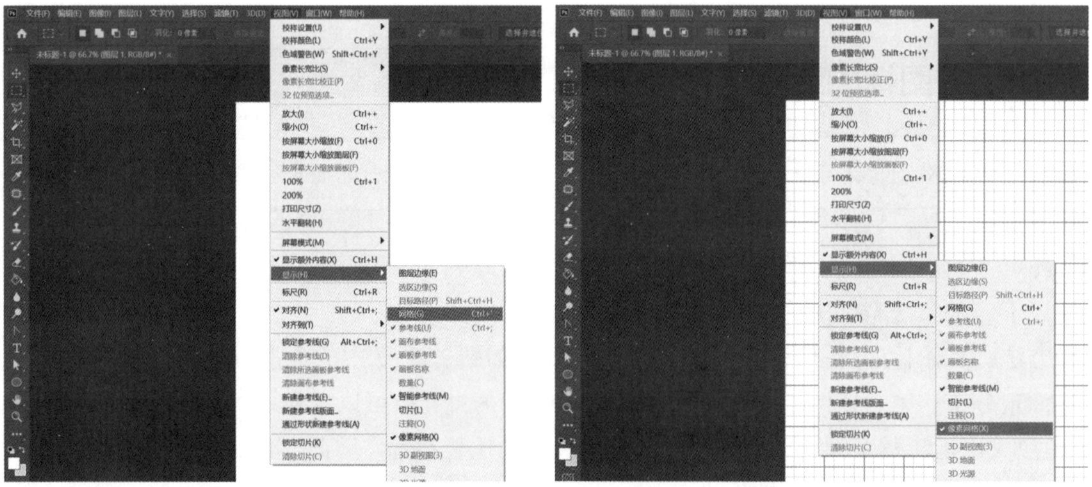

图 3-2-9　视图菜单选项

四、两种常用线性图标的绘制技法

配套视频

两种常用线性化风格图标的绘制技法

1. 普通线性图标的绘制技法

普通线性图标在 PS 软件有两种常用的描边方法：图层样式描边与路径描边。

图层样式描边方式是图层样式中的一种，是对图形轮廓的描绘，图形可以是矢量图也可以是位图，如图 3-2-10 所示。

路径描边仅作用于形状，对位图是没有效果的，但在处理形状时，路径描边更加开放和灵活，所以一般来说采用路径描边绘制线形图标是最佳选择，比如图 3-2-11 中的照片图标使用路径描边更加合适，具体步骤可参照视频资源。

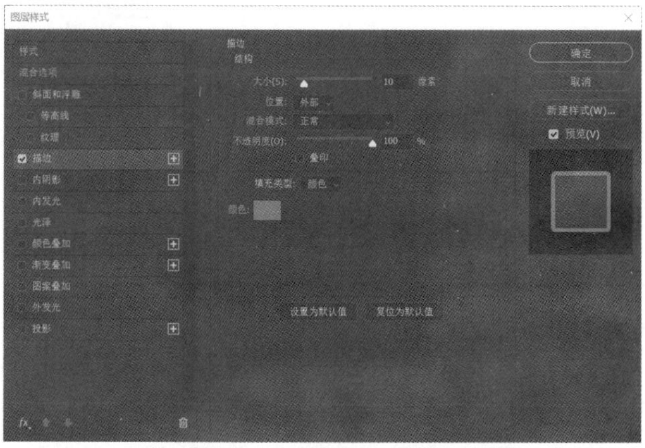

图 3-2-10　图层样式描边

图 3-2-11　照片图标

2. 线性填充图标的绘制技法

线性填充图标是指在普通线性图标的基础上略加修饰的图标。

在使用过程中，图标往往有两种状态，即选中状态和未选状态。通常来说，选中状态是未选中状态填充颜色的样子。如图 3-2-12 中收藏栏下方的“精品推荐”图标，在没有选中之前，它是一个线性图标，但是选中之后，就变成填充了蓝色的图标，这就是选中状态与未选中状态的区别。

图 3-2-12　选中状态图标与未选中状态图标

在实际绘制的时候，一些特殊的图标需要进行一些变化，于是将线性图标的外观进行了四种不同绘制技法的分类，如图 3-2-13 所示。

第一种闭合描边绘制。这种类型的图标是一个闭合的线框，内部没有其他任何细节，填充的方法很简单，只需将内部背景填充即可。

第二种内部细节绘制。这种类型的图标除了一个闭合的线框外，内部还有细节，填充的方法是先将内部背景填充，再将细节反过来填充即可。

第三种开放描边绘制。这种类型的图标除了一个开放的线框外，内部还有细节，填充的方法是先将整个背景填充，再将线框和细节缩小反过来填充。

第四种单纯描边绘制。这种类型的图标由多个开放的线框组成，它不宜填充整个背景，最直接的方法就是将这些线框加粗至两倍。具体绘制步骤可参考视频资源。

图 3-2-13　四种描边绘制示例

配套视频

线性化定位图标的绘制

五、线性化图标案例制作

案例主题	定位 App 图标设计	
任务分析	尺寸规格	按照图标尺寸 500 像素×500 像素的设计规范进行
	设计风格	线性化风格
	颜色运用	（R：255　G：255　B：255） （R：4　G：0　B：157） （R：213　G：213　B：213）
效果展示		

• 创意设计

定位 App 主要用于地图导航类的实用型应用，故在图标创意设计上既要遵循一目了然的功能性原则，又要满足线性化的风格特点。此类图标的创意设计主要从“地图”和“定位”两个部分切入。

“地图”的图形从纸质地图入手。将矩形通过透视变形呈现梯形的效果，使其有一定的动感和立体感，采用中空的线条来表现，满足线性化的特点，如图 3-2-14 所示。

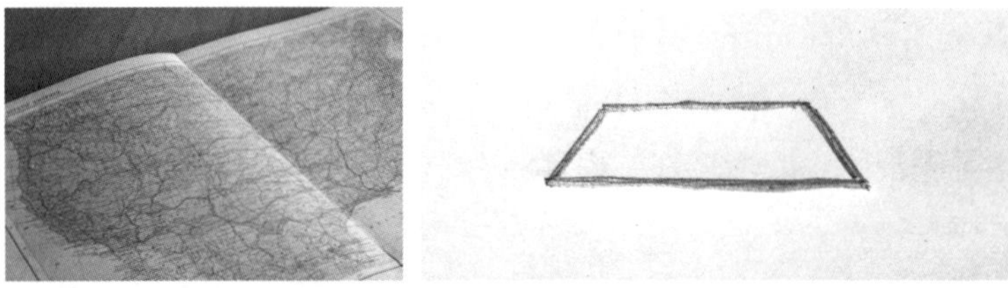

图 3-2-14　梯形地图

“定位”要求精准，即明确地指向地图上的某一点，故图形下方必须是尖的，可用顶角向下的三角形实现。为了美观，在三角形上方融合一个圆，形成流畅的视觉效果，也以线条表现。在图形中间加入一个实心圆，增加图形的重心和体量感，使图形更吸引用户注意，如图 3-2-15 所示。

将“地图”与“定位”采用水平居中对齐的方式叠加到一起，得到图标草图，如图 3-2-16 所示。

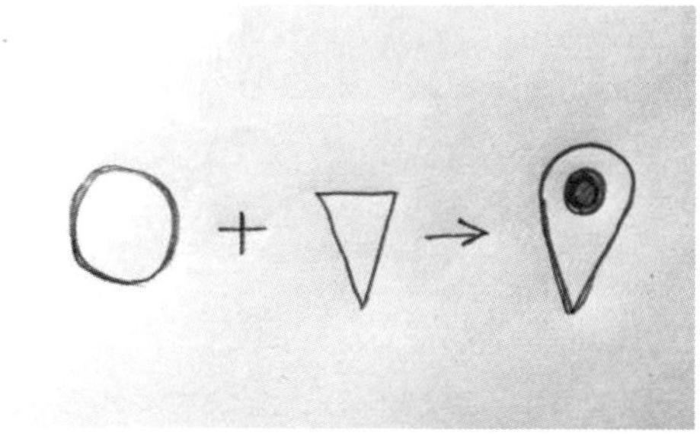

图 3-2-15　定位图形

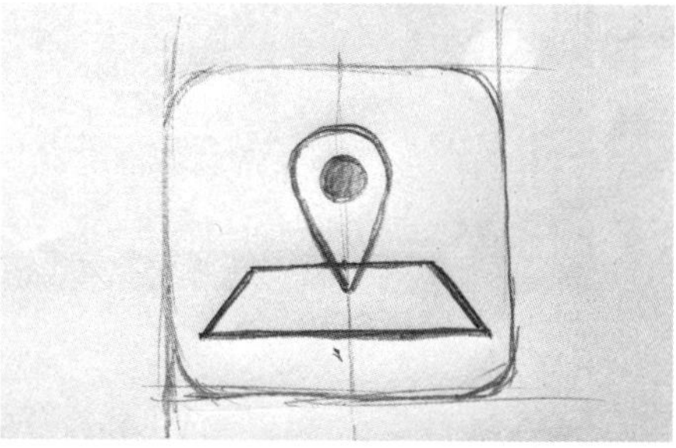

图 3-2-16　定位 App 图标草图

• 绘制步骤

第 1 步　新建文件，宽度 2000 像素，高度 1600 像素，分辨率 300 像素/英寸，背景色选透明，如图 3-2-17 所示。

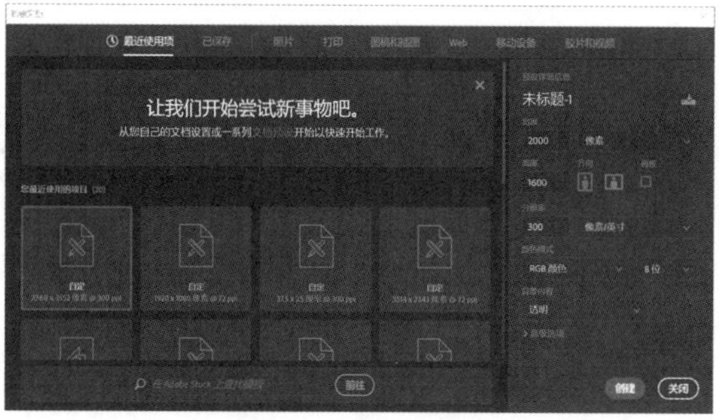

图 3-2-17　新建文件

第 2 步　点击“圆角矩形”工具，在属性栏中选择填充主色调为蓝色（R4，G0，B157），创建 1024 像素×1024 像素、圆角半径 180 像素的圆角矩形，如图 3-2-18 所示。

第 3 步　添加一个新图层，重命名为“地图”，如图 3-2-19 所示。

第 4 步　选择“地图”图层，点击“矩形”工具，创建 700 像素×200 像素的矩形，并在属性栏中调整参数，填充为“无”，白色描边，描边线型为实线 30 像素宽，如图 3-2-20 所示。

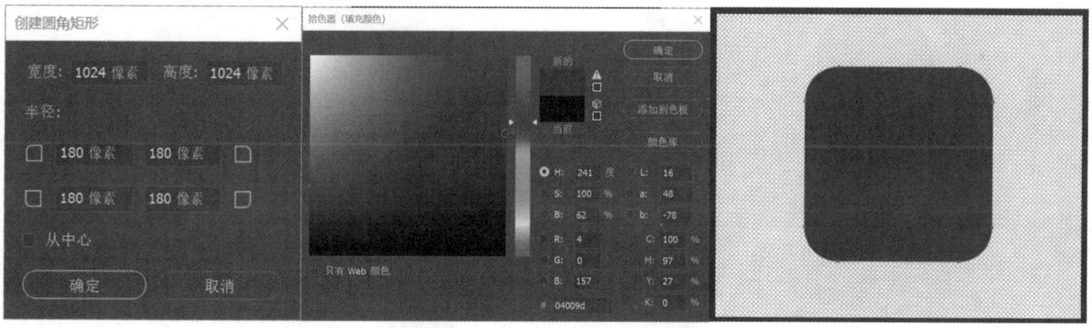

图 3-2-18　绘制圆角矩形

图 3-2-19　新建“地图”图层

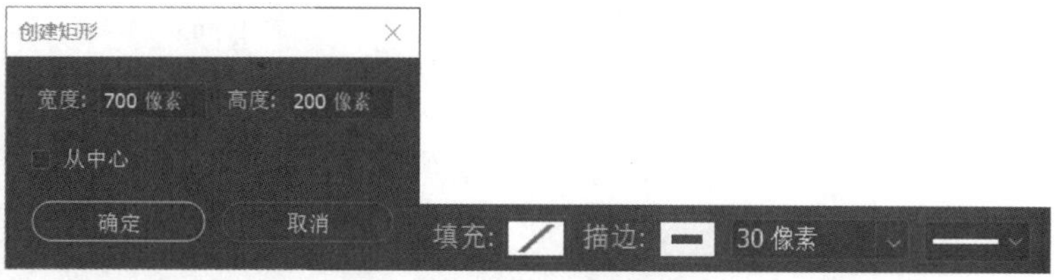

图 3-2-20　创建矩形

第 5 步　选中“地图”图层，点击编辑下拉菜单，选择变换—透视，单击矩形左上角，向右拖动，使矩形变成对称的梯形，如图 3-2-21 所示。

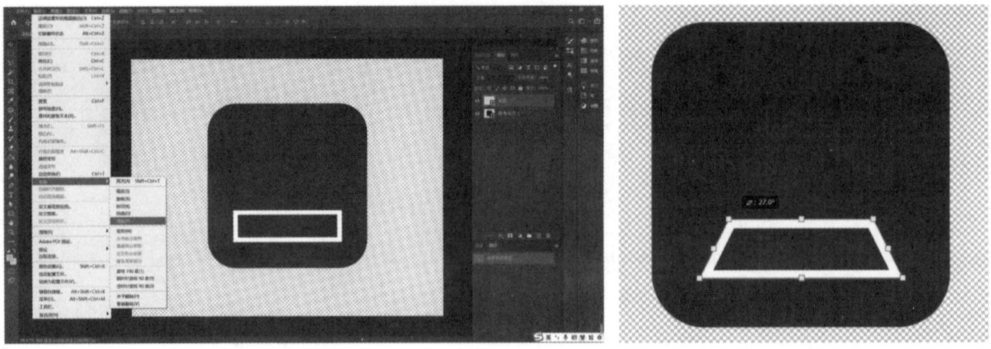

图 3-2-21　透视变形

第 6 步　添加一个新图层，重命名为“定位图形 1”，如图 3-2-22 所示。

第 7 步　选择“定位图形 1”图层，点击“圆形”工具，创建 300 像素×300 像素的圆形，并在属性栏中调整参数，填充为“无”，白色描边，描边线型为实线 30 像素宽，如图 3-2-23 所示。

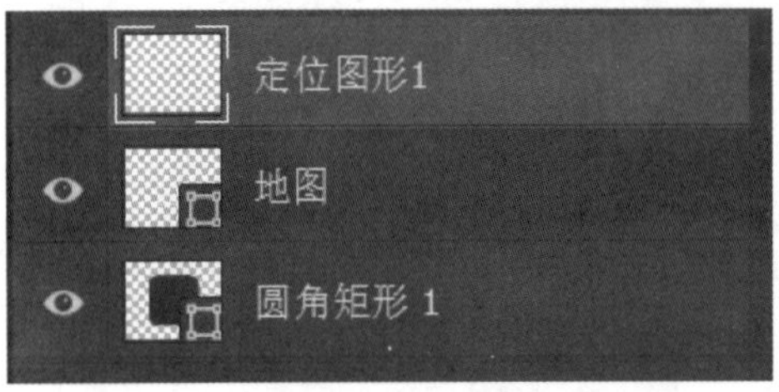

图 3-2-22　新建“定位图形 1”图层

图 3-2-23　创建圆形

第 8 步　选择“直接选择”工具，点击圆形底部锚点，按住 Shift 键将其向正下方拖动，如图 3-2-24 所示。

第 9 步　选择“转换点”工具，单击圆形下方锚点，使其成为尖突锚点，如图 3-2-25 所示。

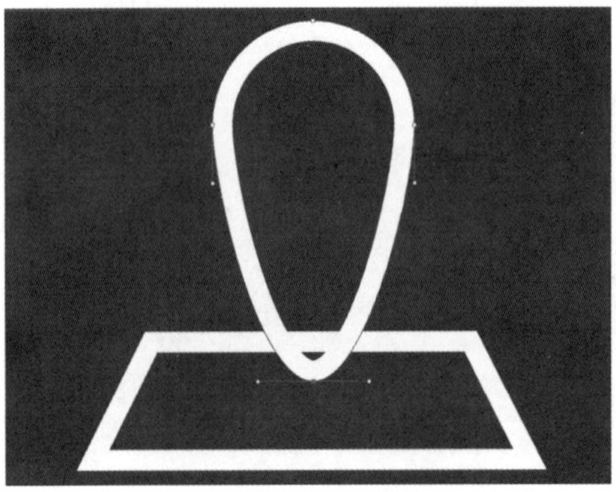

图 3-2-24　调整锚点

图 3-2-25　调整为尖突锚点

第 10 步　添加一个新图层，重命名为“定位图形 2”，选择“圆形”工具，绘画 150 像素×150 像素的圆，并修改其属性为填充白色，描边“无”，如图 3-2-26 所示。

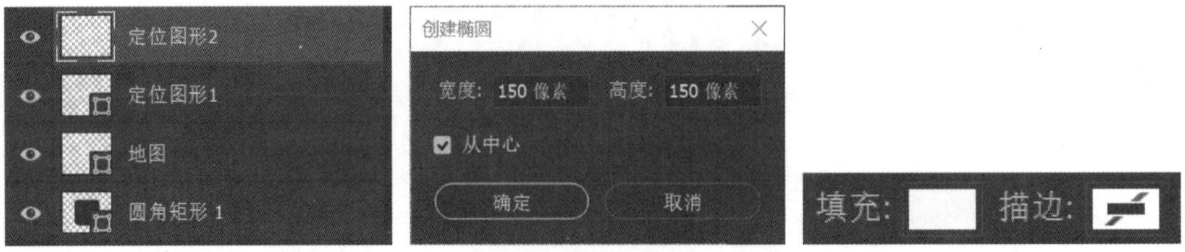

图 3-2-26　绘画圆形

第 11 步　选中全部图层，选择“移动”工具，在属性栏中点击“水平居中对齐”，如图 3-2-27 所示。

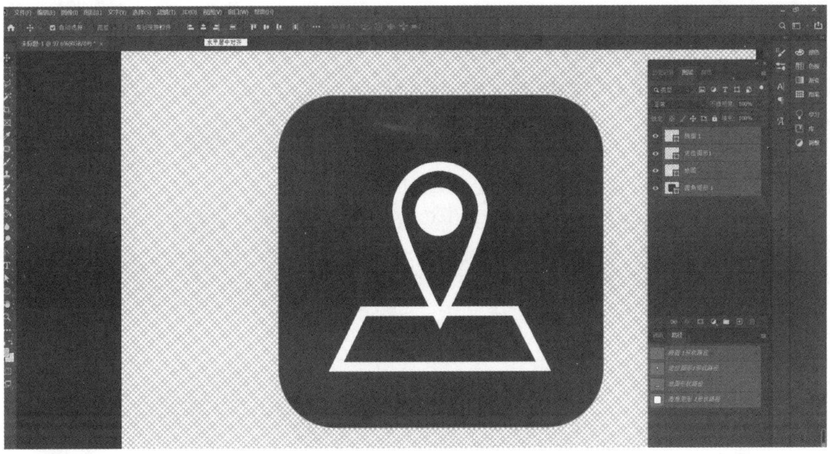

图 3-2-27　水平居中对齐

第 12 步　在最底层添加浅灰色的背景，如图 3-2-28 所示。

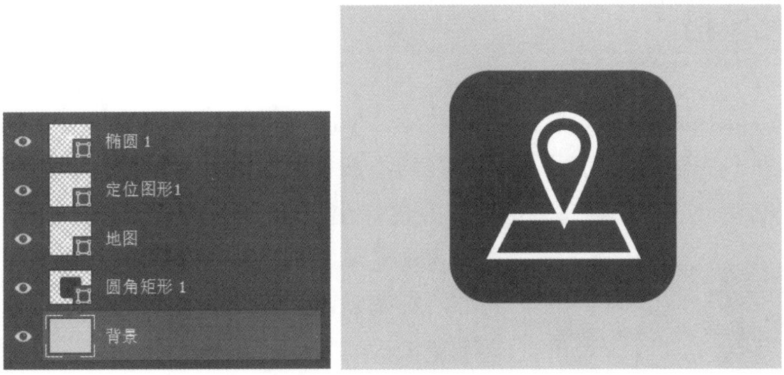

图 3-2-28　添加背景

任务拓展

1. 完成以下测试题：

（1）什么是线性化风格？

（2）线性化风格有哪些特征？

（3）线性化风格有哪些类型？

（4）绘制线性化风格图标前要做何准备？

2. 请你为你的学校设计绘制一个线性化的应用图标。

任务三　扁平化图标设计

任务目标	知识目标	理解扁平化图标的特征 掌握扁平化风格的创意方法 掌握四种扁平化风格类型的特征

续表

任务目标	技能目标	能使用形状工具绘制图形 能使用图层样式丰富图形效果 能使用剪贴蒙版进行快速切形
	价值目标	立足时代、深入生活，树立正确的艺术观和创作观 培养认真严谨、精益求精的工匠精神 开阔视野，增强传统文化美育教育，增强文化自信
建议课时	理论+实践 3 课时	
课前准备	预习本任务微课视频，复习 Photoshop 软件基础操作	
评价方法	教师评价、学生互评等	

相关知识

一、什么是扁平化风格

扁平化设计（英文：flat design 意思是扁平的设计、平淡的设计、简约的设计）是指“零 3D 属性的设计”，它仅是二维空间的一种表现形式，即使用单纯的不加任何三维效果的图形进行设计的风格。这种设计的核心理念是化繁为简，去除透视、纹理、渐变以及能做出 3D 效果的元素，把一个事物尽可能用最简洁的方式表现出来。如图 3-3-1 所示，把实物的彩色铅笔“拍扁”，去掉所有能表现立体写实效果的元素，再加以设计，即可获得扁平化风格的图标。

图 3-3-1　扁平化风格的铅笔图标

二、扁平化风格的特征

（1）扁平化风格通常使用鲜艳、明亮的色块进行设计。形态方面以圆形、矩形等简单几何形态为主，界面按钮和选项也很少。扁平化风格中设计元素的减少，使色彩的使用更加规范，字体标准更加统一，使其形态与整体更加相互适应，因此更容易形成完整一致的模式，也使整个图标简洁大方、充满现代感，体现极简主义的设计理念。

（2）扁平化风格提升系统效率，降低设计成本。扁平化风格由于设计元素、色彩的减少，摒弃了过多的装饰，使人机交互效率得到提升，系统功耗减少，提高运算速度，延长待机时间。

（3）扁平化风格有利于减少体验者使用过程的心理负担。随着硬件设备性能的不断提升，体验者的操作内容和范围也不断增加，过分负责的风格点触样式更容易造成使用的不便，增加体验者心理负担。而扁平化设计的模糊触控范围点触区域可以使体验者的使用过程更加得心应手。

三、扁平化风格的四种类型

配 套 视 频

扁平化风格四种类型——常规扁平化

扁平化风格四种类型——其他三种扁平化图标

扁平化风格有四种常用类型，分别为常规扁平化、长投影扁平化、渐变扁平化和投影扁平化，如图 3-3-2 所示。后三种类型是在常规扁平化基础上略作变化，在不增加其装饰元素和不改变其扁平特征的基础上，丰富了图标造型，以供不同场合的使用。具体绘制步骤可参考视频资源。

(a) 常规扁平化　(b) 长投影扁平化　(c) 渐变扁平化　(d) 投影扁平化

图 3-3-2　四种扁平化类型

四、扁平化图标案例制作

案例主题	新疆旅游 App 图标设计	
任务分析	尺寸规格	按照图标尺寸 500 像素×500 像素的设计规范进行
	设计风格	常规扁平化风格
	颜色运用	（R：255　G：237　B：113） （R：186　G：8　B：231） （R：140　G：45　B：228）
效果展示		

• 创意设计

命题为“新疆摄影之旅”创作广告设计。首先通过收集资料找到新疆的风景、物产、资源的代表，如网络上的照片、名人的绘画作品等发现新疆伊犁是世界薰衣草三大生产地之一，位于新疆天山脚下，那里风景宜人，如图 3-3-3 所示。

资料图片中，归纳了两个最主要的元素：薰衣草田和热气球。从薰衣草田元素中，可以找到紫色、很浓

图 3-3-3　薰衣草田资料图片

的线条感、强烈的远近层次感；对于热气球元素为旅行者拍摄意境，可以将其塑造成紫色的互补色——黄色作为点缀元素，如图 3-3-4 所示。

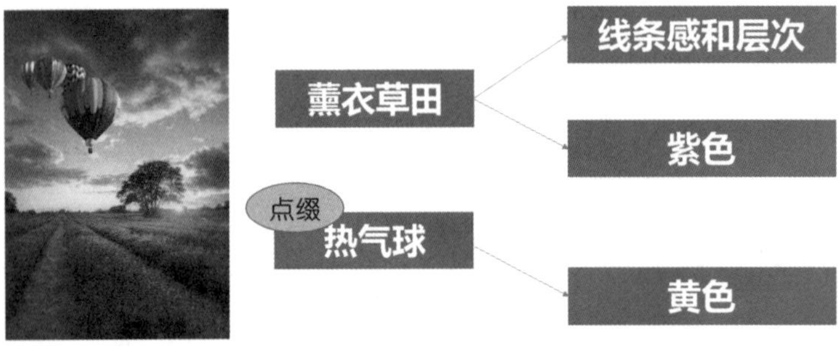

图 3-3-4　关键元素

接着设计草稿，薰衣草田通过一条条紫色的线条来营造环境远近的纵深层次，用一圈一圈的日光线条来塑造新疆地区的晴朗天气，中间可以加上一个黄色的热气球作为点缀。为了避免过于单调，可以画上扁平化构造的云朵，还可以在薰衣草田上加上一些小三角，作为补充的小树植物等，如图 3-3-5 所示。

配 套 视 频

扁平化旅游应用图标绘画——主体部分的绘画-1

扁平化旅游应用图标绘画——点缀部分的绘画-2

- 绘制步骤

第 1 步　新建文件，宽度 1000 像素，高度 800 像素，分辨率 300 像素/英寸，背景色选透明，如图 3-3-6 所示。

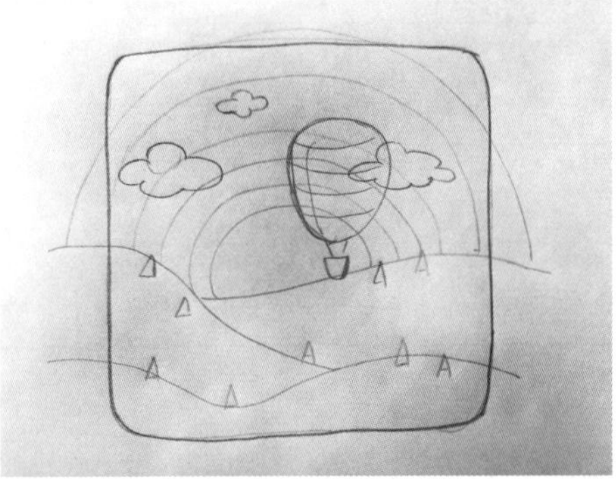

图 3-3-5　图标草图

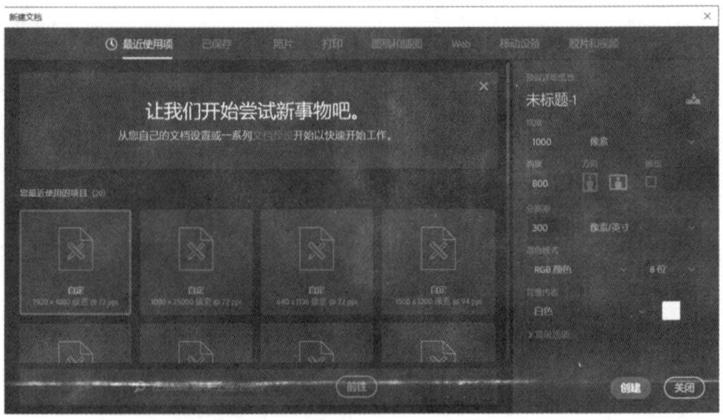

图 3-3-6　新建文件

第 2 步　点击“圆角矩形”工具，在属性栏中给填充选择主色调为蓝紫色（R：104　G：2　B：175），创建 500 像素×500 像素，圆角半径 50 像素的圆角矩形，如图 3-3-7 所示。

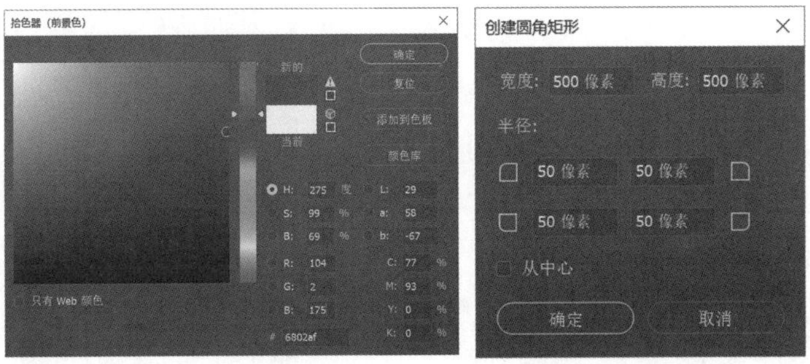

图 3-3-7　绘制圆角矩形

第 3 步　添加一个新图层，单击“椭圆”工具，属性栏中填充改为比刚才圆角矩形所用的蓝紫色浅一号的紫色（R：137　G：33　B：209），创建宽和高都是 400 像素的正圆，与圆角矩形中间对齐，如图 3-3-8 所示。

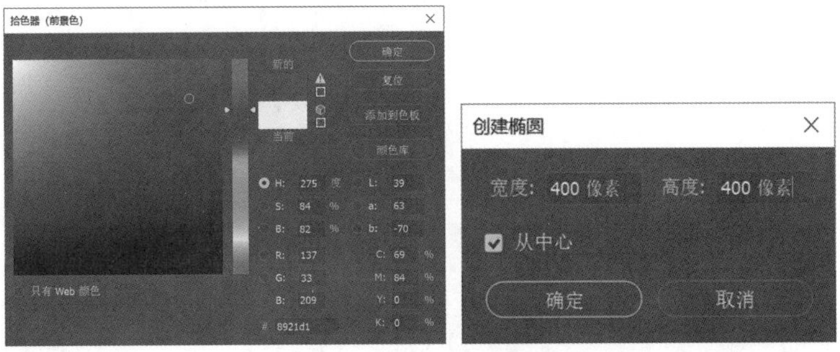

图 3-3-8　创建椭圆

第 4 步　重复第 3 步的操作，绘制第二个正圆，填充色比第一个再浅一号（R：178　G：115　B：223），宽和高都是 300 像素；继续绘制第三个正圆，填充白色，宽和高都是 200 像素，如图 3-3-9 所示。

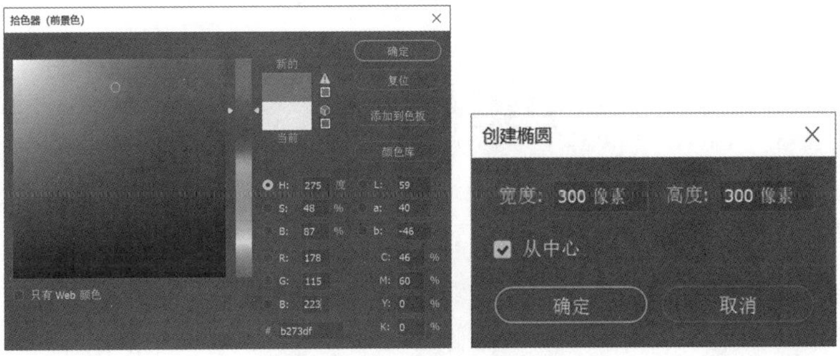

图 3-3-9　创建正圆

将三个圆与圆角矩形中心对齐，得到底纹图形，如图 3-3-10 所示。

第 5 步　在图层窗口新建组，重命名为“底纹”，将三个圆的图层加入底纹组，便于后期整理与修改，如图 3-3-11 所示。

第 6 步　按 Ctrl+Alt+Shift+E 组合键盖印图层，重命名为“盖印底纹”（这一步很重要！），如图 3-3-12 所示。

至此，底纹部分绘画完成接下来我们来绘画薰衣草田的部分。

第 7 步　按照层次关系绘制薰衣草田，先画最底层，新建图层，选择“钢笔”工具，属性栏确认为“形状”，用拾色器选择填充为紫色（R：162　G：10　B：176），如图 3-3-13 所示。

图 3-3-10　对齐圆形

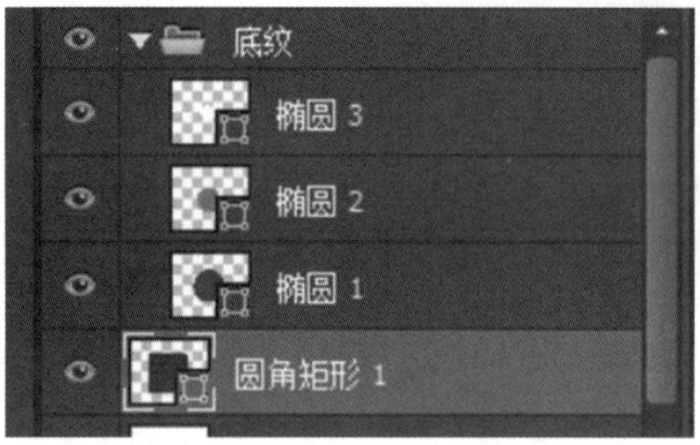

图 3-3-11　建立图层组

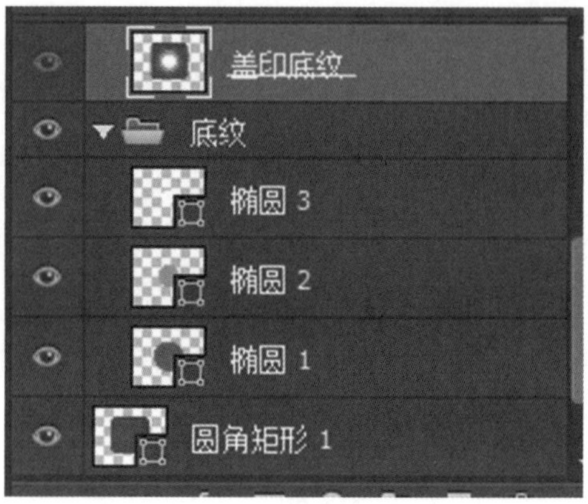

图 3-3-12　盖印图层

绘制薰衣草田的形状，并用“直接选择”工具微调（**注意**：只需观察圆角矩形内部的线条形状即可），如图 3-3-14 所示。

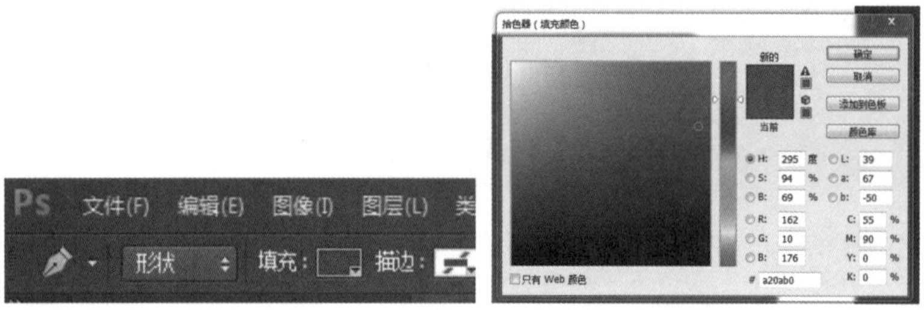

图 3-3-13　钢笔工具选色

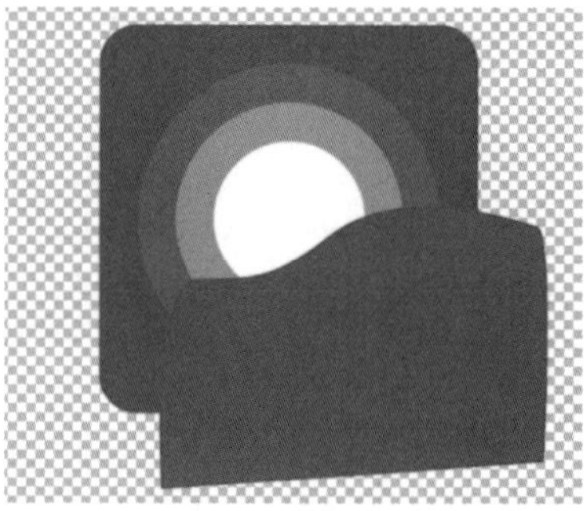

图 3-3-14　绘制薰衣草田形状

第 8 步　重复第 7 步，绘制另外两层薰衣草田，如图 3-3-15 所示。

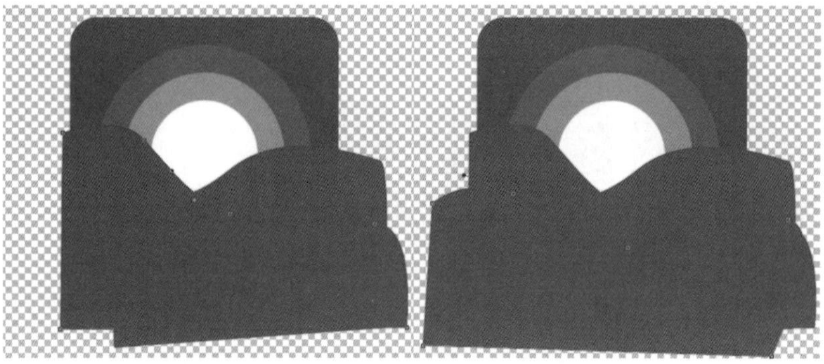

图 3-3-15　绘画另外两层薰衣草田

第 9 步　为其中任意一层薰衣草田添加图层样式，内阴影，混合模式正常，颜色选择淡黄色，不透明度 100%，角度随意，勾选“使用全局光”，距离 15 像素，阻塞 0，大小 20 像素，如图 3-3-16 所示。

第 10 步　复制这一层的图层样式，粘贴到另外两层薰衣草田图形上，也可以在这里用直接选择工具对每一层形状进行微调，如图 3-3-17 所示。

第 11 步　将每一层薰衣草田分别创建剪贴蒙版，形成前面“盖印底纹”圆角矩形的裁剪效果，如图 3-3-18 所示。

第 12 步　同样新建组，重命名为“薰衣草田”，将盖印底纹和三层薰衣草田都拖入组内，如图 3-3-19 所示。

至此，图标的主体内容已经完成，如图 3-3-20 所示。接下来绘制热气球。

第 13 步　新建图层，选择“自定义形状”工具中的心形，填充为黄色（R：235　G：242　B：122），绘制一个心形，如图 3-3-21 所示。用删除锚点工具和直接选择工具把心形调整成热气球的样子，并用钢笔

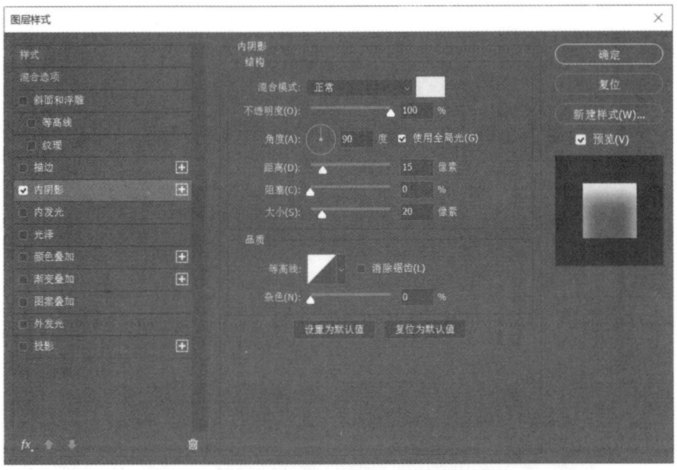

图 3-3-16　添加内阴影

图 3-3-17　微调

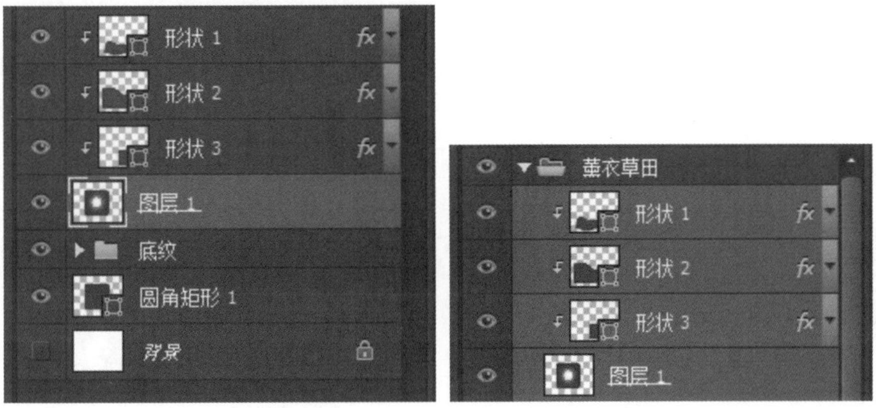

图 3-3-18　创建剪贴蒙版

图 3-3-19　新建图层组

图 3-3-20　背景完成图

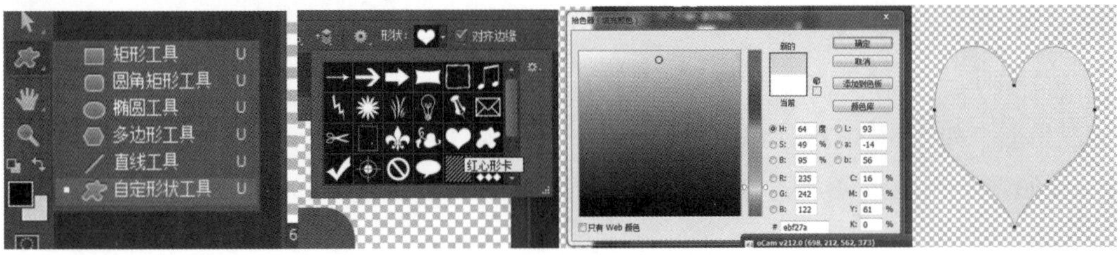

图 3-3-21　绘画心形

工具绘制下放的小梯形，作为热气球的吊篮，如图 3-3-22 所示。

第 14 步　新建组，重命名为“热气球”，将热气球的两个层拖入，如图 3-3-23 所示。

第 15 步　双击“热气球组”，弹出图层样式，添加内阴影，混合模式正常，颜色选择白色，不透明度 75%，角度 135 度，勾选“使用全局光”，距离 5 像素，阻塞 0，大小 5 像素，给热气球添加光照的效果，如图 3-3-24 所示。

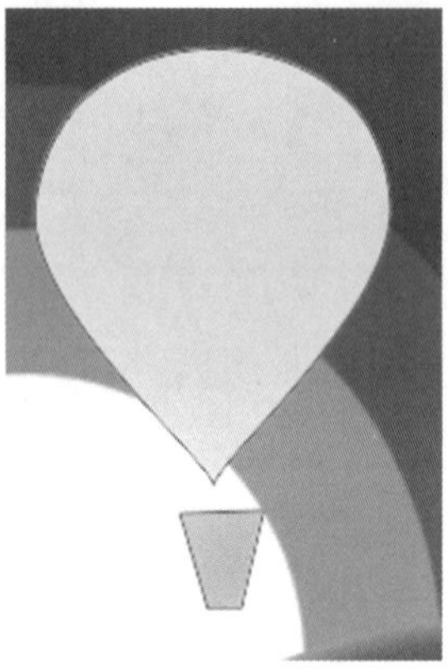

图 3-3-22　绘画吊篮

图 3-3-23　整理图层

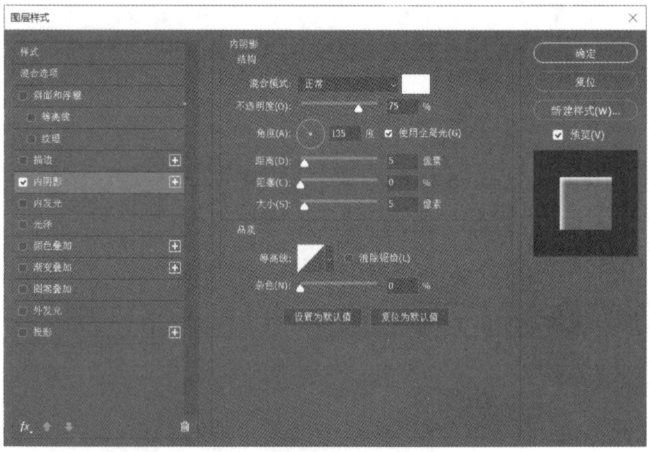

图 3-3-24　添加图层样式

第 16 步　新建图层，前景色改为白色，选择“画笔”工具，硬度为 100%，调整笔尖大小，用几个圆叠加的方法绘制云，多复制几个云层，改变大小和位置，修改各层的图层不透明度，形成前后层次关系，如图 3-3-25 所示。

图 3-3-25　绘制云朵

加上云朵后的效果如图 3-3-26 所示。

第 17 步　新建组，重命名为“云”，将各云层拖入，如图 3-3-27 所示。

第 18 步　新建图层，选择“多边形”工具，属性栏中设置边数为 3，填充色为比薰衣草田深的蓝色，绘制一个正立的三角形，如图 3-3-28 所示。

第 19 步　复制多个三角形图层，添加到薰衣草田上，注意“近大远小”的透视关系，如图 3-3-29 所示。

第 20 步　新建组，重命名为“树”，将所有的三角形图层拖入，如图 3-3-30 所示。

图 3-3-26 整体效果

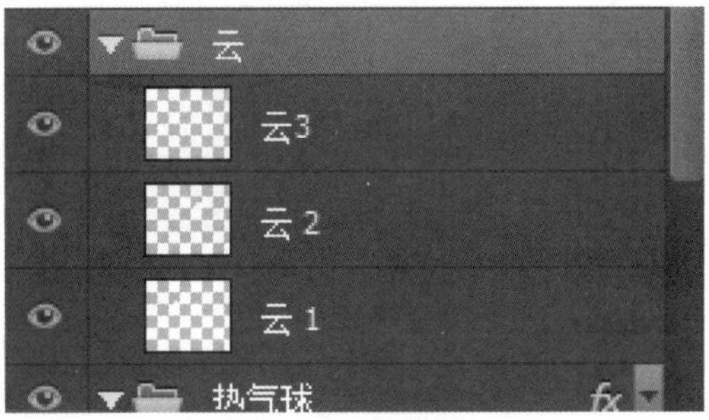

图 3-3-27 新建图层组

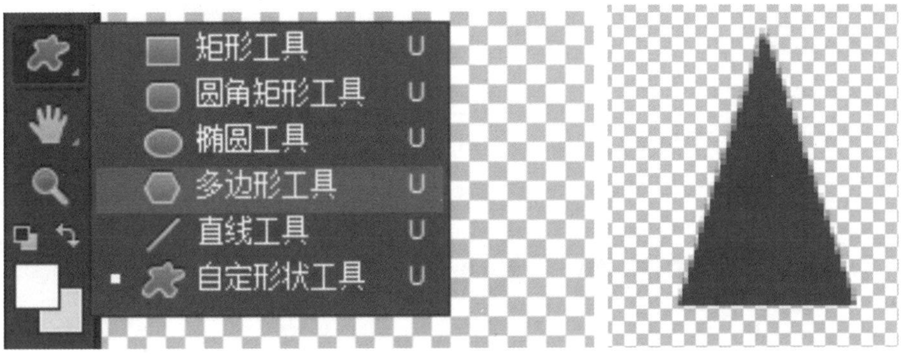

图 3-3-28 绘制树

图 3-3-29 复制树

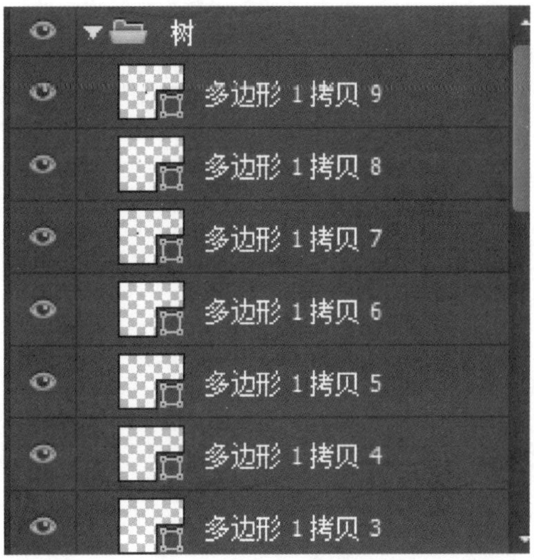

图 3-3-30 整理图层

到这里，图标绘画全部完成。最后给图标加一个撞色系的背景。

第 21 步 选择前景色为黄色（R：255 G：237 B：113），如图 3-3-31 所示。

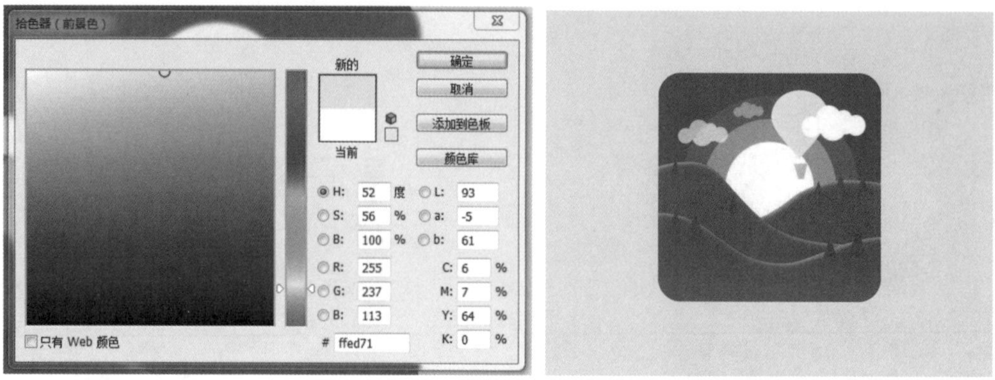

图 3-3-31　填充背景

任务拓展

1. 完成以下测试题：

（1）什么是扁平化风格？

（2）扁平化风格有哪些特征？

（3）扁平化风格有哪些类型？

2. 请你为你的家乡设绘制一个扁平化的旅游应用图标。

任务四　拟物化图标设计

任务目标	知识目标	理解拟物化风格的特征 理解拟物化风格和扁平化风格的差异 掌握拟物化风格的设计方法
	技能目标	能使用形状工具绘制各种图形 能使用图层样式打造写实的高光、阴影等多种效果 能使用变形、路径等工具进行多种写实细节的制作
	价值目标	扎根生活，树立正确的艺术观和创作观 培养精益求精的学习与工作态度 增强美育教育，增强文化自信
建议课时	理论+实践 3 课时	
课前准备	预习本任务微课视频，复习 Photoshop 软件基础操作	
评价方法	教师评价、学生互评等	

相关知识

一、拟物化风格的特征

拟物化风格是指模拟现实物品的造型和质感，通过叠加、高光、纹理、材质、阴影等效果对实物进行再现，也可适当变形和夸张。拟物设计会让用户第一眼就认出实物。如图 3-4-1 中，左边是一个收音机，右边是一颗胶囊，图标中收音机外部金属表面的各种高光和细节，包括调音频道上的刻文，胶囊外壳胶囊纸上的各种点状、粗糙质感都非常明显地表现出来，使得这两个图标像“真”的一样，这就是拟物化风格。

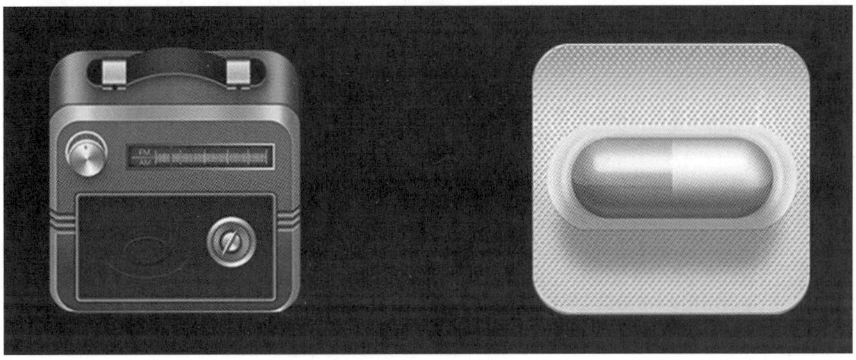

图 3-4-1　拟物化图标

拟物化风格的优点有：第一，拟物化风格的认知和学习成本比较低，无论年龄大小、文化水平高低的用户，几乎都能看懂其含义；第二，各种按钮的视觉质感和按下去之后的交互效果，能养成用户对产品的统一认知和使用习惯；第三，人性化的体贴。如图 3-4-2 所示的案例模仿了一个书架，用它来阅读的体验和平时生活经验相差无几，其极具视觉美感，给人一种非常强烈的代入感。当可视化对象和操作按照现实生活中的对象与操作仿造，用户就能很快学会如何使用它。

拟物化风格也有其缺点：它将事物的一些特性加入设计中，即使这些特性并不具备任何功能性的需求。拟物化设计方式有时会降低用户体验，因为采用拟物化设计时，会试图模仿一个现实物品的外观与功能，这也在一定程度上放弃了数字媒体的独特优势，使模拟行为束缚了能力的发挥。而且两者的工作方式不同，当用户按操作实物的方式去操作应用，并得不到应用的反馈时，就会直接影响对产品的体验。因此，大多数拟物化界面并没有实现功能化，而是花费了大量的时间在视觉的阴影和质感效果上。如图 3-4-3 所示，在收音机图标中间，刻度、按钮、把手等对于整个应用程序接下来的操作起不到任何功能性的作用，只是起装饰作用而已。

图 3-4-2　拟物化书架

图 3-4-3　拟物化收音机图标

二、拟物化风格与扁平化风格的比较

扁平化设计风格也称为简约设计风格。扁平化设计给人的感觉是简洁、明了，让用户有焕然一新的感觉，扁平化设计更突出主要内容，减弱、去掉冗余装饰效果，摒弃高光等拟真效果对用户视觉感知的干扰，让用户更加专注于内容本身，从用户体验上来说也更为简单易用。

认知和学习成本低是拟物化设计的一大优点。拟物化设计展示了识别和熟悉的好处，其引入用户在现实世界中使用的熟悉对象作为用户界面控制的元素，能让用户很容易地正确推断界面控制的方法。熟悉感可以鼓励用户更多地使用产品，更快地采纳产品的设计，减少新用户面对产品的恐惧感和障碍感。其中也包含了人性化的体贴。拟物化设计也存在一些缺点，大多数的拟物化界面并没有实现功能化，设计师却要花费大量的时间和精力在视觉的阴影和质感效果的打造上，如图 3-4-4 所示。

(a) 拟物化设计　　(b) 扁平化设计

图 3-4-4　拟物化与扁平化图标

通常来说，拟物化设计有助于改善应用的用户体验，但实际上，这样的界面设计方式有时也会降低用户体验。首先应用程序与现实中的实体物品有着显著的不同。一般来说，采用拟物化设计的应用都会试图模仿一个现实物品的外观与功能，然而应用的工作方式却与现实物品不同，这会直接影响用户的产品体验。

对于一个采用拟物化设计的产品来说，如果做得足够好，产品在视觉上将与真实世界的物品产生强烈的共鸣。但同时，共鸣越是强烈，越像真实的物品，它所带来的局限性也就越发明显，这也阻碍了产品的改进与革新。

扁平化设计的特点之一是尽可能简洁，然而界面中的一些细节对于用户能否顺畅地使用应用，起着至关重要的作用，比如：按钮上带有轻微渐变的圆角设计，表单部分浅浅的阴影效果，导航栏轻微悬浮的效果。如果去除这些细节，界面中的每个元素都将被置于同一水平面，用户在使用时将不可避免地产生疑惑：这是一个按钮还是一个导航栏？如果我点击它，会出现什么？

从设计发展史来看，流行的风格趋势往往在复杂和简单之间不断交替变化，这一现象在可视化设计领域，尤其是界面设计领域表现得尤为明显。扁平化和拟物化本身都存在着优缺点，设计风格终归只是工具，产品的“可用性”才是设计本身的重点。没有一种设计风格是完美无缺的。为产品量身定制的设计，才能使界面风格与产品要传达的信息、实际功能相吻合。

形式服务于功能、“少即是多”是 20 世纪极简主义运动提出的著名口号，对现代设计的影响深远。优秀的界面交互设计应该是既有“形式上的优美和婉约”，又有“技术上的精确和简洁”。

（1）简洁的完整：优秀设计的经典要素之一即形式的简约——以简驭繁。对于界面设计，就是用最少的元素来完成任务。

（2）内在的和谐：浑然一体的感觉是每个优秀的设计应该不断追求的目标。能够始终以一种文雅而易于理解的方式传达信息，并且向用户展现我们真正希望他们看到的东西，是保持交互设计内在和谐的不二法则。

（3）顺应的情感认知：越来越多的产品设计开始追求某个单一的用户渴求，即凌驾于用户需求之上的一种情感追求，但很多时候追求的单一性往往会失掉了产品最基本的用户感知和认可。顺应用户的情感认知，才能调动用户的情感。

三、拟物化风格图标的设计分析

第一，抓住表达的重点。拟物图标并不一定就是找一个原始的物体，原封不动地将其描绘出来，而是只需要描绘出一些基本元素即可，主要目的是通过将重点部分表现出来，让用户理解。如图 3-4-5 中，最左边是一个房屋的实物照片，尖尖的屋顶、方方的窗户；中间的图片用美术的手法把房屋进行了描绘，同样是尖尖的屋顶、方方的窗户，并且在中间加了一扇门；而右边最终的图标用的也是一个房屋的概念，但是只描绘了房屋的三角形屋顶、矩形墙体和矩形门，其余的装饰性元素，包括墙体、屋顶、窗户、屋外的小草等全都不要。由此可见，图标的设计主要是抓住实际物体最具代表性的特征来进行表达即可。

图 3-4-5　从实物到图标

第二，注意细节的取舍。拟物化图标创作中细节太多或者太少，都有可能造成用户看不懂的情况，所以要注意取舍。可以先在稿纸上绘制草图，用来确定哪些细节需要表达，哪些可以省略，因为如果和生活实际参照物相差太远则很难分辨，但如果太写实又会让人无法识别你要表达的重点。如图 3-4-6 中，左侧是一台打字机的照片，它非常写实，包括材料质感、螺丝按钮、商标以及高光阴影等，所有的细节全都描绘出来了，图标没有必要呈现所有细节，那样反而不简洁。经过设计，确定了需要保留的特征，得到了右边的图标，主要的特征表现在下方的按键和上部的按键配件上，并且对色彩进行了修改，从原本的木纹颜色换成了富有生命力的红色。这个图标不仅与主题密切相关，而且使用户一目了然。

图 3-4-6　打字机图标设计

配　套　视　频

写实计算器图标底板部分绘制-1	写实计算器图标显示部分绘制-2	写实计算器图标按钮部分绘制-3

四、拟物化风格图标的绘制技法

拟物化图标主要强调写实效果，在参考真实物体的基础上进行简化设计，但要求表现出立体感、高光、阴影、质感等效果，现以常见的计算器为例，如图 3-4-7 所示，学习拟物化风格图标的绘画技法。操作步骤详见视频资源。

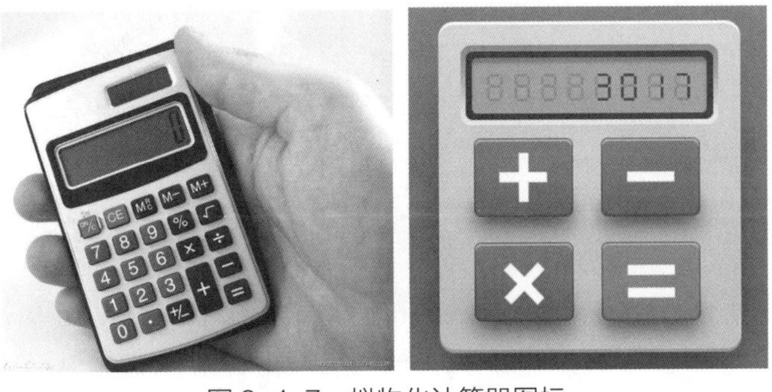

图 3-4-7　拟物化计算器图标

五、拟物化图标案例制作

案例主题	儿童游戏 App 图标设计	
任务分析	尺寸规格	按照图标尺寸 500 像素×500 像素的设计规范进行
	设计风格	拟物化风格
	颜色运用	（R：139　G：14　B：56） （R：255　G：81　B：140） （R：111　G：185　B：172）
效果展示		

● 创意设计

案例要求：某游戏公司开发了一款针对低龄儿童的简单手机小游戏——演奏游戏，玩法是：小朋友点击手机上的按钮，从而发出不同乐器演奏的音乐，具体要求就是能吸引小朋友。

首先要来梳理图标设计的创意要点。第一，用户群——低龄儿童；第二，游戏规则——点击屏幕按钮产生音乐效果。从用户是低龄儿童这一层进行延伸，可以分为女童跟男童两种；从游戏规则延伸，可以用一个动词“点击”跟一个名词“音乐”来说明。“点击”是动词，是用户自己的动作；“音乐”是名词，比较抽象，但是可以用很多乐器来表示，比如钢琴、小提琴、二胡、笛子等。到此，我们已经梳理得到了很多关键词。

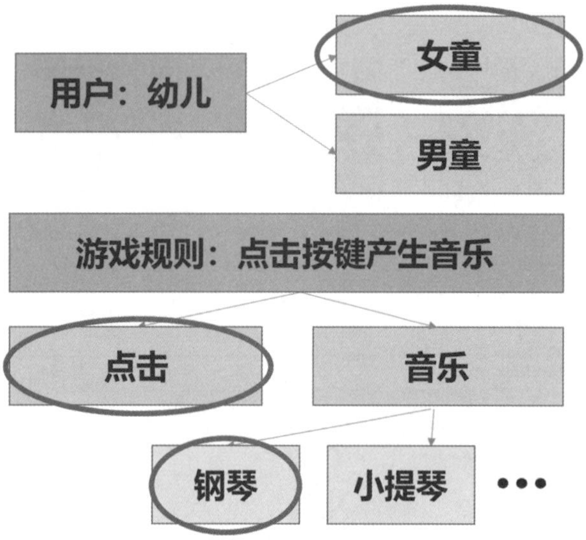

图 3-4-8　梳理关键词

接着确定哪几个关键词对我们的图标设计起决定性作用。首先对于男童跟女童来说，女童更容易被吸引，因为女孩子比较喜欢音乐类的游戏，于是选定第一个关键词——女童；“点击”是用户自己的动作，所以不需要重点去表现；“音乐”分拣出来的众多乐器，我们选择比较有代表性的乐器——钢琴。于是得到了三个关键词——女童、点击和钢琴，如图 3-4-8 所示。

最后逐一分析每个关键词，得出创意元素：女童——高饱和度颜色；点击——用户自己的动作，不需要着重表现；钢琴——黑白琴键是它最有代表性的特征元素。接下来通过收集素材，绘制出草图：一个带有翻盖的圆角矩形钢琴图案，主色调是芭比粉，黑白相间琴键。注意拟物化风格的表现特点——写实。草图效果如图 3-4-9 所示。

● 绘制步骤

第一部分　图标下半部分底座的绘制

配套视频

拟物化游戏图标下半部分底座的绘画-2

第 1 步　新建文件，宽度 1000 像素，高度 800 像素，分辨率 300 像素/英寸，背景色选透明，如图 3-4-10 所示。

第 2 步　点击“圆角矩形”工具，在属性栏中给选择填充主色调为芭比粉（R：255　G：81　B：140），无描边，创建 500 像素×500 像素，圆角半径 50 像素的圆角矩形，如图 3-4-11 所示。

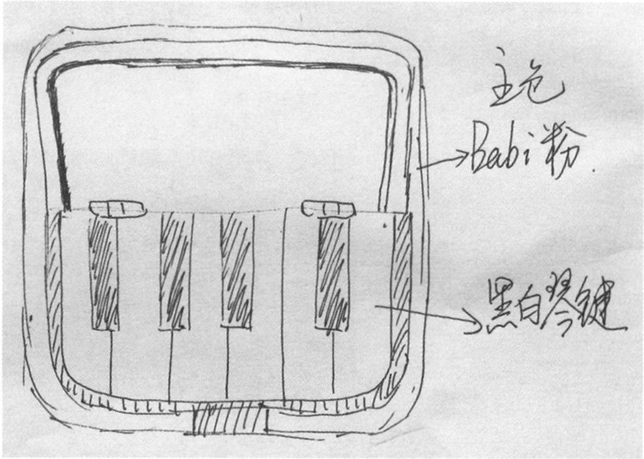

图 3-4-9　图标草图

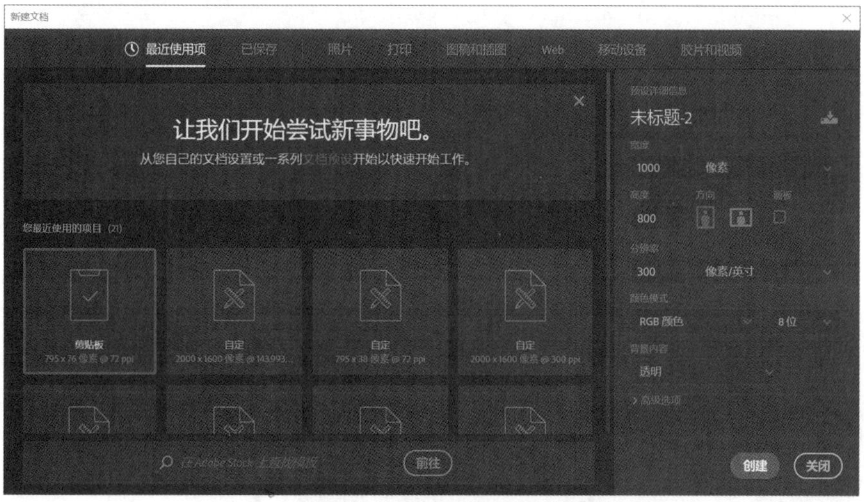

图 3-4-10　新建文件

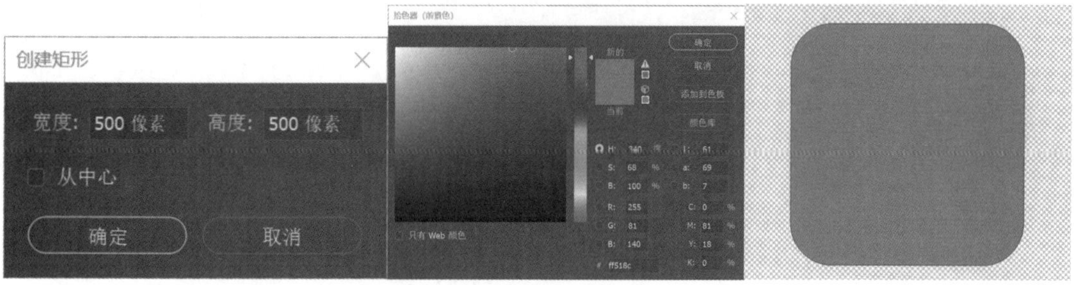

图 3-4-11　绘制圆角矩形

第 3 步　新建图层，继续使用“圆角矩形”工具，调整属性栏中的圆角半径为 40 像素，创建 460 像素×460 像素，选择填充主色调为深芭比粉（R：255　G：29　B：106），创建无描边的圆角矩形与第一个圆角矩形居中对齐，如图 3-4-12 所示。

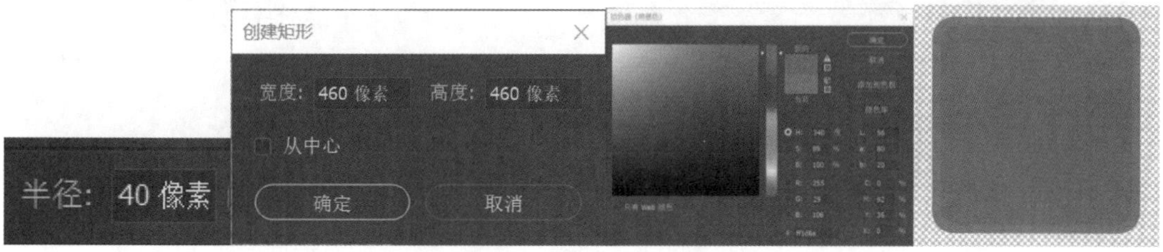

图 3-4-12　绘制第二个圆角矩形

第 4 步　将第一个圆角矩形所在的图层重命名为“底座”，并双击打开“图层样式”对话框，添加内阴影，参数如图 3-4-13 所示。

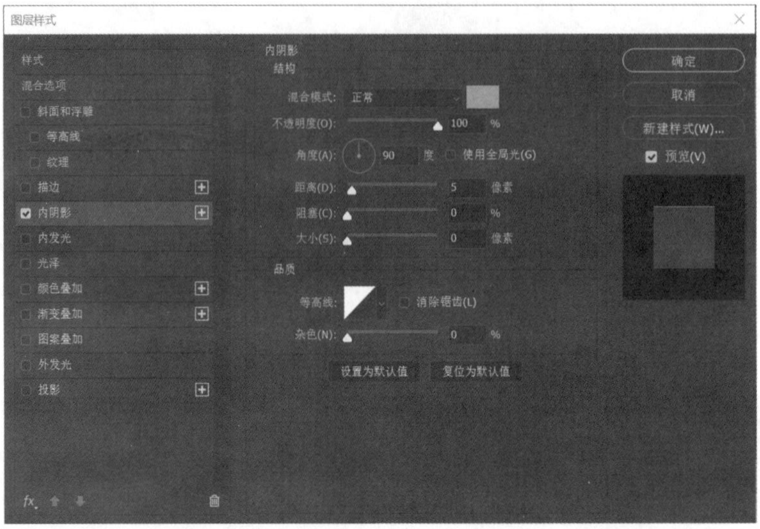

图 3-4-13　设置内阴影参数

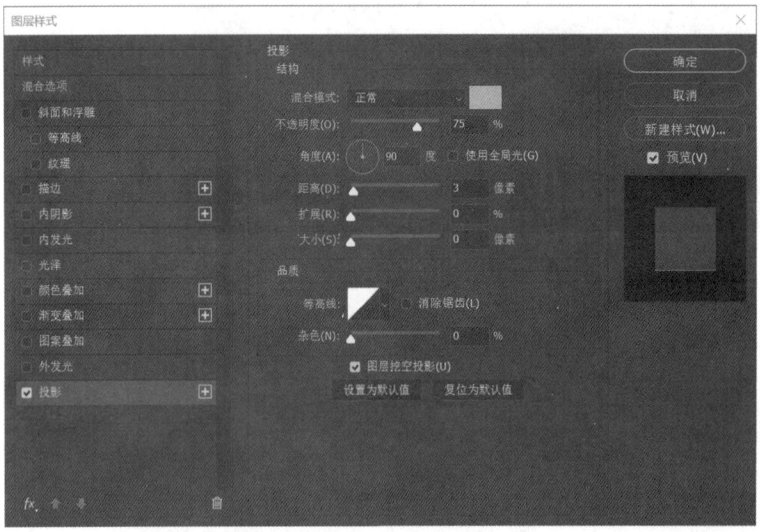

图 3-4-14　设置投影参数

第 5 步　双击第二个圆角矩形所在的图层，打开图层样式对话框，添加投影，参数如图 3-4-14 所示。

第 6 步　新建图层，重命名为“琴键底部”，继续使用“圆角矩形”工具，创建 440 像素×210 像素，选择填充主色调为暗红色（R：153　G：39　B：77），创建无描边的圆角矩形，下方两个圆角半径为 30 像素，上方两个圆角半径为 0，与第一个圆角矩形水平居中对齐，如图 3-4-15 所示。

第 7 步　双击“琴键底部”图层，打开图层样式对话框，添加投影，参数如图 3-4-16 所示。

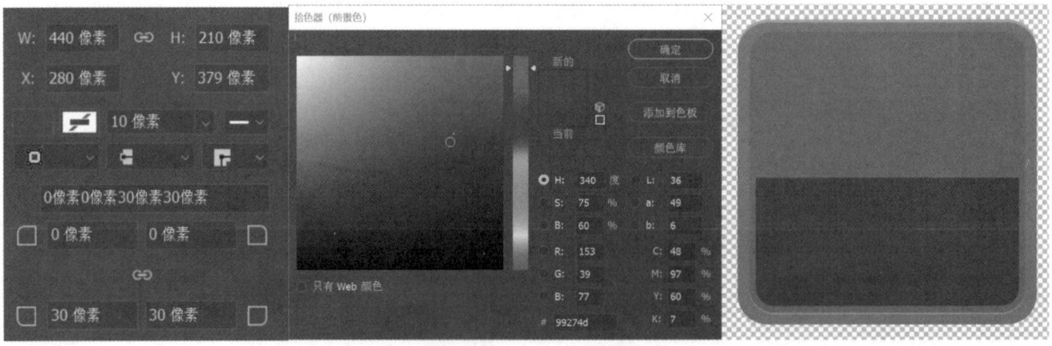

图 3-4-15　创建第三个圆角矩形

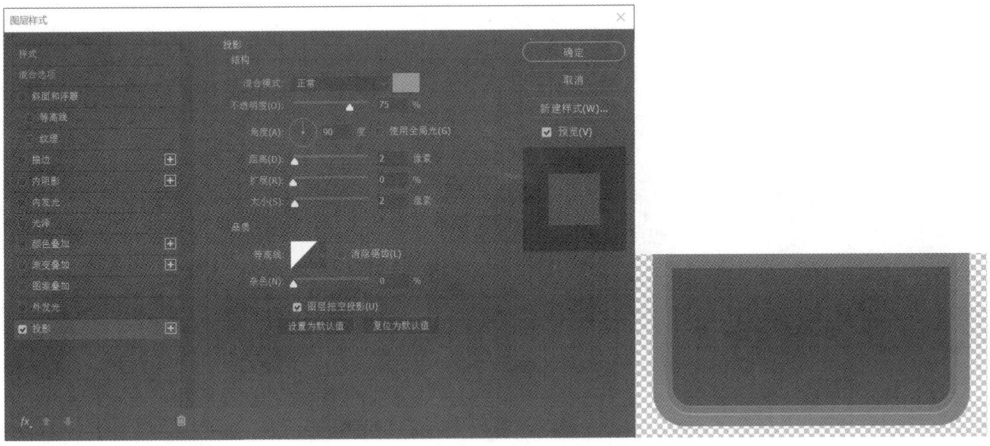

图 3-4-16　设置琴键底部的投影参数

配套视频

拟物化游戏图标下半部分琴键的绘画-3

第二部分　图标下半部分琴键的绘制

第 1 步　复制“琴键底部”图层，生成“琴键底部 拷贝”图层，右击鼠标，弹出右键菜单，点击清除图层样式，如图 3-4-17 所示。

第 2 步　选中“琴键底部 拷贝”图层，按住 Ctrl+T 自由变换，在属性栏中将长和宽同时修改为 98%，如图 3-4-18 所示。

第 3 步　将“琴键底部 拷贝”圆角矩形填充成更深的暗红色（R：69　G：0　B：23），并与“琴键底部”图层执行上对齐和水平居中对齐，如图 3-4-19 所示。

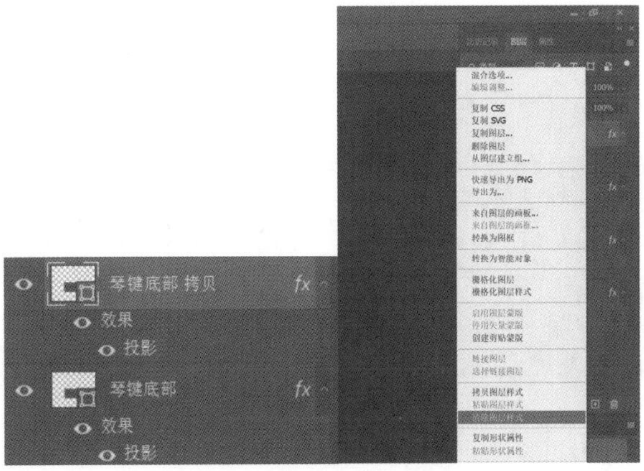

图 3-4-17　清除“琴键底部 拷贝”图层样式

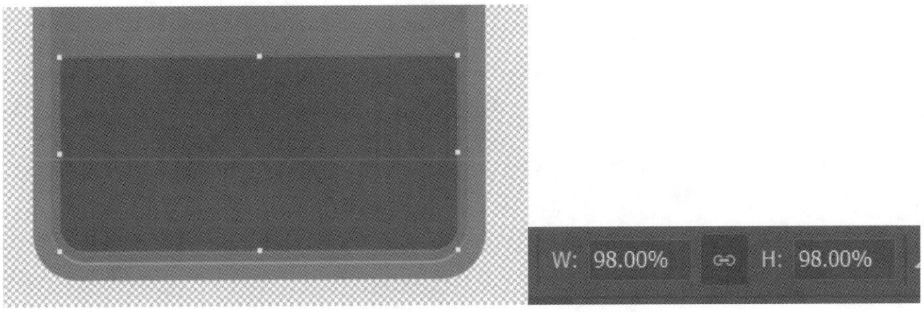

图 3-4-18　“琴键底部 拷贝”图层自由变换

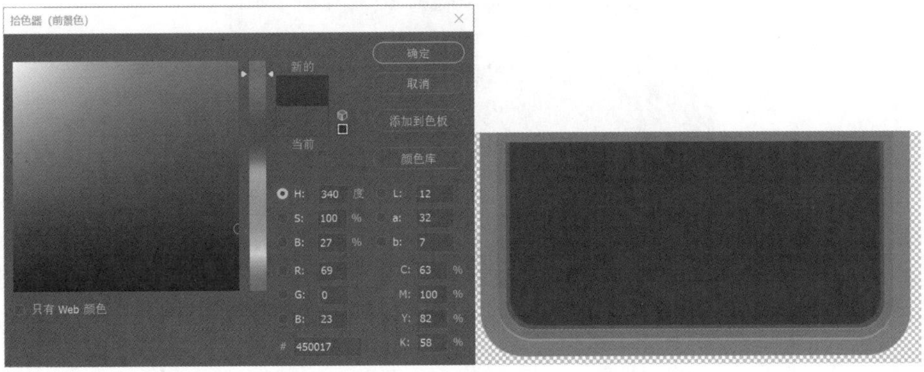

图 3-4-19　“琴键底部 拷贝”图层

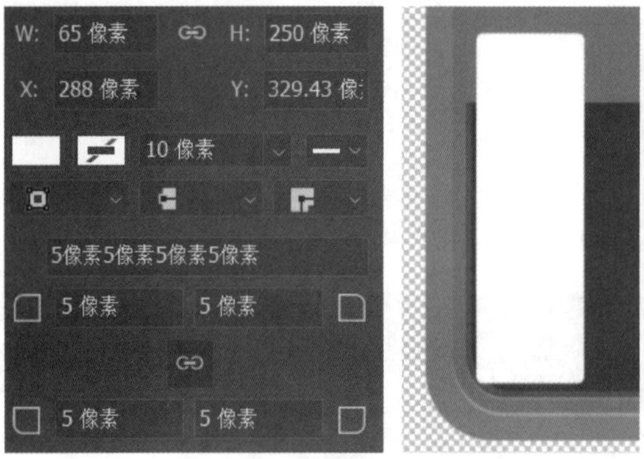

图 3-4-20　绘画圆角矩形参数

第 4 步　新建图层，点击“圆角矩形”工具，创建白色填充的圆角矩形，参数如图 3-4-20 所示。

第 5 步　复制六个白色圆角矩形的图层，用移动工具执行水平分布，如图 3-4-21 所示。

第 6 步　将白色圆角矩形的 6 个图层全部选中，鼠标右键执行合并形状，并将图层重命名为“琴键”，如图 3-4-22 所示。

第 7 步　双击“琴键”图层，打开“图层样式”对话框，添加斜面和浮雕、投影、内发光效果，如图 3-4-23 所示。

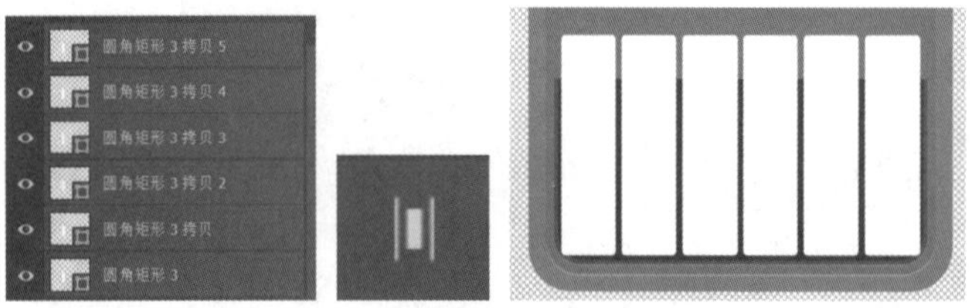

图 3-4-21　复制图层，水平分布

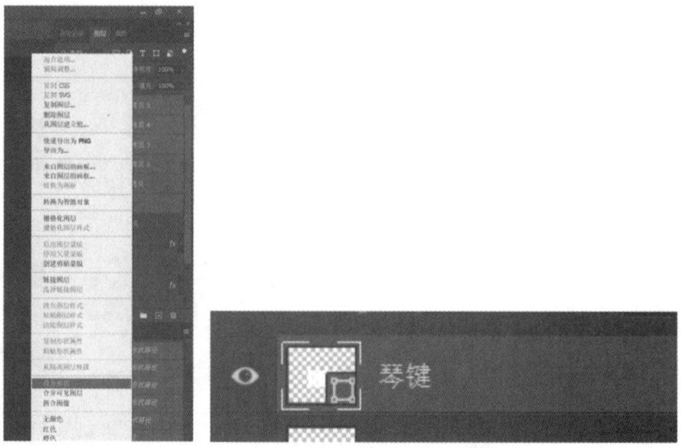

图 3-4-22　合并形状，重命名图层

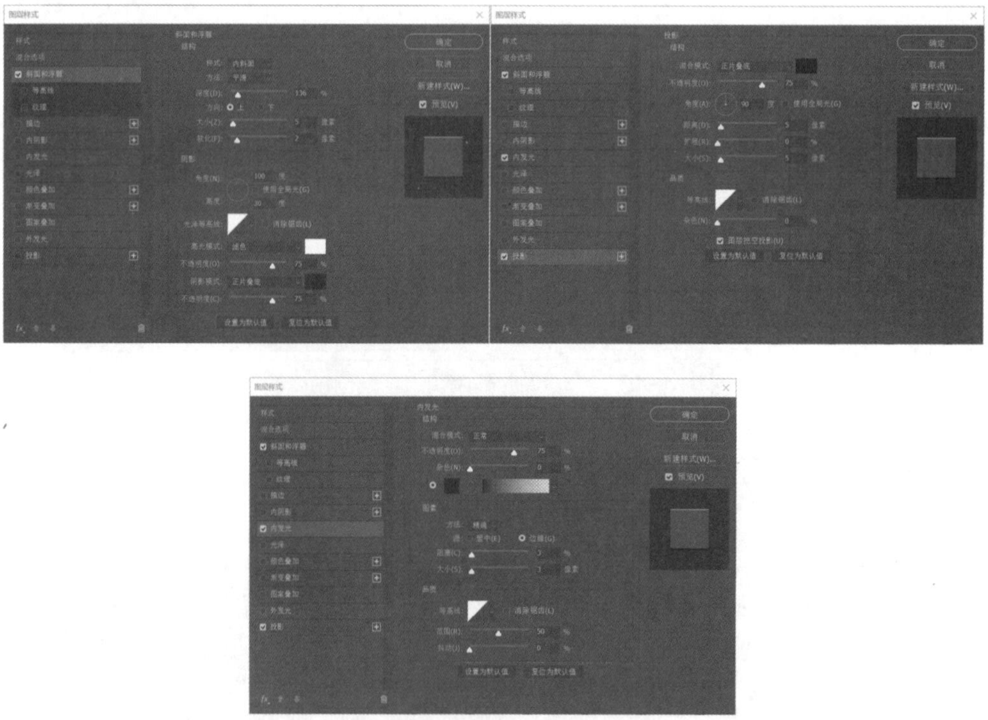

图 3-4-23　设置图层样式参数

第 8 步　单击“琴键”图层，右击鼠标，创建剪贴蒙版，如图 3-4-24 所示。

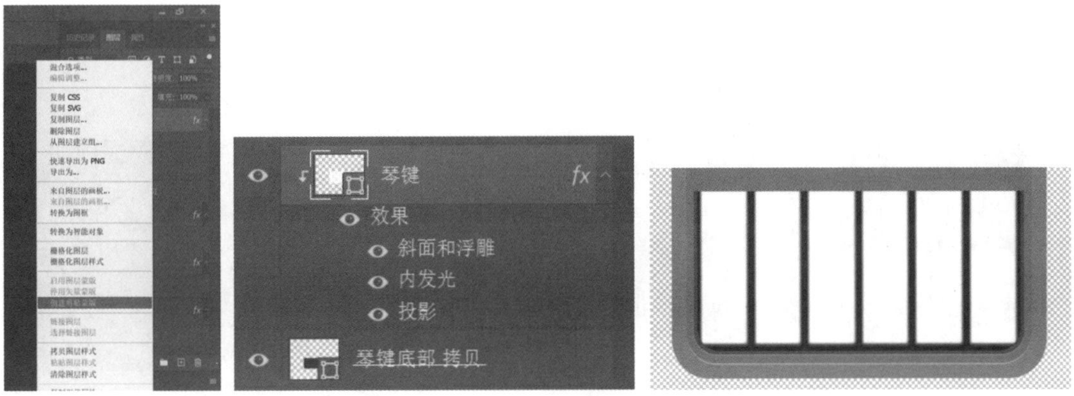

图 3-4-24　“琴键”图层创建剪贴蒙版

第 9 步　新建图层，选择“圆角矩形”工具，绘制黑键，如图 3-4-25 所示。

第 10 步　为黑键图层添加图层样式，选择投影效果，如图 3-4-26 所示。

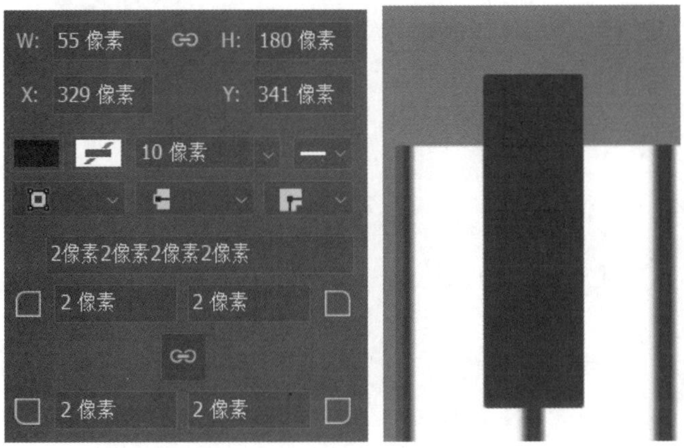

图 3-4-25　“黑键”属性参数

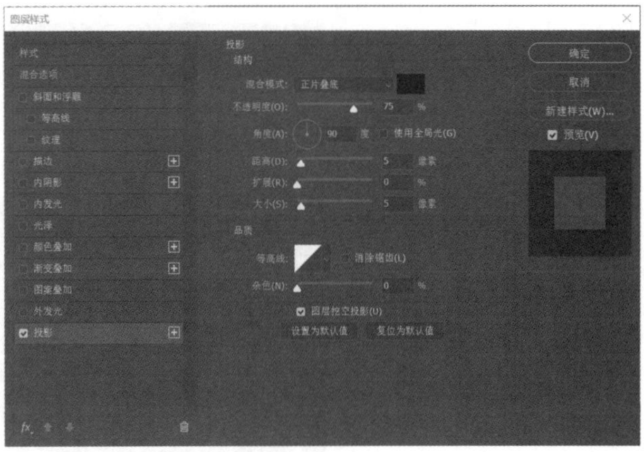

图 3-4-26　设置“黑键”投影图层样式参数

第 11 步　为黑键添加高光，新建图层，重命名为“琴键高光”，绘制白色高光区域，如图 3-4-27 所示。

第 12 步　在“琴键高光”图层上添加蒙版，选择黑色画笔，擦出渐变效果，如图 3-4-28 所示。

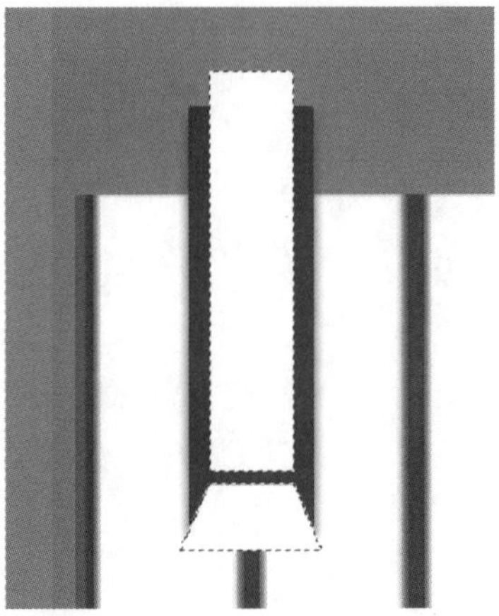

图 3-4-27　“黑键”高光部分

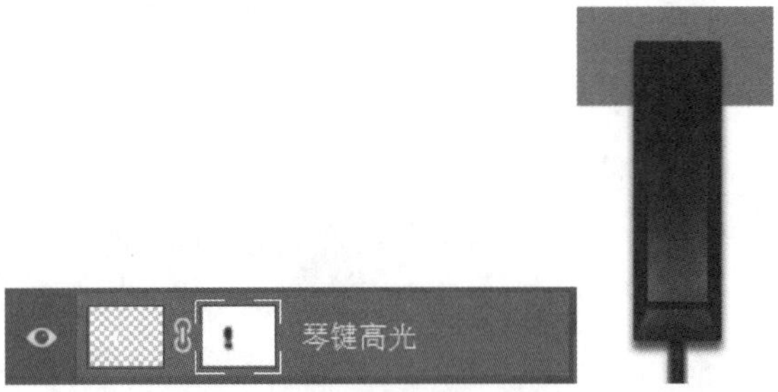

图 3-4-28　图层蒙版效果

第 13 步　复制黑键和黑键高光，移动至合适位置，如图 3-4-29 所示。

第 14 步　图层面板中新建组，将琴键部分图层全部移入，如图 3-4-30 所示。

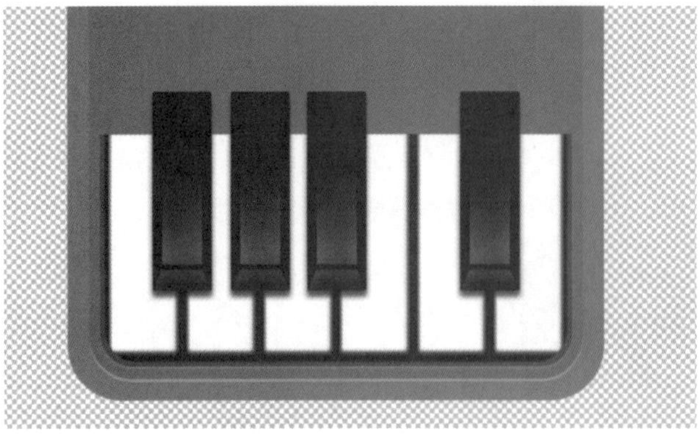

图 3-4-29 图层蒙版效果

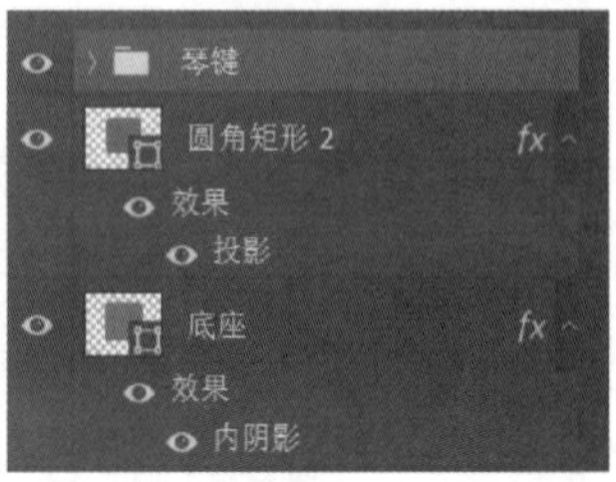

图 3-4-30 新建图层组，整理图层面板

第三部分 图标上半部分盖子的绘制

配套视频

拟物化游戏图标上半部分盖子的绘画-4

第 1 步 复制圆角矩形 2 图层，重命名为“盖 1”，调整图层顺序至“琴键”组的上方，如图 3-4-31 所示。

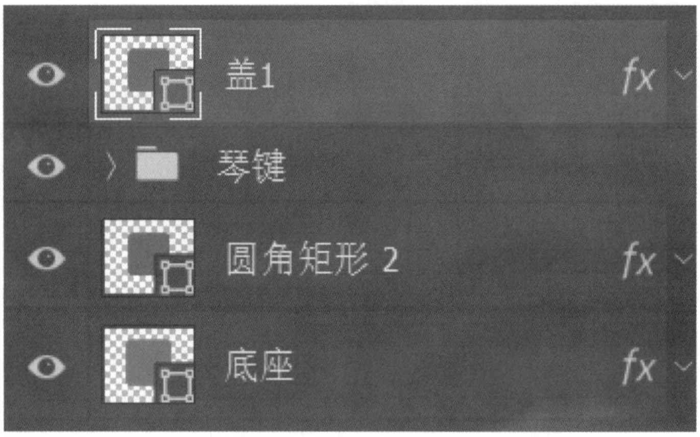

图 3-4-31 图层顺序

第 2 步 将“盖 1”图层执行编辑—变换—透视，如图 3-4-32 所示。

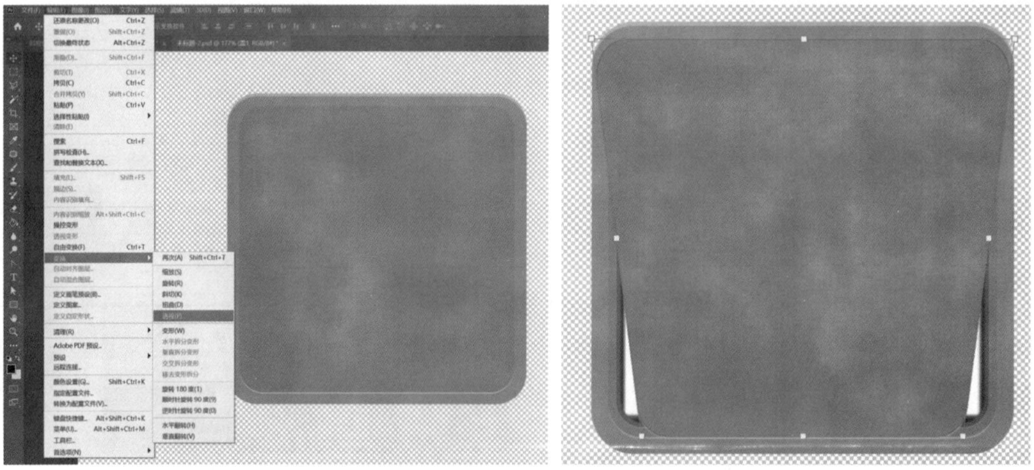

图 3-4-32 透视变形

第 3 步 利用“矩形”工具和属性栏中的路径操作，执行减去顶层形状操作，将盖 1 去掉一半，如图 3-4-33 所示。

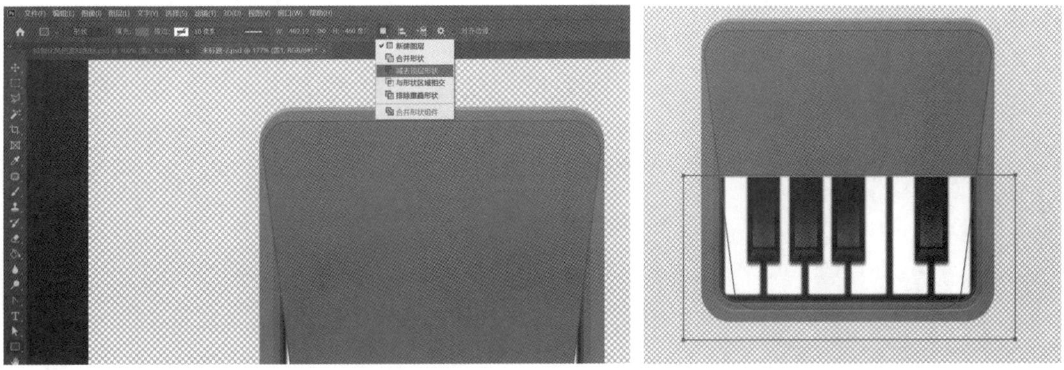

图 3-4-33　路径操作

第 4 步　双击打开“盖 1”图层的图层样式，为其添加渐变叠加的效果，参数如图 3-4-34 所示。

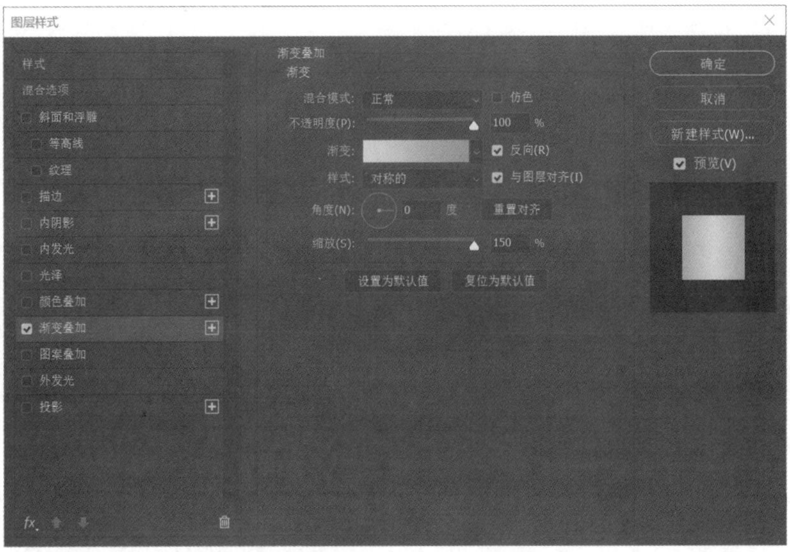

图 3-4-34　设置盖 1 渐变叠加参数

第 5 步　复制“盖 1”图层，重命名为“盖 2”，调整其图层样式中渐变叠加的效果，参数如图 3-4-35 所示。

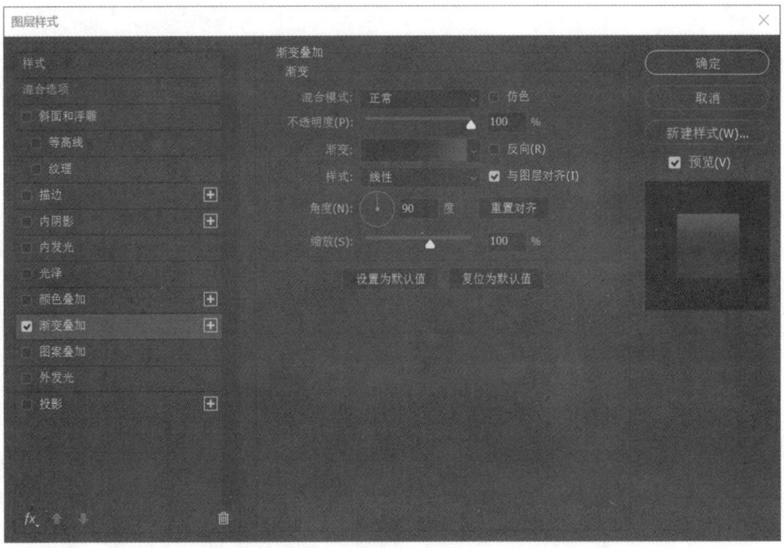

图 3-4-35　设置盖 2 渐变叠加参数

图 3-4-36　盖 2 形状调整

第 6 步　对“盖 2”执行编辑—变换—透视，调整其形状，如图 3-4-36 所示。

第 7 步　复制“盖 2”图层，重命名为“盖 3”，调整其图层样式中渐变叠加的效果，参数如图 3-4-37 所示。

第 8 步　对“盖 3”执行编辑—变换—透视，调整其形状，如图 3-4-38 所示。

第 9 步　图层面板中新建组，将盖子部分图层全部移入，如图 3-4-39 所示。

配套视频

拟物化游戏图标点缀的绘画-5

第四部分　图标点缀部分的绘制

第 1 步　新建图层，用“圆角矩形”工具绘制小的圆角矩形，并利用灰白色选择对称类型的渐变填充，如图 3-4-40 所示。

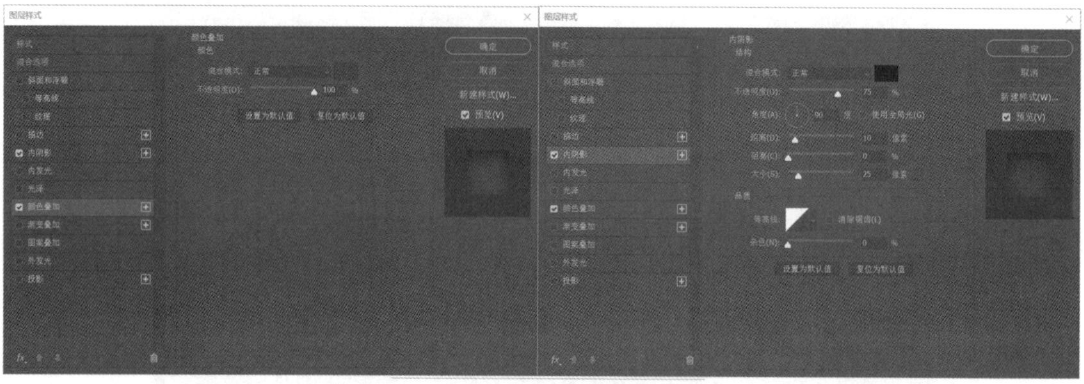

图 3-4-37　设置盖 3 图层样式参数

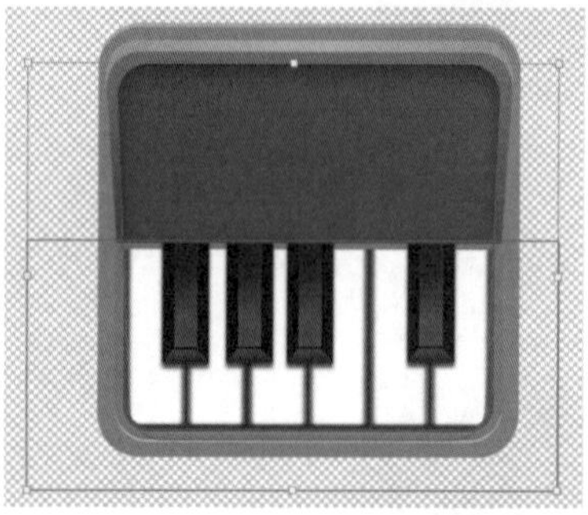

图 3-4-38　盖 3 形状调整

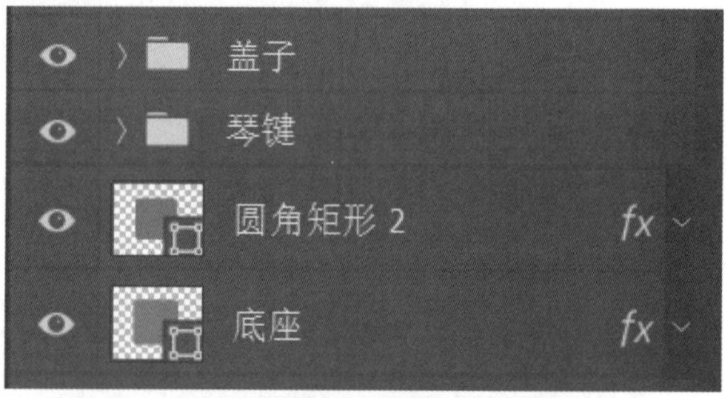

图 3-4-39　新建图层组，整理图层面板

第 2 步　为圆角矩形添加描边和外发光的图层样式，如图 3-4-41 所示。

第 3 步　用“矩形”工具绘制两个小矩形，并为其添加投影的图层样式，如图 3-4-42 所示。

第 4 步　在两个小矩形所在的图层右击鼠标，为其创建剪贴蒙版，得到小铰链，如图 3-4-43 所示。

第 5 步　复制小铰链，移动到合适的位置，如图 3-4-44 所示。

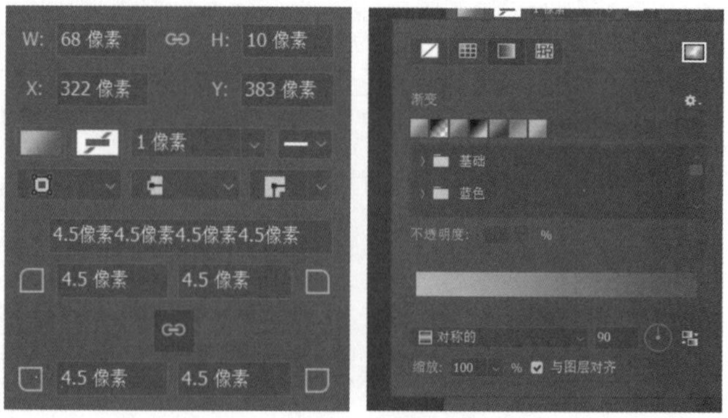

图 3-4-40　圆角矩形参数

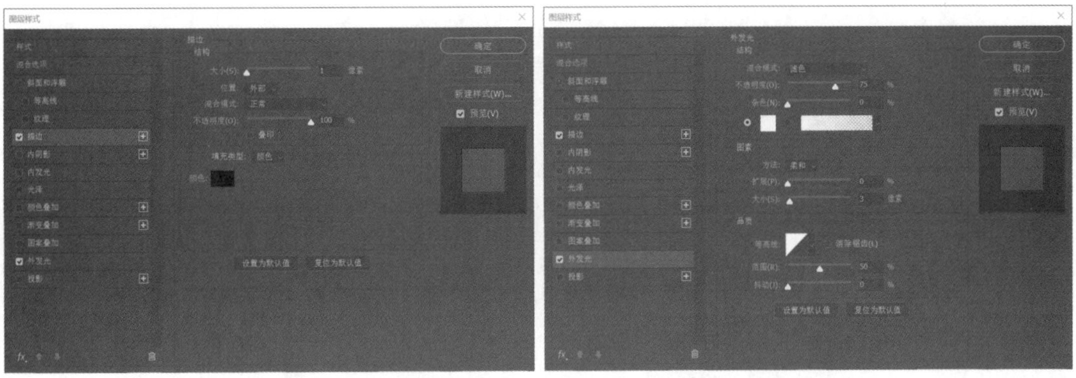

图 3-4-41　圆角矩形图层样式参数

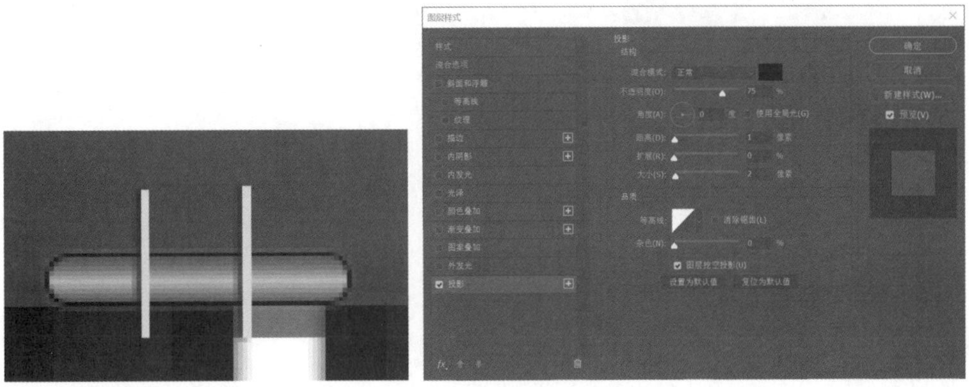

图 3-4-42　绘制小矩形

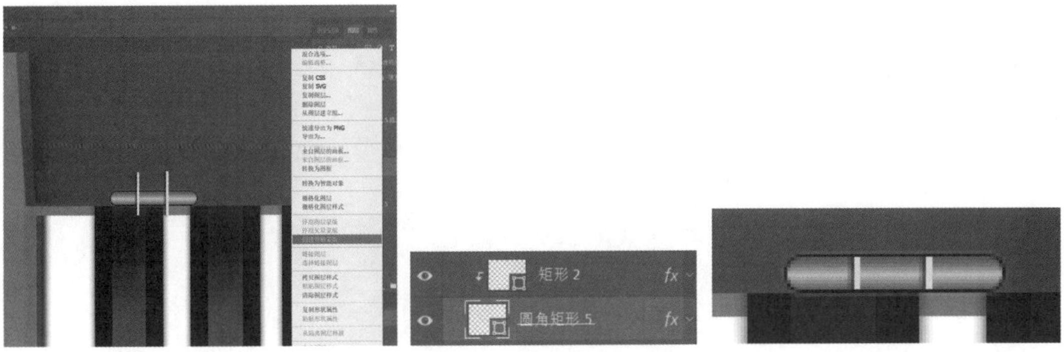

图 3-4-43　创建剪贴蒙版

图 3-4-44　复制小铰链并移动到合适位置

第 6 步　图层面板中新建组，将盖子部分图层全部移入，如图 3-4-45 所示。

第 7 步　在图层最下方新建背景层，填充绿色（R：111　G：185　B：172），如图 3-4-46 所示。

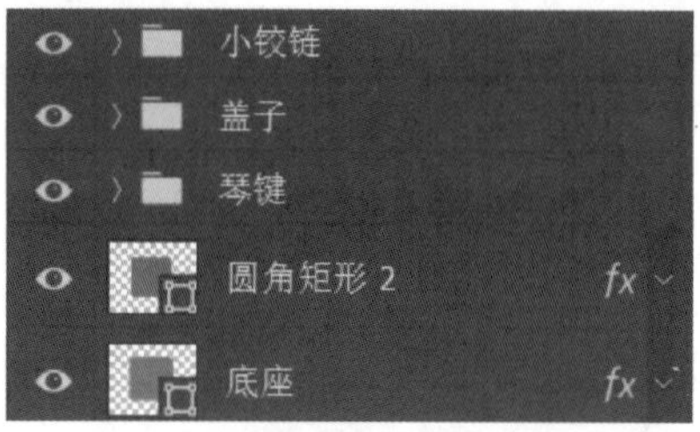

图 3-4-45　新建图层组，整理图层面板

图 3-4-46　添加绿色背景装饰

任务拓展

1. 完成以下测试题：

（1）什么是拟物化风格？

（2）拟物化风格有哪些特征？

（3）拟物化风格有哪些优缺点？

2. 请你为中国象棋绘制一个拟物化的应用图标。

配套课件

项目四 “寅虎”手机主题界面设计

项目四 “寅虎”手机主题界面设计

本项目将完成以下任务：

- 任务一 “寅虎”手机主题界面设计的准备
- 任务二 “寅虎”主题形象和壁纸制作
- 任务三 时钟天气 Widget 制作
- 任务四 “计算器”图标设计与制作
- 任务五 Android 系统界面布局
- 任务六 鸿蒙系统界面布局

得益于智能手机和移动互联网的发展，手机已成为人们连接外界的重要工具，手机界面是影响用户体验的因素之一，简洁、美观的界面设计往往能给用户带来舒适的使用感受。相较于 PC 端来说，手机的屏幕大小有限，界面和功能都需要经过更精致地排版设计。

本项目从手机主题界面的含义、风格等基础知识开始，介绍“寅虎”主题界面设计思路，进而设计并制作主题形象、壁纸、时钟天气 Widget、图标等关键元素，最后讲解安卓和鸿蒙系统的界面布局。

任务一 “寅虎”手机主题界面设计的准备

任务目标	知识目标	理解手机主题 UI 界面的含义 掌握手机主题 UI 界面的风格和内容 了解“寅虎”手机主题界面设计思路
	技能目标	能列举不同的手机主题 UI 界面的风格 能说出手机主题 UI 界面设计的内容
	价值目标	明确理论指导实践，培养有序规划的行为习惯 坚持美育教育，弘扬美育精神，提高学生的审美能力和人文素养 理解中华优秀传统文化的思想精华，增强文化自信
建议课时	理论 1 课时	
课前准备	预习本任务，整理问题	
评价方法	线上测试、课后作业检测、教师评价、学生互评等	

相关知识

一、手机主题 UI 界面设计概要

1. 手机主题 UI 界面的含义

随着科技的不断发展，手机的功能日益强大。手机设计的人性化已不再局限于硬件外观，其软件系统已

逐渐成为用户直接操作和应用的主体。手机界面设计更注重用户的审美需求，对美工的要求越来越高。一般情况下，不同品牌手机的主题不可通用，各大手机厂商纷纷推出自己的手机主题来满足用户的需求。

2. 手机主题 UI 界面的风格

手机主题 UI 界面有多种风格。在 iOS7 系统之前的手机主题界面是拟物化设计风格，这种风格是对真实事物的模仿，质感很强，如图 4-1-1 所示。自 iOS7 开始，手机主题界面采用更为简洁、明快和充满活力的扁平化设计风格，去除冗余、厚重和繁杂的装饰效果，从而降低功耗、提高运算速度，如图 4-1-2 所示。

图 4-1-1　拟物化界面

图 4-1-2　扁平化界面

国内手机厂商则以各具特色的定制 UI 界面吸引用户眼球，各大品牌厂商均有自己的手机主题平台，并不断利用在线活动征集更多手机主题界面设计方案。以 Android 系统手机主题界面为例。如图 4-1-3 所示是以甜品食物为主题的手机界面设计作品，属于卡通风格。如图 4-1-4 所示是以航空航天为主题的手机界面设计作品，属于三维立体的卡通风格。

图 4-1-3　甜品主题手机界面设计

图 4-1-4 航空航天主题手机界面设计

3. 手机主题 UI 界面的内容

安卓系统手机主题 UI 设计的内容主要有锁屏界面、时钟天气 Widget、一整套系统图标和手机壁纸，如图 4-1-5 所示。

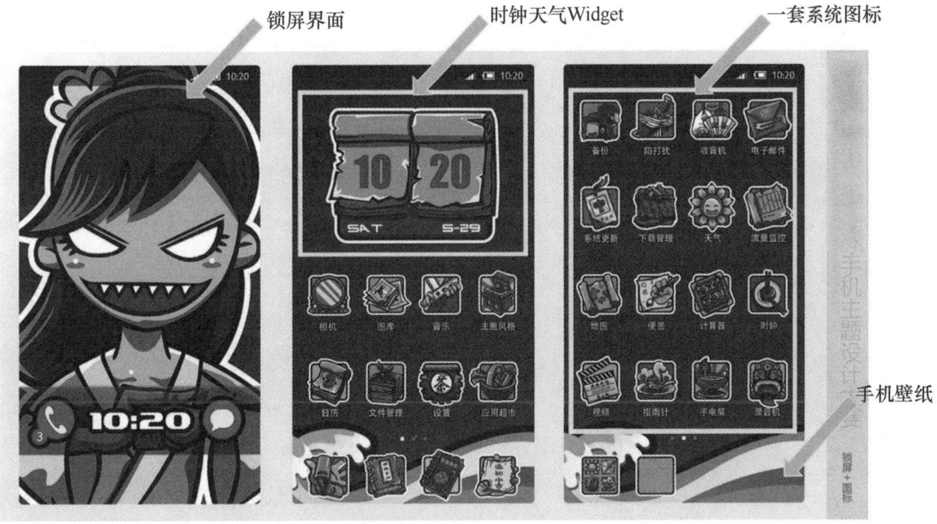

图 4-1-5 手机主题 UI 界面的设计内容

二、“寅虎”主题界面设计思路

下面从作品效果、主题风格、主题颜色、设计元素、主题形象和文本规范六个方面介绍“寅虎”主题界面设计思路。

1. 作品效果

这是一款为 Android 系统手机设计的中国风主题界面，如图 4-1-6 所示。

主题形象为“寅虎”，主题颜色接近中国传统色谱中的黄栌，图标设计元素具有浓浓的中国特色，壁纸取自书法宣纸的纹理，文本设计符合规范。

图 4-1-6 “寅虎”主题界面

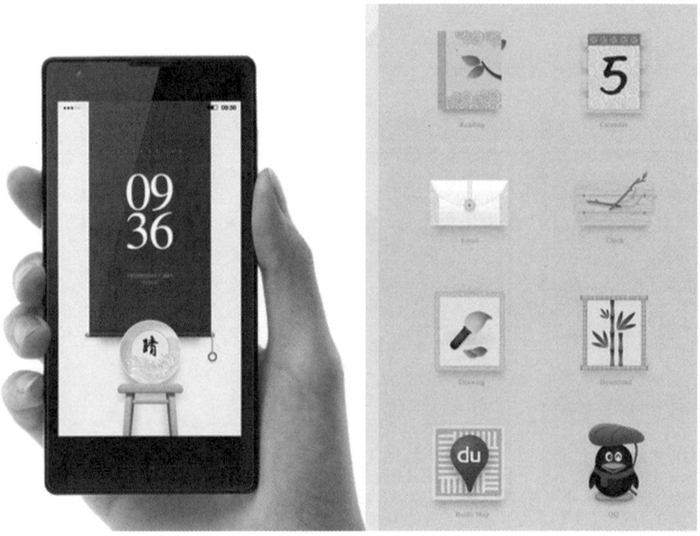

图 4-1-7 中国风界面

2. 主题风格

中国风，即中国风格，是建立在中国传统文化的基础上，蕴含大量中国元素并适应全球流行趋势的艺术形式。

中国风设计追求古韵风味的画面质感，素雅的色彩搭配、留白的“空”意境，使其成为一种新的 UI 界面设计趋势。

3. 主题颜色

中国的 31 色传统色谱均源于自然。首要五色为：白、黑、红、黄、青，色彩命名讲究，让人领受到色彩之异、色彩之妙。本案例采用接近黄栌色的颜色为主题颜色，沉稳而不沉闷，如图 4-1-8 所示。

图 4-1-8 中国传统色谱及黄栌色

4. 设计元素

典型的中国风元素有书法相关物品、传统乐器、四大发明等。在设计 App 图标时，可根据 App 功能特点选取相关元素进行设计制作，如图 4-1-9 所示。

图 4-1-9　中国风元素

5. 主题形象

寅虎这一主题形象以中国民间工艺品布老虎为原型。布老虎是中国古代就已在民间广为流传的传统工艺品，是劳动人民勤劳智慧的结晶，具有浓厚的中国韵味，如图 4-1-10 所示。

图 4-1-10　寅虎形象及原型布老虎

6. 文本规范

前文讲过 UI 设计的文本规范：iOS 系统的中文用苹方字体，英文用 San Francisco 字体；安卓 5.0 以上版本中文用思源黑体，5.0 以下版本用 Droid Sans Fallback，英文均用 Roboto 字体。思源黑体在 PS 中对应“方正兰亭黑”字体，字形平稳、利于阅读，充分满足了不同场景下的设计需求，而 Roboto 字体的视觉语言和思源黑体保持一致，如图 4-1-11 所示。

图 4-1-11　不同系统使用的字体样式

有时为了烘托主题氛围，会使用一些独具特色的字体样式，如图 4-1-12 所示，但不可过于复杂、繁多，否则会使页面显得杂乱。

在实际界面设计时，文本通常使用偶数字号，字体大小一般是基于 12、14、16、20 号等尺寸排版缩放，如图 4-1-13 所示。在选择突显个性风格的字体时，也要讲究实用性，并遵循文本规范。

图 4-1-12　多种字体样式

位置	名称	大小
顶部栏	大标题文字	18~20
	选项卡文字	18~20
	二级菜单	16
正文	正文标题	16~18
	正文文字	14~16
	普通文字	14
	装饰文字	12
底部栏	菜单栏文字	10
其他	最小中文	10
	最小数字	8~10

Ps软件设计基于@2x倍率尺寸，因此文字都需要x2，sketch的话一般基于@1x，就直接用就行了。

图 4-1-13　界面设计文本常用字号

任务拓展

1. 完成以下测试题：

（1）手机主题 UI 界面有哪些风格？请举例说明。

（2）手机主题 UI 界面主要有哪些内容？

2. 说说你见到过的印象最深的手机主题 UI 界面，并简述印象深刻的原因。

配套视频

“寅虎”主题形象和壁纸制作操作演示

任务二　“寅虎”主题形象和壁纸制作

任务目标	知识目标	了解“寅虎”主题形象的设计来源 掌握图片素材的常见问题处理方式 掌握“寅虎”主题形象的制作过程

续表

任务目标	技能目标	能处理图片素材存在的问题 能设计并制作其他造型的主题形象
	价值目标	培养自我认知能力、独立思考能力、发现和解决问题的能力 坚持美育教育，弘扬美育精神，提高学生的审美和人文素养 理解中华优秀传统文化的思想精华，增强文化自信
建议课时	理论+实践 2 课时	
课前准备	预习本任务微课视频，整理问题	
评价方法	线上测试、课后作业检测、教师评价、学生互评等	

相关知识

一、“寅虎”主题形象设计

寅虎，是十二地支与十二生肖的形象化代表。古时凌晨三时到五时是寅时，这个时辰正是山间老虎最活跃的时间，老虎到处游荡觅食，最为凶猛，故为“寅虎”。在中国传统文化中，生肖虎象征着勇猛、威武和权威，寅虎的含义也因此与这些特质相关联。

1. 虎头形象

寅虎虎头形象来源于中国民间广为流传的传统工艺品——布老虎，表达百姓对虎的崇拜。寅虎虎头形象主要抓住布老虎虎头的典型特征，如外眼角上扬、耳朵造型圆润可爱等特点进行设计，如图 4-2-1 所示。

图 4-2-1 布老虎

2. 结构组成

寅虎虎头结构组成主要有耳朵、王字纹、眼睛、脸、胡须、嘴，这些造型使用 PS 软件的形状工具、钢笔工具绘制，通过自由变换和文字变形等操作完成制作，如图 4-2-2 所示。

图 4-2-2 虎头结构组成

二、手机壁纸设计

1. 壁纸素材

壁纸是电子设备基础的视觉元素，不论是计算机还是手机都会涉及壁纸的设计。壁纸可以单独自由设置，也可与设备的系统主题配套。本案例以中国宣纸纹理作为壁纸，符合中国风主题。宣纸是中国独特的手工艺品，具质地绵韧、光洁如玉、不蛀不腐、墨韵万变之特色，享有“千年寿纸”的美誉，被誉为“国宝”。从网上寻找到合适的宣纸素材图片，如图 4-2-3 所示，对其进行加工处理。

图 4-2-3　宣纸素材

2. 素材图片存在的问题

这张素材图片主要存在的问题是：有明显的杂质，导致平铺使用时不够自然；有多余的文字或者 Logo，影响使用；素材尺寸偏小，纹理放大会变形，平铺又会出现接缝。以上问题可以使用 PS 的修补工具或者借助滤镜效果进行处理，如图 4-2-4 所示。最终得到纹理较为细腻的宣纸纹理壁纸。

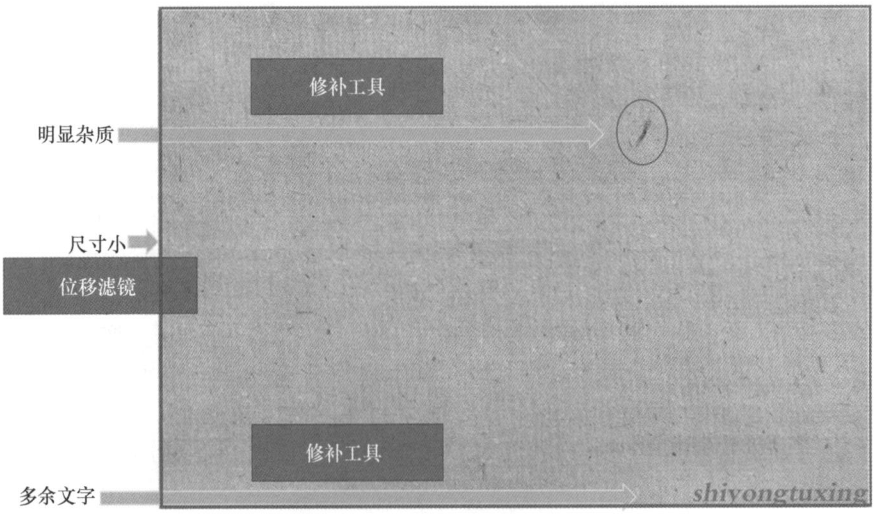

图 4-2-4　素材问题的处理

三、“寅虎”主题形象制作

案例主题	“寅虎”主题形象制作	
任务分析	尺寸规格	按照画布尺寸 1500 像素×1500 像素进行设计
	设计风格	扁平化风格
	颜色运用	（R：198 G：138 B：72） （R：168 G：68 B：0）
效果展示		

- 绘制步骤

第一部分：脸部形状

第 1 步 新建文档，命名为“虎头”，宽、高均设置为 1500 像素，分辨率 72 像素/英寸，白色背景。

第 2 步 选择“椭圆”工具，按住 Shift 键，绘制土黄色（#c68a48）的正圆形，如图 4-2-5 所示。

第 3 步 按 Ctrl+T 组合键对正圆形进行自由变换，同时右击图形，选择“变形”命令，调整形状后，按 Enter 键，如图 4-2-6 所示。

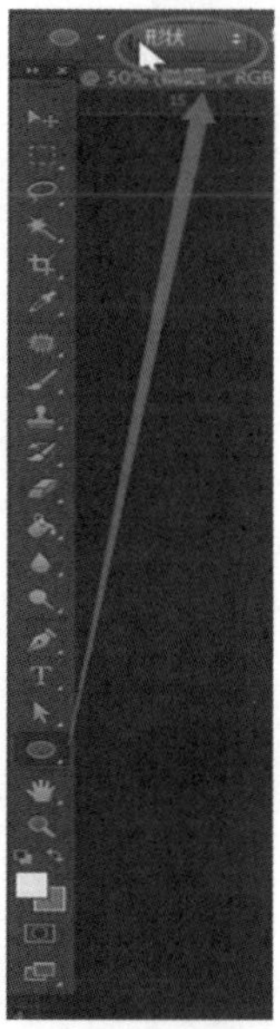

图 4-2-5 绘制正圆

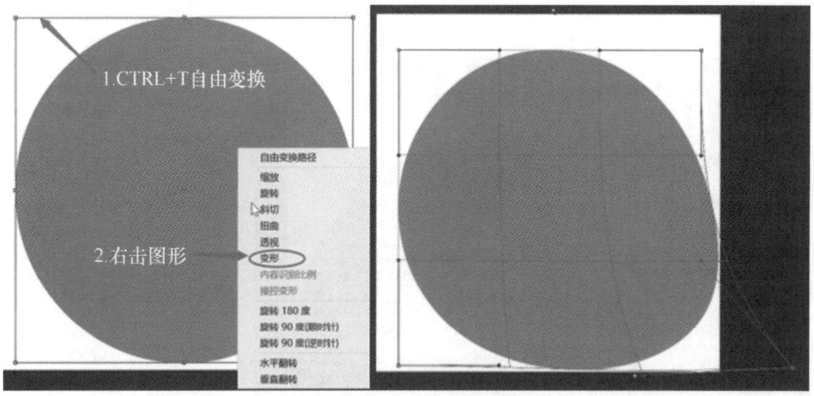

图 4-2-6 正圆变形

第 4 步 选择菜单“视图”—“标尺”，将标尺显示出来。在标尺上右击，设置标尺单位为“像素”，如图 4-2-7 所示。鼠标按住左侧标尺向右拖动，在 750 像素处创建标尺，位于画布的中线位置。

第 5 步　用“矩形”工具绘制矩形形状，沿着中线正好遮掉另一半未经变形的圆形。将矩形和圆形两个形状图层合并，用“直接选择工具”选取矩形，执行“减去顶层形状”命令，如图 4-2-8 所示。

图 4-2-7　标尺单位

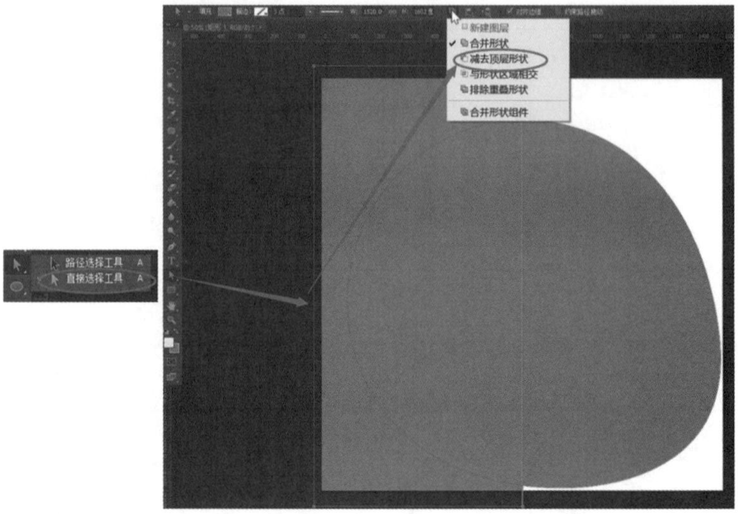

图 4-2-8　减去半圆

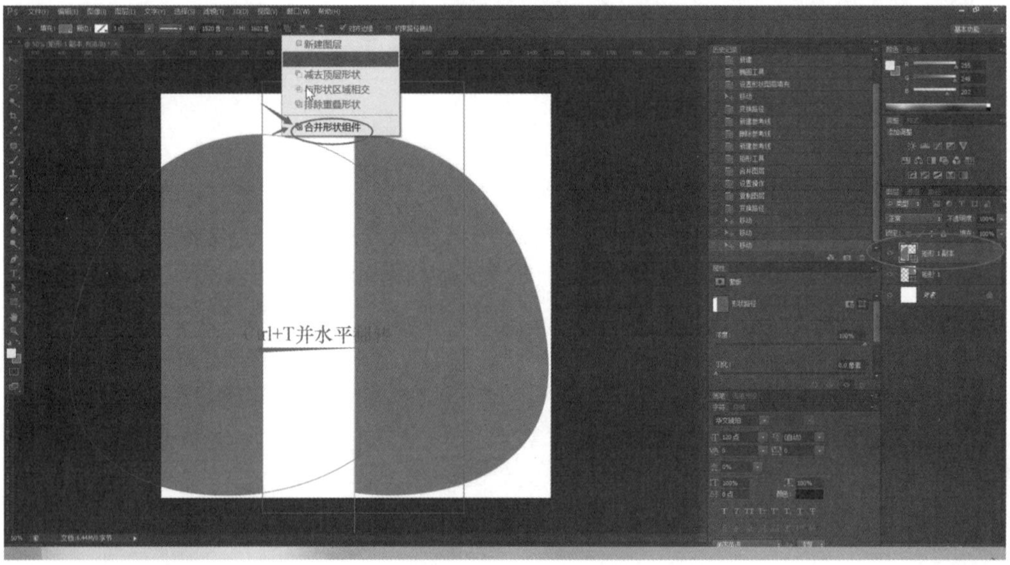

图 4-2-9　复制另半边虎头

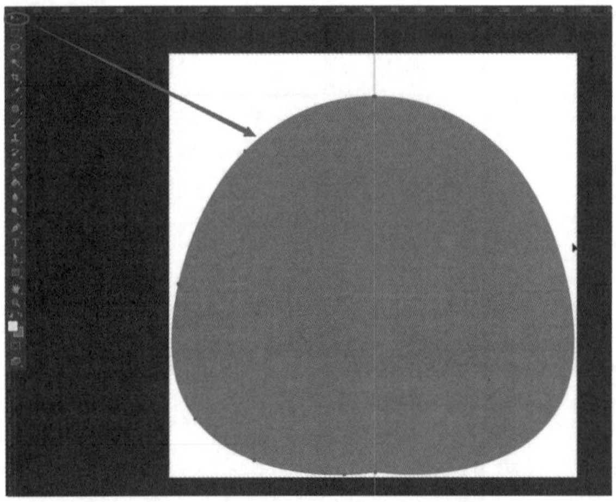

图 4-2-10　寅虎脸部形状

第 6 步　剩下变形的半边虎头形状，复制这一图层，并选择图层，按 Ctrl+T 自由变换，右击，选择水平翻转命令，得到另半边虎头，如图 4-2-9 所示。

第 7 步　用“移动”工具移动形状，两半虎头对齐摆放。将两个图层放置在一个文件夹中，文件夹取名为“脸”，“寅虎”脸部形状创建完成，如图 4-2-10 所示。

第二部分——耳朵形状

第 1 步　绘制土黄色椭圆形状，Ctrl+T 自由变换，并右击变形，调整形状。复制图层，Ctrl+T 自由变换，按住 Alt+Shift 键拖动鼠标左键，围绕中心等比例缩小原形状，将颜色设置为暗红色（#a84200）。

第 2 步　用“钢笔”工具绘制耳朵内部构造，用“点转换”工具调整顶点处线条的弧度。将此形状颜色设置为土黄色，如图 4-2-11 所示。

第 3 步　将三个图层放在一个文件夹中，取名为“左耳”，放置在“脸”文件夹的下方。

第 4 步　复制文件夹，按住 Ctrl+T 自由变换，水平翻转，按住 Shift 键水平移动到头部另一侧，重命名为“右耳”。耳朵绘制完成，如图 4-2-12 所示。

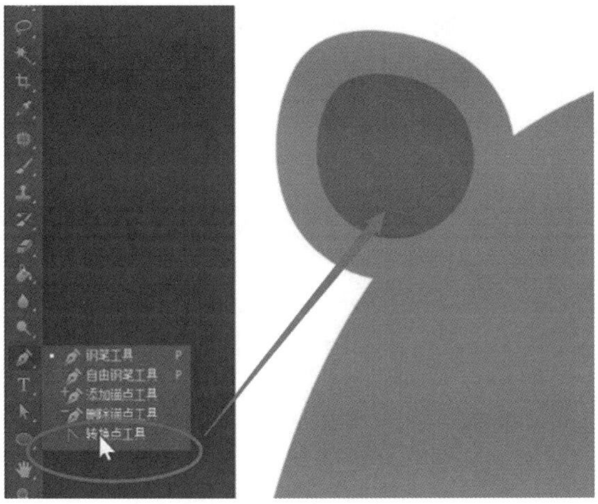

图 4-2-11　左耳形状

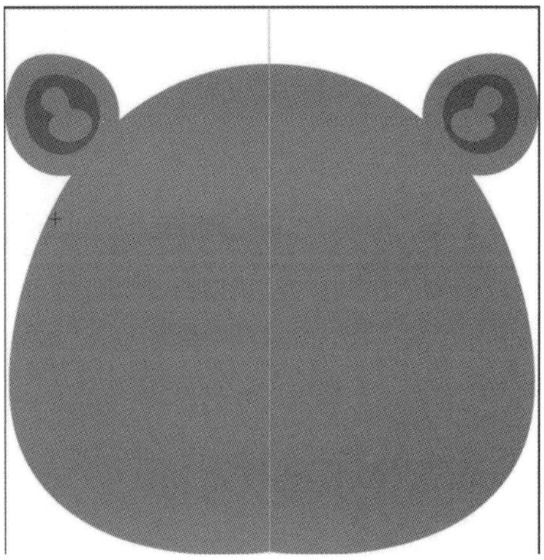

图 4-2-12　左右耳造型

注意：眼睛和胡须毛发以及嘴部的制作过程类似——创建形状，自由变换、变形，或者用钢笔工具绘制形状（Ctrl 可以移动点的位置）调整各个形状的位置，分类放在文件夹中。

第三部分——头部的王字纹图案

第 1 步　用文本工具输入“王”字，字体样式选择华文琥珀，适当调整字体大小和所处位置。

第 2 步　打开“文本变形”工具，设置拱形和挤压参数，如图 4-2-13 所示。最后按 Ctrl+T 自由变换，调整字形大小，最后文字效果如图 4-2-14 所示。

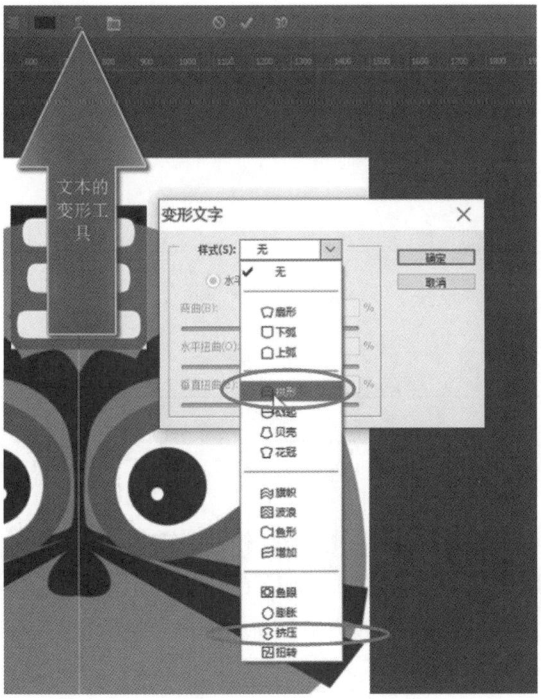

图 4-2-13　变形文字

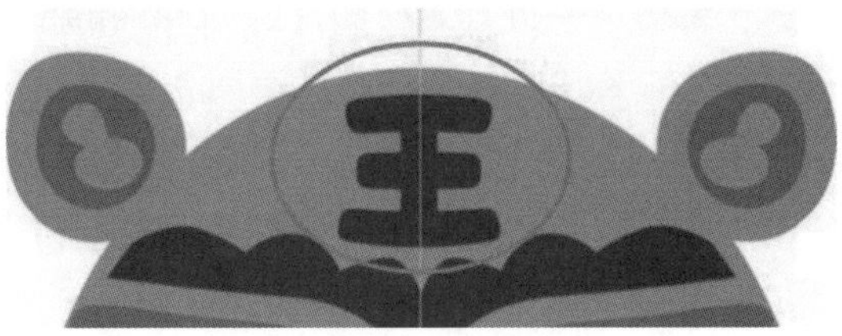

图 4-2-14　“王”字效果

“寅虎” 主题形象，最终完成效果如图 4-2-15 所示。

图 4-2-15　寅虎虎头形象

四、手机壁纸制作

案例主题	宣纸纹理壁纸制作	
任务分析	尺寸规格	壁纸尺寸 1080 像素×1920 像素
	设计风格	中国风
	颜色运用	（R：233　G：210　B：178）
效果展示		

• 绘制步骤

第一部分——处理素材图片的 Logo 和杂质

第 1 步　在 PS 中打开素材原图，双击图层解锁。选择 “修补” 工具，用鼠标框选出需要去除的文字 Logo 部分，拖动选中区域，直至 Logo 也成为均匀的素材纹理效果，如图 4-2-16 所示。

第 2 步　宣纸素材上有较大较明显的杂质，也用 “修补” 工具去除，如图 4-2-17 所示。

第二部分——处理素材接缝

第 1 步　选择 “滤镜”—“其他”—“位移”，调整参数，将接缝显示出来，如图 4-2-18 所示。

图 4-2-16 修补工具去除 Logo

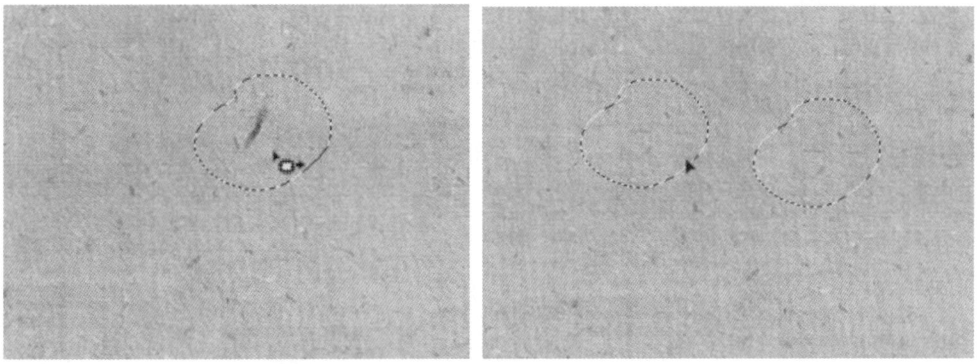

图 4-2-17 修补工具去除杂质

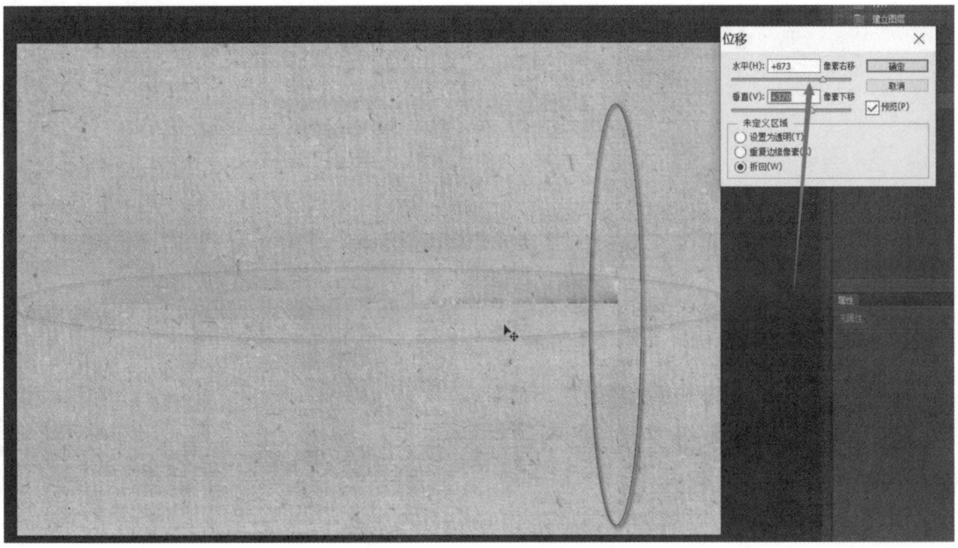

图 4-2-18 显示接缝

第 2 步　同样使用“修补”工具，选择接缝区域移动到合适的纹理效果为止。

第 3 步　选择“图章”工具，按住 Alt 键，点击要仿制的地方，设置为仿制源点；移动鼠标，在需要仿制的地方点击，即可把源点仿制到点击的地方，如图 4-2-19 所示。

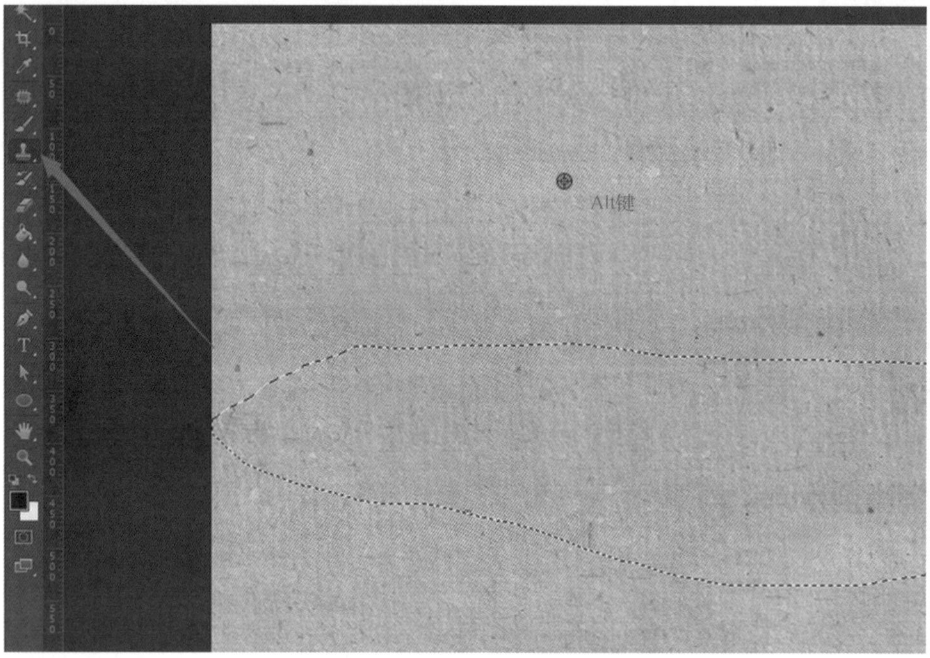

图 4-2-19　图章工具使用

第三部分——使用定义图案

第 1 步　Ctrl+A 全选处理好的纹理图片，选择菜单命令“编辑”—“定义图案”，将此图案命名为“宣纸纹理”，如图 4-2-20 所示。

第 2 步　新建文档，命名为“壁纸”，宽度、高度分别设置为 1080 像素、1920 像素，白色背景。

第 3 步　确保图像模式为 RGB 颜色，如图 4-2-21 所示。

第 4 步　选择“油漆桶”工具，填充图案，选择最新定义的“宣纸纹理”图案，如图 4-2-22 所示。

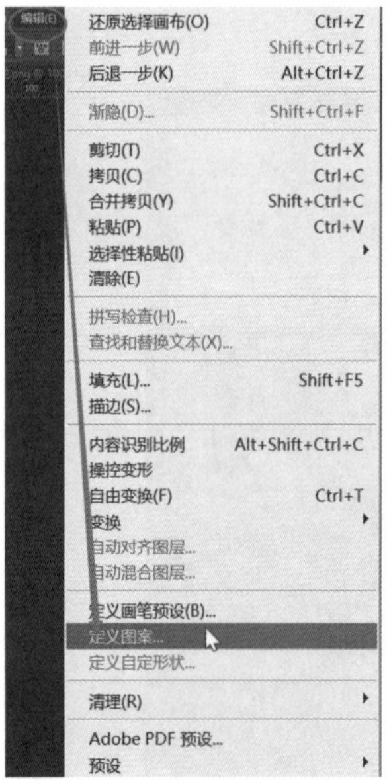

图 4-2-20　定义图案命令

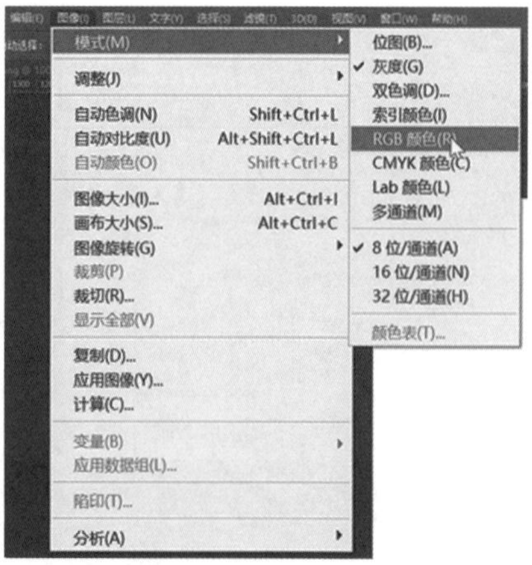

图 4-2-21　RGB 图像模式

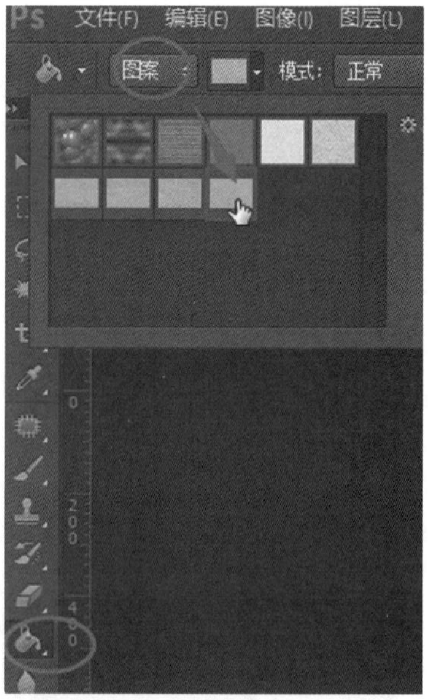

图 4-2-22　定义图案命令

第 5 步　新建图层，在新图层上单击鼠标，填充图案。如果图案显示过于规则，可以再次使用图章工具进行涂抹。

第 6 步　通过曲线命令对整体进行调整，改变图像的对比度、亮暗、色相等，如图 4-2-23 所示。

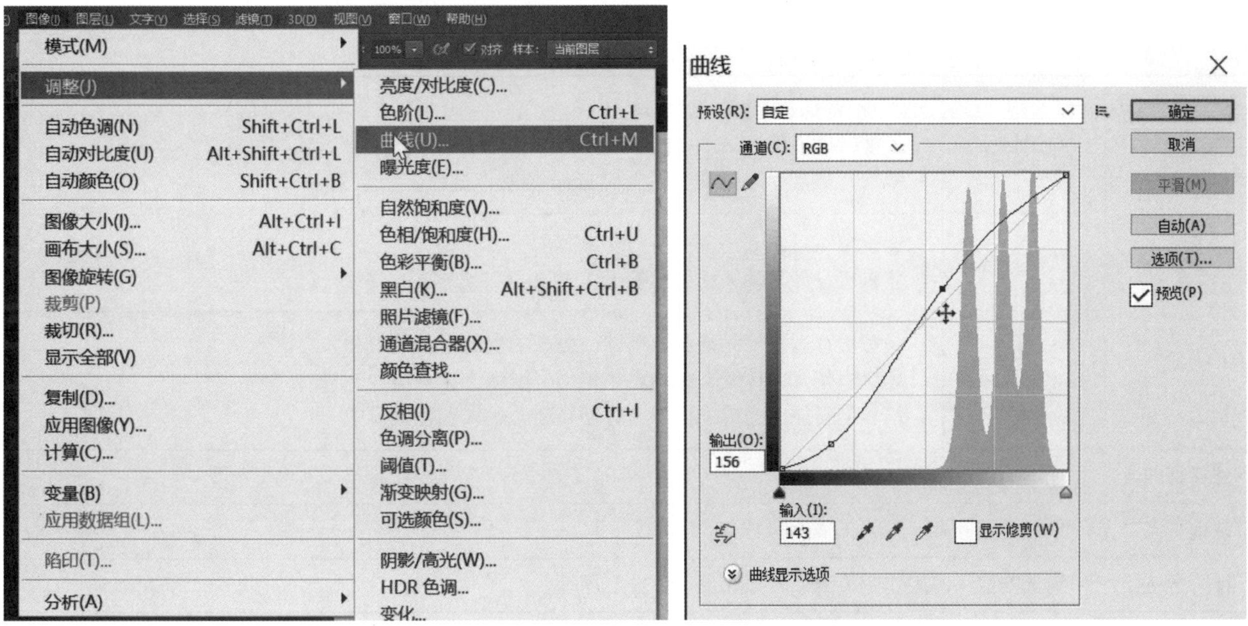

图 4-2-23　曲线调整

任务拓展

1. 完成以下测试题：

(1) 选择：给选择区填充前景色使用（　　）组合键。

A. Ctrl+Del　　B. Atl+Del　　C. Shift+Del　　D. Enter

(2) 判断：图片水印可以考虑修补工具来去除。(　)

2. 制作寅虎全身形象，参考效果如图 4-2-24 所示，支持创意设计。

3. 制作大理石纹理的手机壁纸，参考效果如图 4-2-25 所示，支持创意设计。

图 4-2-24　题 2 图

图 4-2-25　题 3 图

任务三　时钟天气 Widget 制作

任务目标	知识目标	了解 Widget 的概念与由来 了解时钟天气 Widget 的结构组成 掌握“寅虎”主题时钟天气 Widget 的制作过程
	技能目标	能说出 Widget 的含义及由来 能自行设计某种风格的时钟天气 Widget
	价值目标	坚持美育教育，弘扬美育精神，提高学生的审美能力和人文素养 理解中华优秀传统文化的思想精华，增强文化自信 培养创新能力，勇于探索，将创新理念融入课程学习中
建议课时	理论+实践 2 课时	
课前准备	预习本任务微课视频，整理问题	
评价方法	线上测试、课后作业检测、教师评价、学生互评等	

相关知识

一、 Widget 的含义

1. 什么是 Widget

Widget 英文为小器物、小装置的意思，计算机术语为微件或控件、插件、组件（Web widget，简称 Widget），相当于应用程序的扩展程序，是一种信息展现的方式，用来快速展示用户关心的应用程序数据。Widget 可以是一个时钟，也可以是一个日记簿、天气预报等，如图 4-3-1 所示为天气插件。用户可以在不打

图 4-3-1　天气插件

开应用、无需加载等待的情况下，在屏幕上快速获取信息甚至进行简单的操作。

2. Widget 的由来

Widget 最初来源于苹果电脑工程师 Rose 的一个插件工具 Konfabulator，用来更换桌面运行工具的皮肤和外观。2003 年的 Konfabulator 是运行在苹果操作系统之上的，而其中的主运行文件称为 Widget。当年 Konfabulator 一经发布即引起众多关注，两位开发者最终决定将这款工具命名为 Widget。

Widget 刚进入中国时没有通用的译名，2007 年 9 月，被称为“微件”（Widget 音译）概念，这是国内第一次赋予 Widget 技术以正式的中文称谓。2020 年 6 月 iOS 14 系统发布开始使用“小组件”的说法。

二、时钟天气 Widget 的结构组成

本任务的时钟天气 Widget 主要由卷轴、太阳祥云、寅虎全身造型、文字显示四部分组成，前两者可以通过在 PS 中载入笔刷、创建剪贴蒙版等操作实现效果，如图 4-3-2 所示。

图 4-3-2 Widget 结构组成

配套视频

时钟天气Widget 制作操作演示

三、时钟天气 Widget 的制作

案例主题	“寅虎”主题时钟天气 Widget 制作	
任务分析	尺寸规格	按照画布尺寸 1500 像素×1000 像素进行设计
	设计风格	扁平化风格
	颜色运用	（R：207 G：169 B：114） （R：153 G：108 B：51） （R：210 G：21 B：19） （R：205 G：145 B：17）

续表

案例主题	“寅虎”主题时钟天气 Widget 制作
效果展示	

• 绘制步骤

第一部分——卷轴

第 1 步　新建文档，命名为“Widget”，宽度和高度分别设置为 1500 像素、1000 像素，白色背景。

第 2 步　选择“矩形”工具，创建宽高为 1058 像素×528 像素的矩形，颜色不限。

图 4-3-3　剪贴蒙版创建

第 3 步　导入卷轴纸素材图片，调整好方向，将矩形覆盖。

第 4 步　按住 Alt 键，在两个图层中间位置单击鼠标，创建剪贴蒙版，实现仅在矩形区域显示卷轴纸素材效果，如图 4-3-3 所示。

第 5 步　在卷轴的上、下两端分别创建矩形，颜色为土黄色（#cfa972），并调整好位置作为装饰边缘，如图 4-3-4 所示。

图 4-3-4　卷轴上下装饰边缘

第 6 步　将以上四个图层整理放置在一个文件夹中，取名为“卷轴内容”，如图 4-3-5 所示。

第 7 步　创建矩形作为卷轴的侧边，添加图层样式——光泽，如图 4-3-6 所示。设置“光泽”图层样式的相关参数，使卷边有立体感，如图 4-3-7 所示。

第 8 步　创建轴心矩形，颜色偏深（#996c33），放置在侧边矩形的下方。同时选中两个矩形，选择垂直居中对齐方式，摆好两者的位置，如图 4-3-8 所示。

第 9 步　将两个矩形图层整理放置在文件夹中，取名为“侧边 1”。

第 10 步　复制“侧边 1”文件夹，按住 Shift 键，水平移动到卷轴另一边，取名为“侧边 2”，卷轴就创建完成了，如图 4-3-9 所示。

图 4-3-5　卷轴内容的四个图层

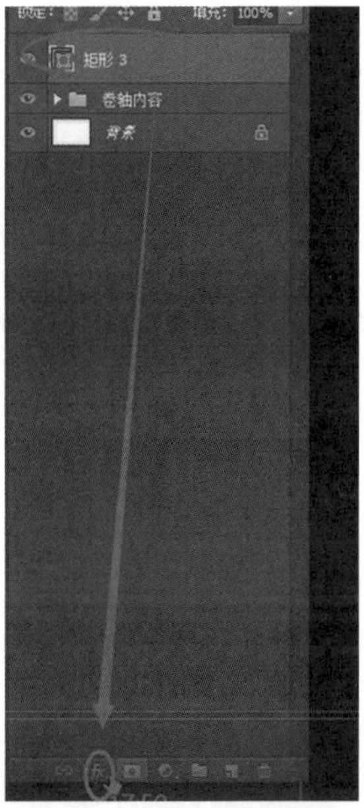

图 4-3-6　添加图层样式

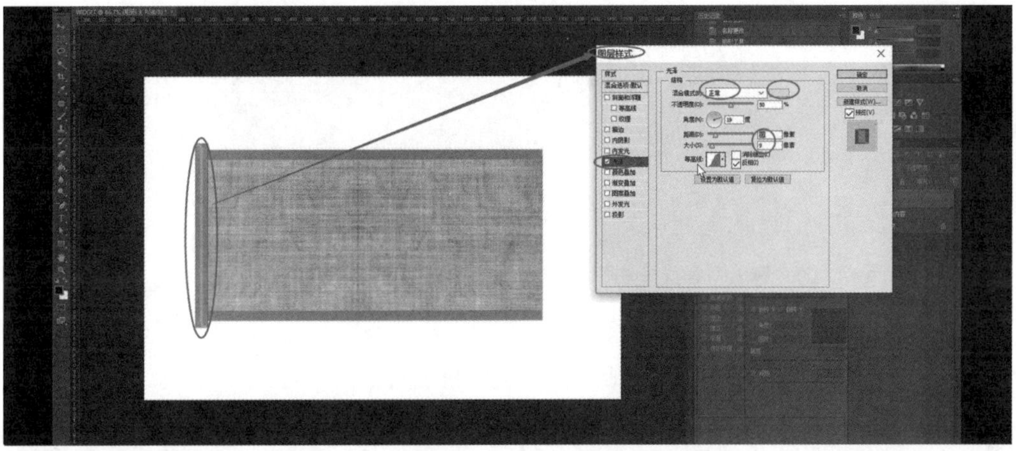

图 4-3-7　设置参数

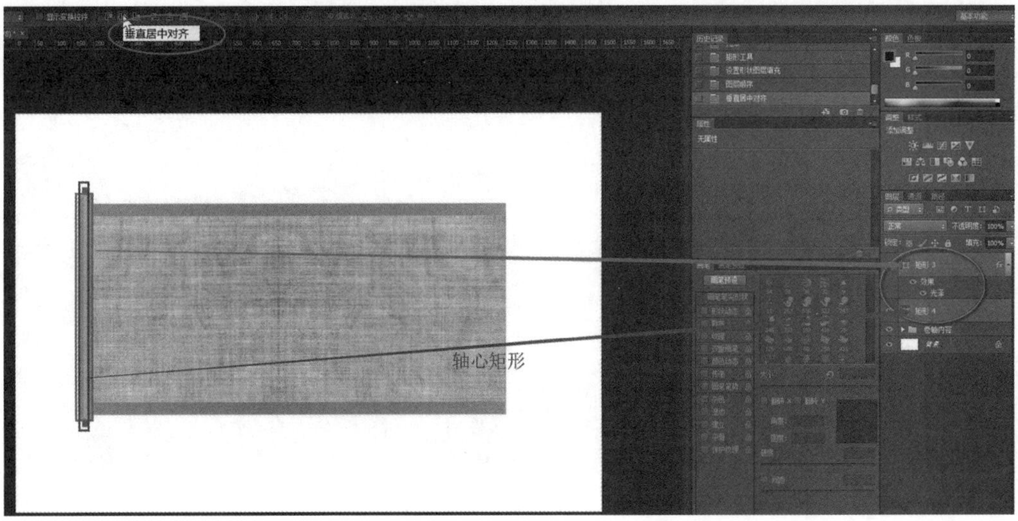

图 4-3-8　矩形对齐

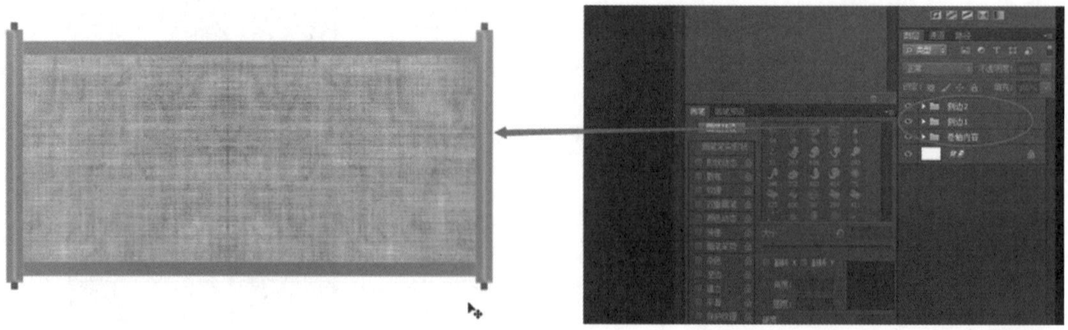

图 4-3-9　卷轴完成效果

图 4-3-10　导入“寅虎全身形象”素材图片

第二部分——元素部件

- 虎形象

第 1 步　导入背景透明的“寅虎全身形象” PNG 素材图片（可自行制作，制作方法与制作“寅虎”主题形象类似，本任务中也提供了相应的图片素材），调整大小和位置，如图 4-3-10 所示。

- 太阳

第 2 步　选择“椭圆”工具，按住 Shift 键，创建正圆形。填充方式为渐变填充，橙色（#cd9111）渐变至红色（#d21513），如图 4-3-11 所示。

图 4-3-11　绘制渐变色正圆形

第 3 步　为矩形添加图层样式——投影，设置相关参数，如图 4-3-12 所示。

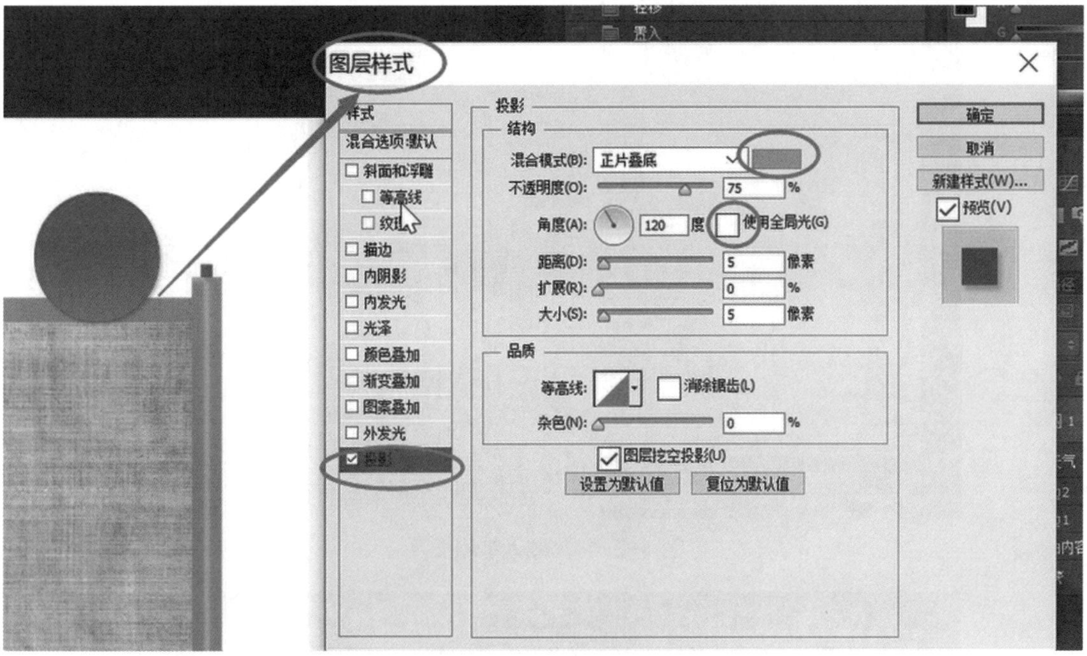

图 4-3-12　投影图层样式

第 4 步　同时添加“外发光”，参数选择默认设置，如图 4-3-13 所示。

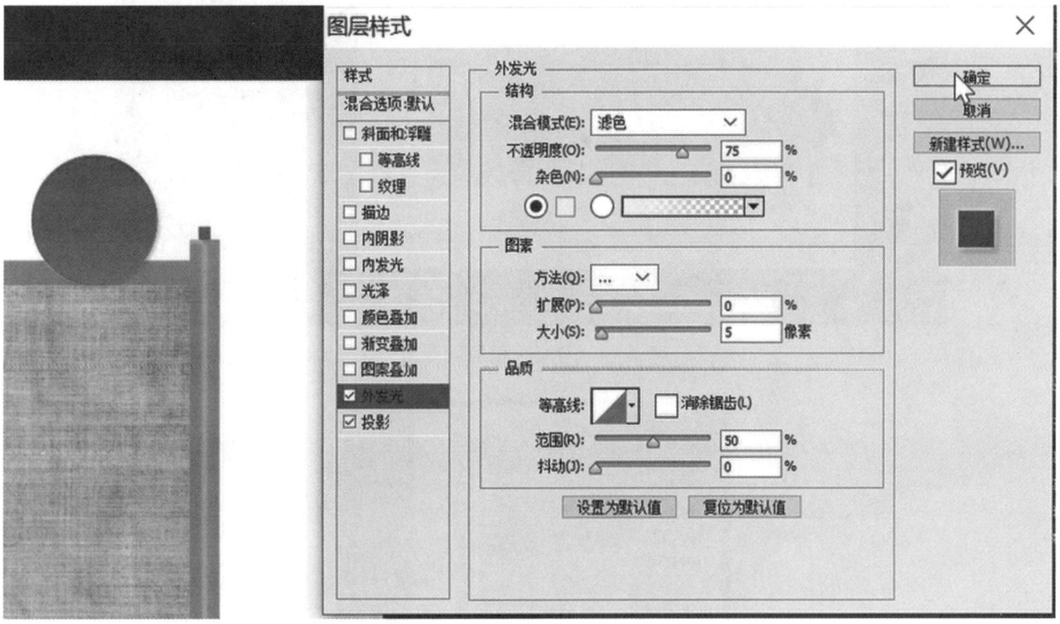

图 4-3-13　“外发光”图层样式

- 云彩

第 5 步　载入新的画笔。选择菜单命令“编辑”—“预设”，打开预设管理器，载入提供的文件素材“祥云笔刷 . abr”，过程如图 4-3-14 所示。

第 6 步　打开画笔面板，选择需要的云彩样式画笔，新建图层，在新图层上创建白色的云彩形状，如图 4-3-15 所示。

第 7 步　选中“太阳”图层，右击，拷贝图层样式，粘贴到“云彩”图层。这样，“云彩”图层也具有了投影和外发光的效果。调整云彩的形状和位置，直到满意为止，如图 4-3-16 所示。

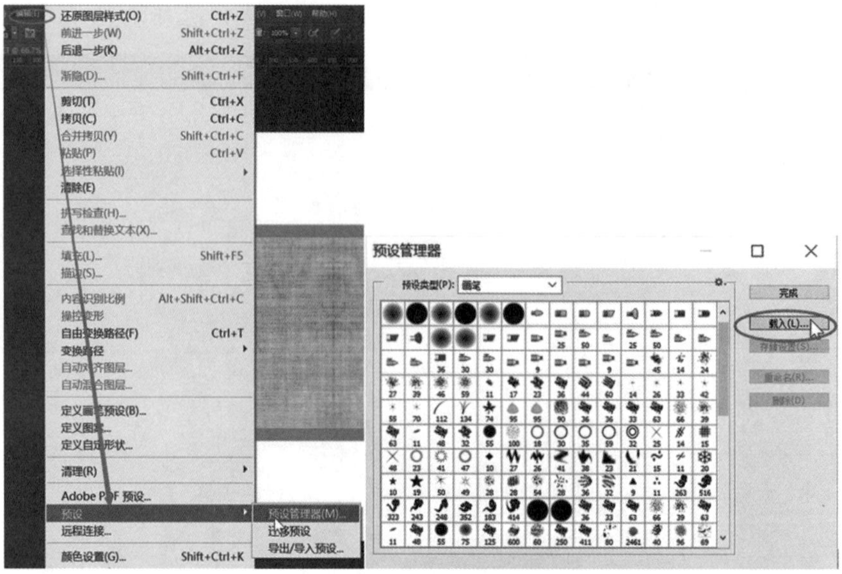

图 4-3-14　载入笔刷文件

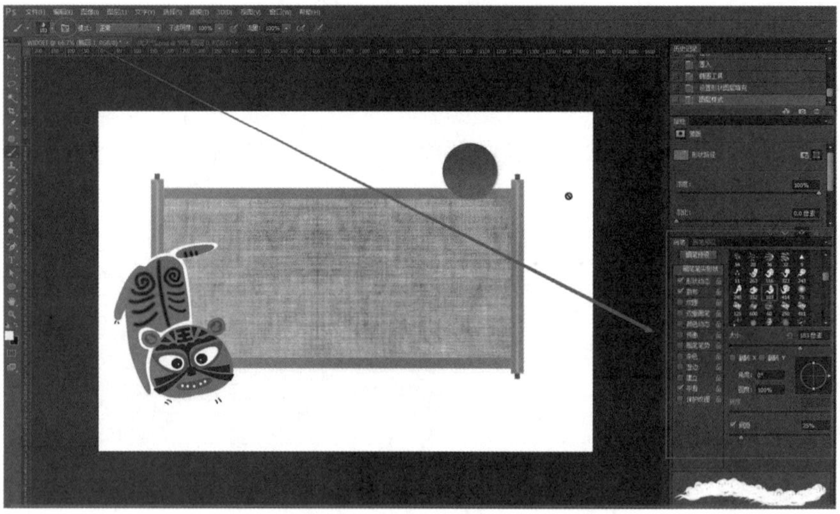

图 4-3-15　选择笔刷样式

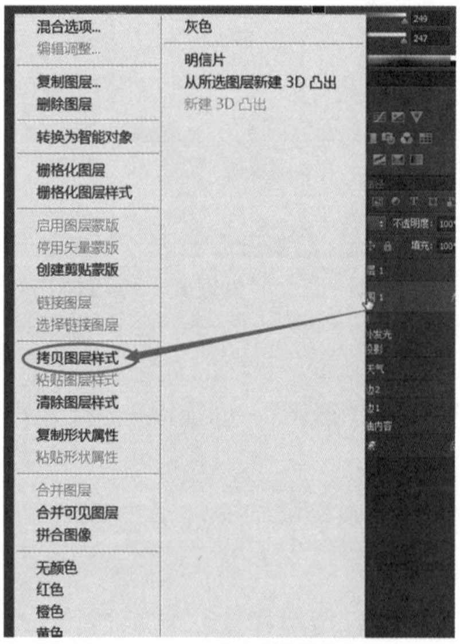

图 4-3-16　拷贝图层样式

第 8 步　输入文字，排版，完成时钟天气 Widget 的创建，如图 4-3-17 所示。

图 4-3-17　时钟天气 Widget 整体效果

任务拓展

1. 完成以下测试题：

（1）选择：PS 中，复制图层的快捷键是（　　）。

A. Ctrl+J　　B. Ctrl+T　　C. Shift+J　　D. Shift+T

（2）选择：创建剪贴蒙版，可以按住（　　）键，在两图层中间出现图标后点左键。

A. Ctrl　　B. Alt　　C. Shift　　D. Tab

（3）判断：“剪贴蒙版”是 PS 中的一条命令，该命令是通过使用处于下方图层的形状来限制上方图层的显示状态，达到一种剪贴画的效果，即“下形状上颜色”。（　　）

（4）判断：图章工具在图像中取样的方式：按住 Alt 键的同时单击取样位置。（　　）

2. 选定某种风格制作时钟天气 Widget，如简约风，如图 4-3-18 所示，进行创意设计。

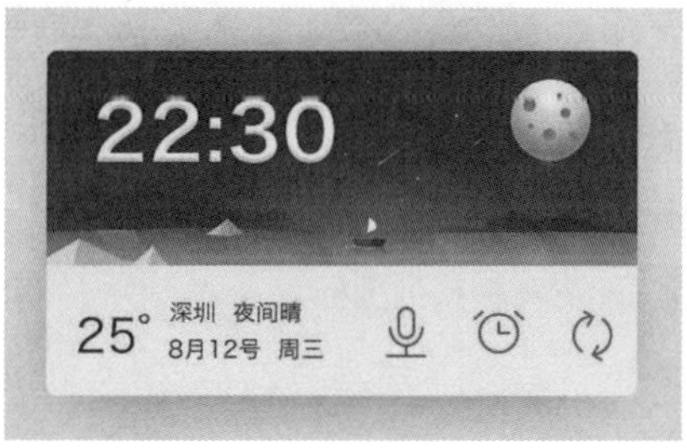

图 4-3-18　题 2 图

任务四　“计算器”图标设计与制作

任务目标	知识目标	了解图标背板的含义 掌握图标图形设计的流程 掌握用 PS 制作中国风“计算器”图标的过程

续表

任务目标	技能目标	能绘制不同形状的毛笔笔迹 能设计并制作不同主题、风格的图标
	价值目标	培养自信心，提高自我认知能力、独立思考能力，以及发现解决问题的能力 理解中华优秀传统文化的思想精华，增强文化自信
建议课时	理论+实践 2 课时	
课前准备	预习本任务微课视频，整理问题	
评价方法	线上测试、课后作业检测、教师评价、学生互评等	

相关知识

App 图标由通用背板和内容图形两部分组成，同一套主题的图标，其图形内容因各自的功能差异而千差万别，但背板都是统一的，如图 4-4-1 所示的圆形背板系列图标。

图 4-4-1　圆形背板系列图标

一、通用背板设计

图标的通用背板形状可以是大圆角矩形、小圆角矩形、圆形、圆角四边形和异形等，如图 4-4-2 所示。

图 4-4-2　背板形状各异的图标

本案例使用毛笔笔迹的水墨开口圆形作为图标背板，凸显中国风特色，如图 4-4-3 所示。

图 4-4-3 水墨背板

二、图标内容设计

关于图标具体内容的设计，可以按照以下流程进行。

1. 寻找隐喻

月亮星星的图形能让人联想到“晚安”的意思，这样的映射称为隐喻。本案例设计计算器 App 图标，计算功能可以联想到实物计算器、算盘和计算机等物品，如图 4-4-4 所示。

图 4-4-4 实物联想

2. 抽象图形

因为 UI 界面的主题风格为中国风，所以选取算盘为设计元素，将其主要特点进行归纳分析，并提取关键图形，如图 4-4-5 所示。

图形的抽象度必须控制，太复杂或者太简单，都会使识别度降低。设计成果一般依附于产品的外形而不依附于产品的全部特征，因此在图形抽象过程中要考虑多个客观条件。

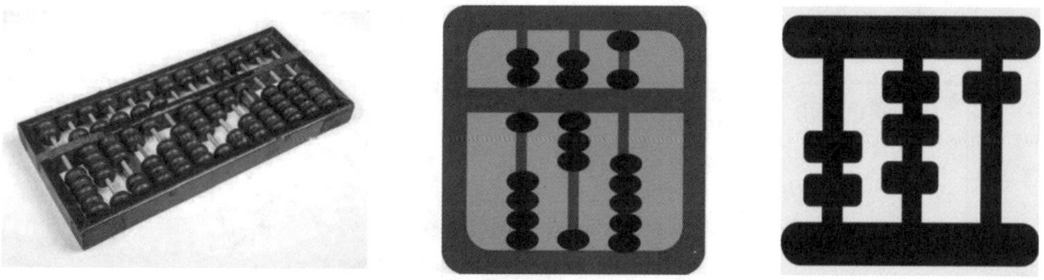

图 4-4-5 提取关键图形

3. 同类分析

图标图形一般符合大多数人的心理隐喻，因此出现雷同现象的概率很高，大量同类 App 的图标设计非常近似。为了避免设计雷同，我们可以先搜集同类设计图片，如图 4-4-6 所示，通过筛选分析，调整图形的细节，使设计具有独特性。

图 4-4-6 同类图标

4. 调整细节

在扁平化风格盛行的今天，单独的图形设计需要更多的设计考量，要经过大量的推敲和调整。如算盘，为了和通用背板更匹配，也更具有中国风韵味，选择圆形算盘的图形进行设计。设计时取消立体感、阴影等效果，得到扁平化图标，如图 4-4-7 所示。

图 4-4-7　制作算盘扁平化图标

最后将通用背板和图标内容图形进行整合，就完成了其中一个图标的创建，如图 4-4-8 所示。

图 4-4-8　背板和图形整合

配套视频

“计算器”图标制作操作演示

三、“计算器”图标制作

案例主题	计算器图标制作	
任务分析	尺寸规格	按照画布尺寸 1000 像素×1000 像素进行设计
	设计风格	中国风
	颜色运用	黑色（R：0　G：0　B：0）
效果展示		

● 绘制步骤

第一部分——图标背板形状

第 1 步　新建文档，命名为“背板”，宽度高度均设置为 1000 像素，分辨率 72 像素/英寸，白色背景。

第 2 步　选择椭圆形工具，按住 Shift 键，创建正圆形的路径。用“直接选择”工具，删除圆形路径的一个分段，如图 4-4-9 所示。

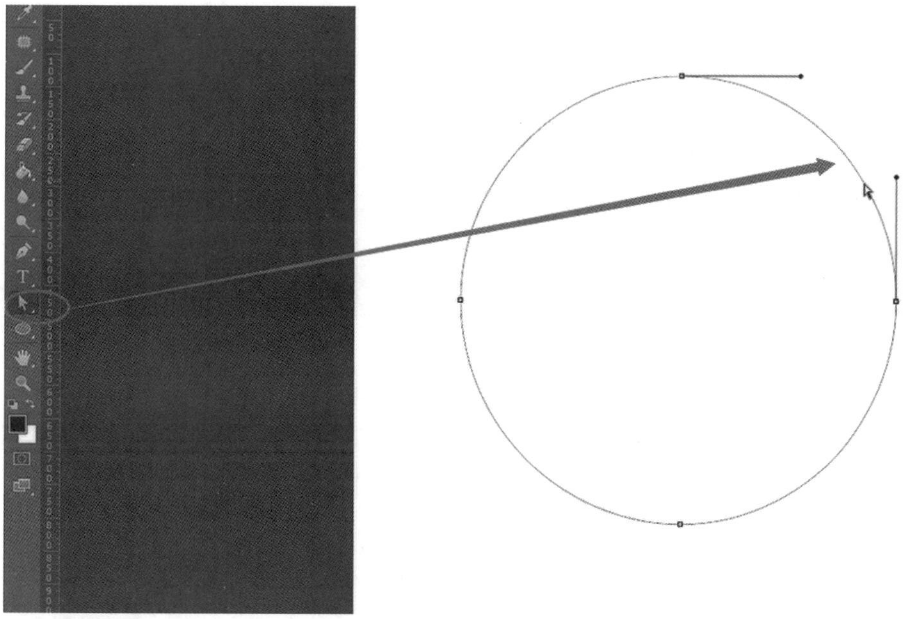

图 4-4-9 创建开口正圆形路径

第 3 步 新建图层。选择“画笔”工具，选择形状比较分散的画笔样式，如图 4-4-10 所示，前景色设置为黑色，适当调整画笔的大小。

第 4 步 选择“钢笔”工具，在剩余的圆形路径上右击鼠标，选择“描边路径”，在对话框中选择“画笔”工具，点击“确定”按钮，产生基础笔迹效果，如图 4-4-11 所示。

第 5 步 选择“橡皮”工具，同样选择形状分散的样式，调整大小，在基础笔迹上适当擦除边缘，制作毛笔笔迹晕染分散的效果，如图 4-4-12 所示。

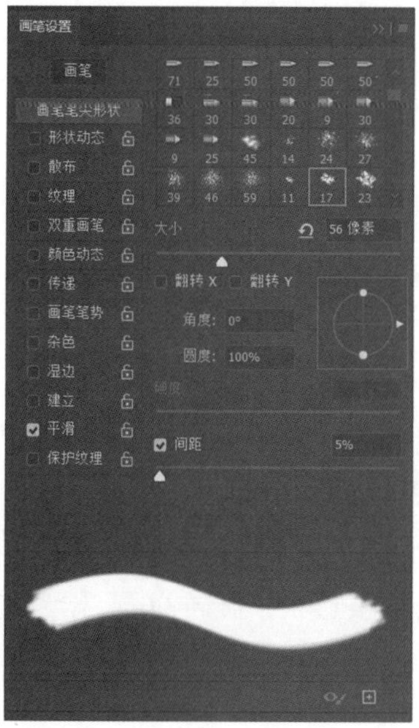

图 4-4-10 画笔样式

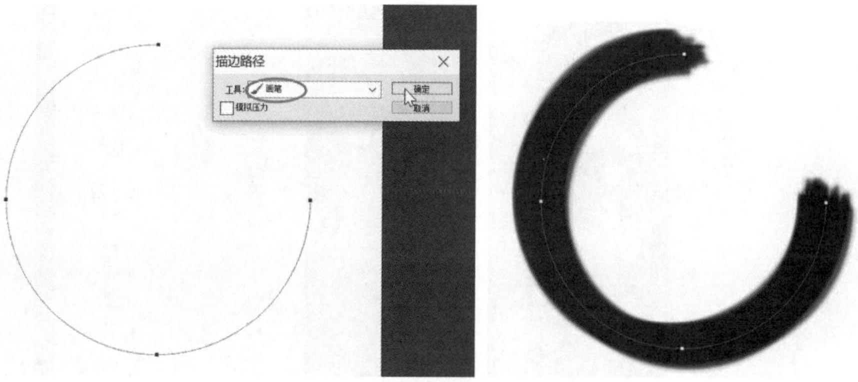

图 4-4-11 描边路径和效果

图 4-4-12 毛笔笔迹

第 6 步　删除路径，隐藏背景图层，保存成 PNG 格式图片，命名为“背板”。

第二部分——计算器图标

第 1 步　新建文档，命名为“计算器”，宽度高度均设置为 600 像素，分辨率 72 像素/英寸，白色背景。

第 2 步　新建参考线——中线和三等分线，如图 4-4-13 所示。

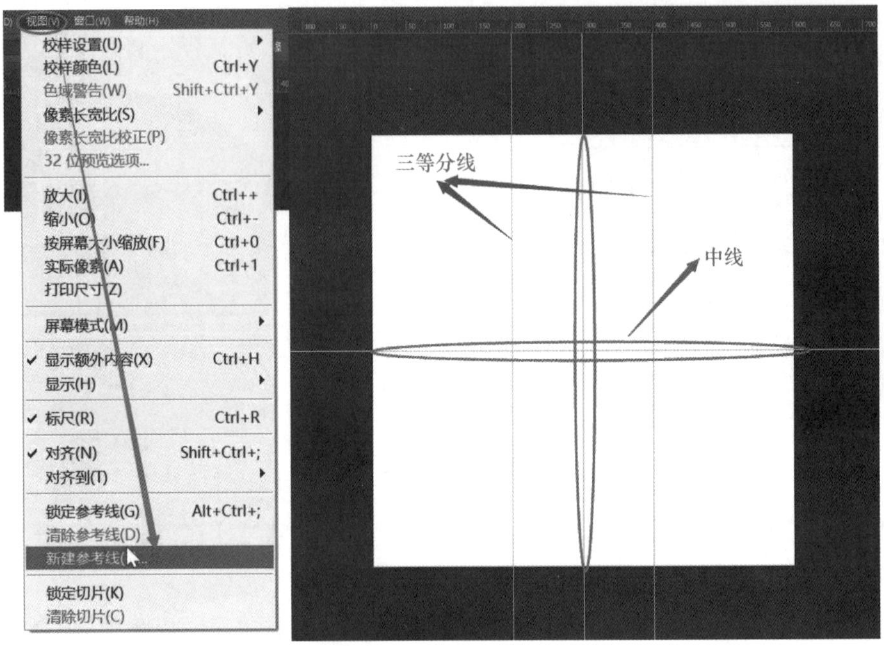

图 4-4-13　新建参考线

第 3 步　创建没有描边效果的矩形形状作为竖档梁，和中线对齐，如图 4-4-14 所示。

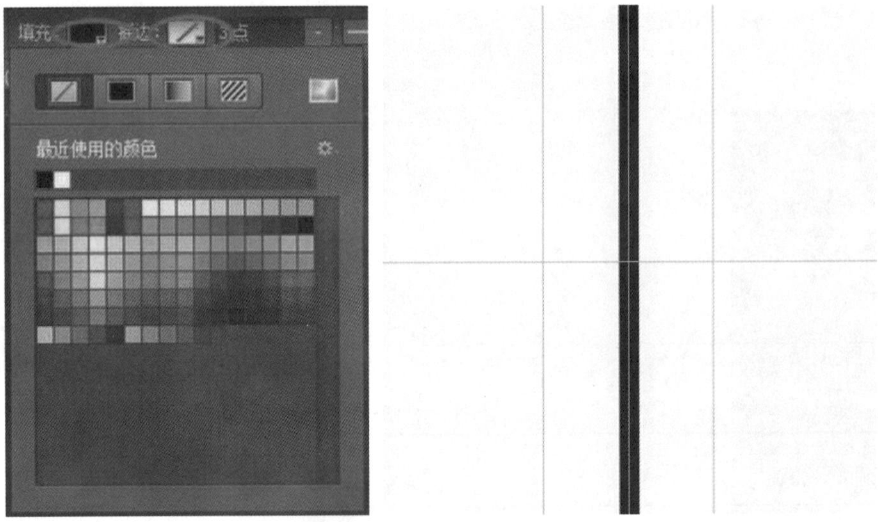

图 4-4-14　创建竖档梁

第 4 步　选择“矩形”图层，按 Ctrl+J 复制形状，Ctrl+T 自由变换，适当加粗形状，旋转 90°，作为算盘的横档梁，如图 4-4-15 所示。

复制第 3 步中制作的细矩形，制作算盘的多个竖档梁，如图 4-4-16 所示。

第 5 步　选择“椭圆”工具，创建正圆形的算盘框，如图 4-4-17 所示。

第 6 步　同时选择一个竖档梁和算盘框形状图层，对两者进行垂直居中对齐，如图 4-4-18 所示。

图 4-4-15　创建横档梁

图 4-4-16　档梁效果

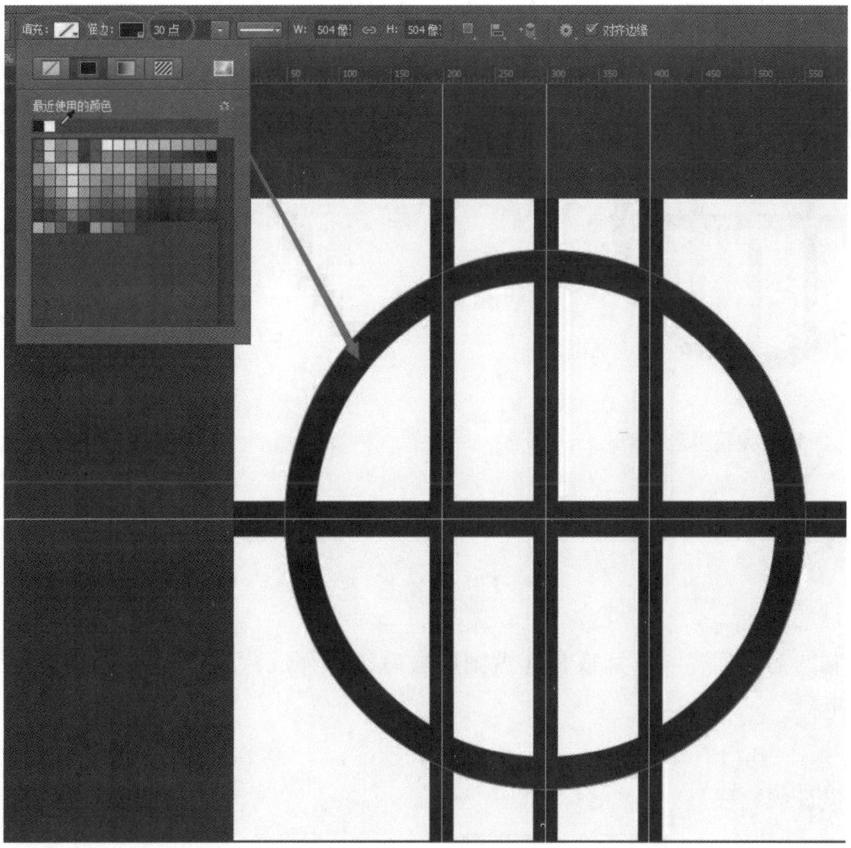

图 4-4-17　圆形算盘框

第 7 步　选中竖档梁和横档梁，按 Ctrl+T 自由变换，适当缩短长度，调整位置。算盘的框架制作完成，将这些图层整理放置在一个文件夹中，取名为“框架”，如图 4-4-19 所示。

第 8 步　制作大小适中的圆角矩形，复制并调整位置，算盘珠创建完成。计算器图标图形效果如图 4-4-20 所示。隐藏白色背景，保存成 PNG 格式图片。

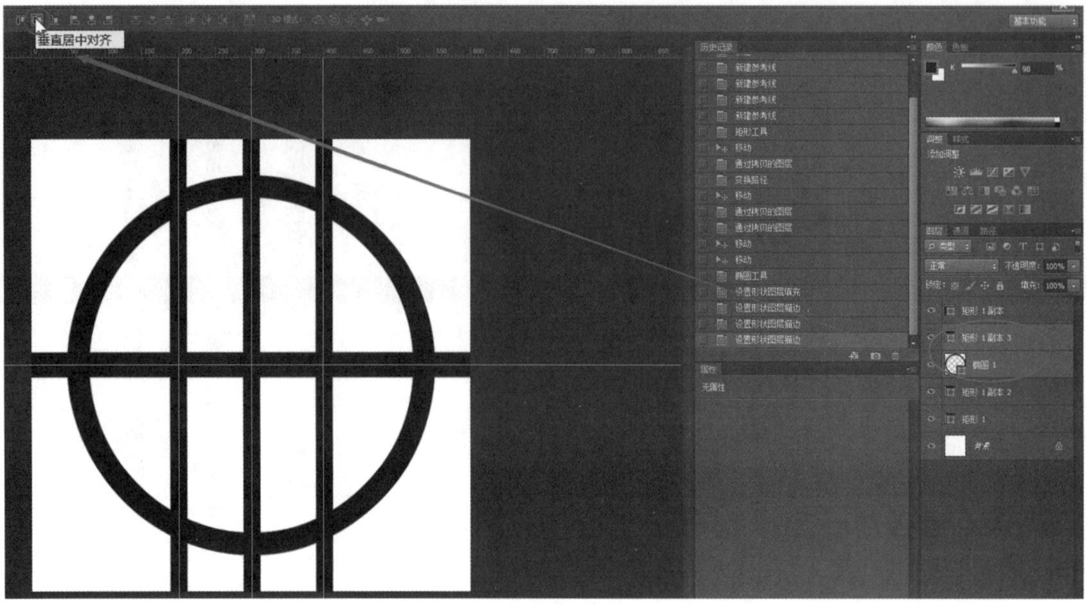

图 4-4-18　对齐形状

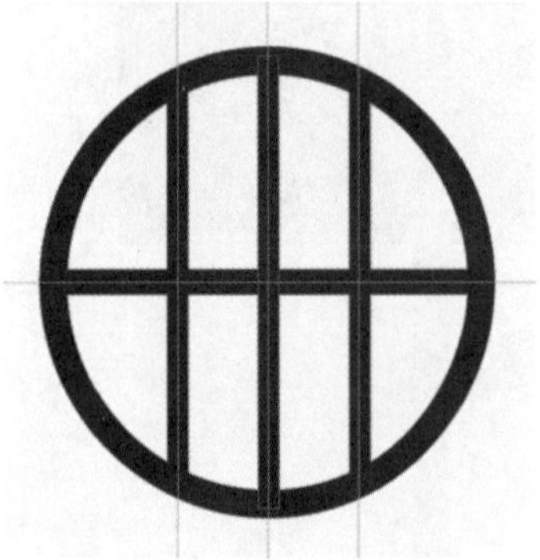

图 4-4-19　完整算盘框架

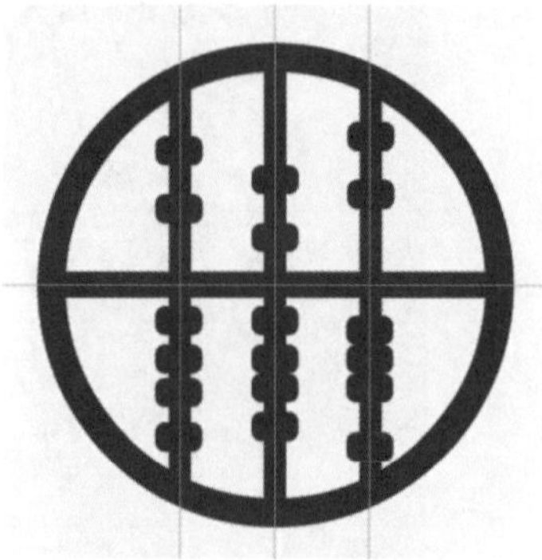

图 4-4-20　计算器图标

任务拓展

1. 完成以下测试题：

（1）本案例绘制的毛笔笔迹图标背板和算盘图形最后都保存成背景透明的（　　）图片格式，主要是为后期的整合提供便利。

A. JPG　　B. PNG　　C. BMP　　D. mp4

（2）图标图形设计的流程是（　　）。

A. 图标隐喻—抽象图形—同类分析—调整细节

B. 抽象图形—图标隐喻—同类分析—调整细节

C. 同类分析—调整细节—抽象图形—图标隐喻

D. 图标隐喻—抽象图形—调整细节—同类分析

2. 说说你见过的印象最深的主题图标，说说为什么印象深刻？并尝试用 PS 软件临摹绘制，如图 4-4-21 所示的乐器图标。

图 4-4-21　乐器图标

任务五　Android 系统界面布局

任务目标	知识目标	了解手机主题界面的布局规划 掌握使用参考线和移动工具的对齐功能排列图标的方法
	技能目标	能添加滤镜库，调整图形边缘的毛糙和模糊效果 能制作锁屏界面并整合 Widget 和图标
	价值目标	坚持美育教育，弘扬美育精神，提高审美情趣和人文素养 增强文化自信，建立民族自豪感，提升社会责任感
建议课时	实践 2 课时	
课前准备	预习本任务微课视频，整理问题	
评价方法	线上测试、课后作业检测、教师评价、学生互评等	

相关知识

无论是 iOS 界面设计，还是 Android 界面设计，良好的用户体验始终是界面设计需要考虑的首要因素。简洁、直观和易用的界面效果是用户喜闻乐见的。

一、界面组成

本任务的 Android 界面主要包含状态栏、壁纸、寅虎虎头形象、解锁键、时钟天气 Widget 和图标组，如图 4-5-1 所示。状态栏、解锁键和计算器图标已经创建完成，其余图标需要另外制作添加。其中寅虎虎头作为解锁键的背景，还可以进行适当加工处理，如降低填充百分比、设置图层的混合模式等。

图 4-5-1　Android 界面布局

二、操作要点

在操作 PS 时，使用了滤镜库中的艺术效果，新建参考线来对齐图标，遵循相关尺寸规范，如将状态栏的高度设置成 60px，每一个图标大小均为 144px×144px，如图 4-5-2、图 4-5-3 所示。

分辨率	DPI	状态栏高度	导航栏高度	标签栏高度
720x1280	XHDPI	50px	96px	96px
1080x1920	XXHDPI	60px	144px	150px

图 4-5-2　状态栏高度值

屏幕大小	启动图标	操作栏图标	上下文图标	系统通知图标	最细画笔
320x480	48pxx48px	32pxx32px	16pxx16px	24pxx24px	不小于2px
480x800 480x854	72pxx72px	48pxx48px	24pxx24px	36pxx36px	不小于3px
720x1280	96pxx96px	64pxx64px	32pxx32px	48pxx48px	不小于4px
1080x1920	144pxx144px	96pxx96px	48pxx48px	72pxx72px	不小于6px

图 4-5-3　图标尺寸

配套视频
安卓系统界面布局操作演示

三、安卓系统界面布局操作

<table>
<tr><td>案例主题</td><td colspan="2">安卓系统界面布局</td></tr>
<tr><td rowspan="3">任务分析</td><td>尺寸规格</td><td>界面尺寸 1080 像素×1920 像素</td></tr>
<tr><td>设计风格</td><td>扁平化中国风</td></tr>
<tr><td>颜色运用</td><td>（R：207　G：169　B：114）
（R：153　G：108　B：51）
（R：210　G：21　B：19）
（R：205　G：141　B：16）</td></tr>
<tr><td>效果展示</td><td colspan="2">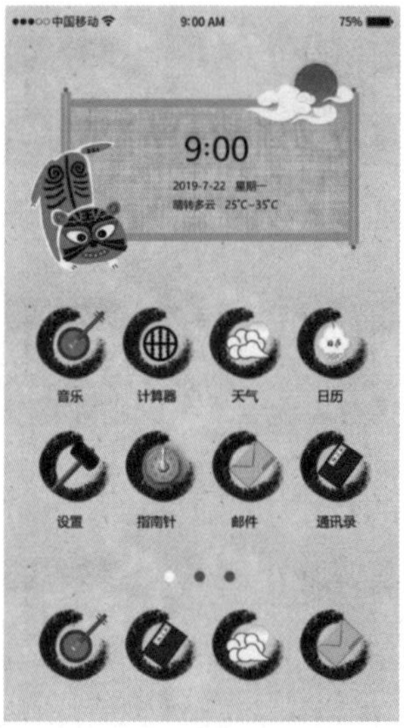</td></tr>
</table>

● 绘制步骤

第一部分　锁屏图案

第 1 步　用 PS 软件打开宽高为 1080 像素×1920 像素的壁纸文档，打开状态栏素材图片和虎头形象图片，如图 4-5-4 所示。

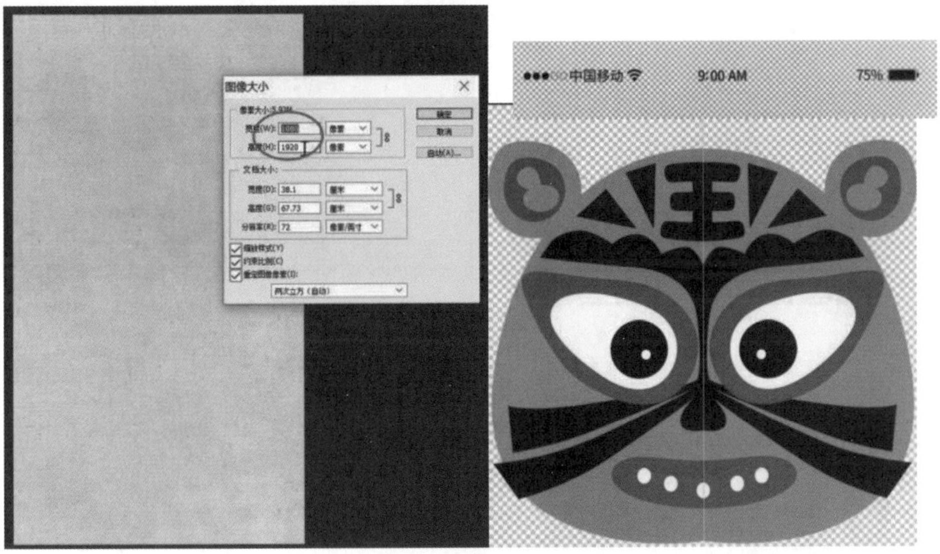

图 4-5-4　打开已有图片素材

第 2 步　设置状态栏区域在水平参考线 60 像素以内，并将状态栏素材拖进来，将状态栏和背景两个图层进行水平居中对齐，如图 4-5-5 所示。

第 3 步　导入虎头形状，调整大小和位置。将图层填充数值调低，混合模式选择正片叠底，这样，虎头图形上就叠加了背景的宣纸纹理，如图 4-5-6 所示。

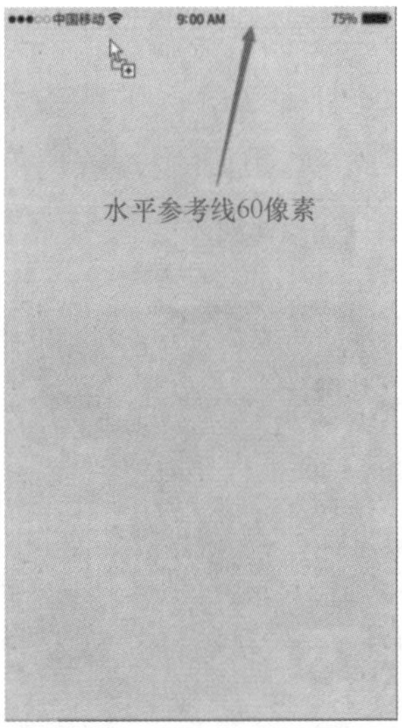

图 4-5-5　状态栏区域

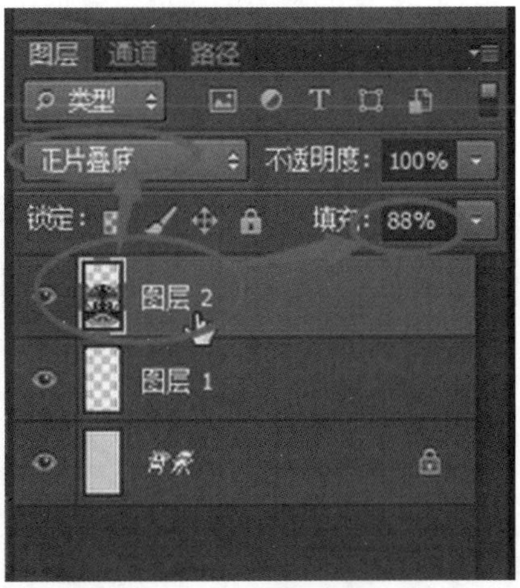

图 4-5-6　虎头图层设置

第 4 步　选择虎头图层，添加滤镜库，如图 4-5-7 所示。

第 5 步　添加效果一——调色刀，适当调整参数，使得图形中图案的边缘产生模糊效果，如图 4-5-8 所示。

第 6 步　添加效果二——喷溅，适当调整参数，图案的边缘产生毛糙的效果，如图 4-5-9 所示。

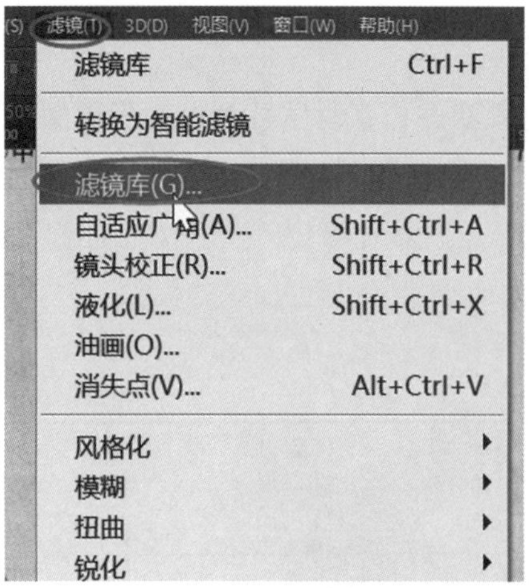

图 4-5-7　滤镜库

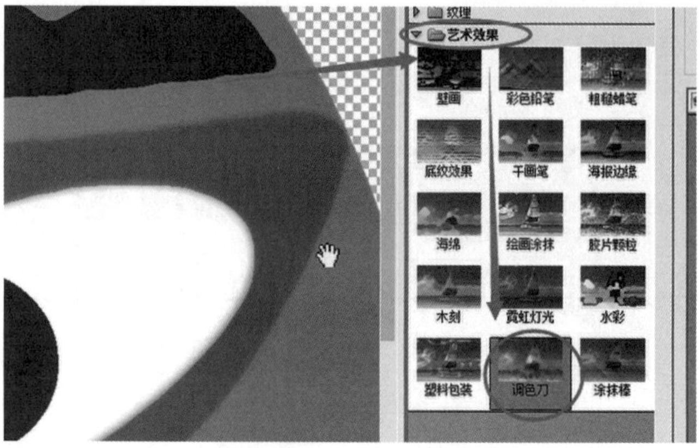

图 4-5-8　模糊边缘

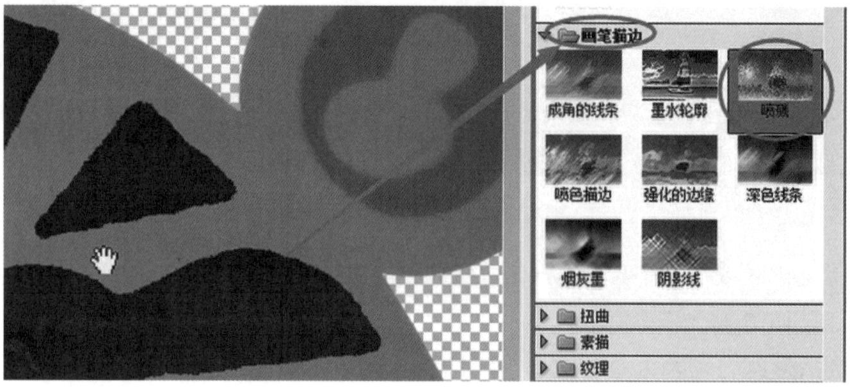

图 4-5-9　喷溅

第二部分　解锁键

第 1 步　在虎头的鼻子中央处绘制白色正圆形，按 Ctrl+J 复制这个圆形，Ctrl+T 自由变换，Shift+Alt 围绕中心等比例放大。再次按 Ctrl+J 复制这个圆形，Ctrl+T 自由变换，Shift+Alt 围绕中心等比例缩小，填充色改为黑色，将此图层重命名为“阴影”，并调整三个图层的位置，如图 4-5-10 所示。

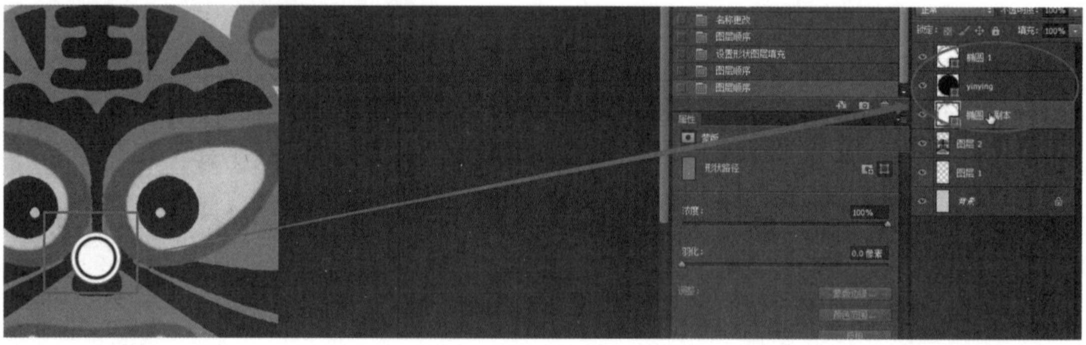

图 4-5-10　绘制三个圆形

第 2 步　选中最大的圆形，按 Ctrl+J 复制这个圆形，Ctrl+T 自由变换，Shift+Alt 围绕中心等比例放大。将此圆形设置无填充，白色描边，描边大小 3 点，如图 4-5-11 所示。

第 3 步　降低这些图层的透明度，设置最大圆形的“外发光”效果参数，如图 4-5-12 所示。

图 4-5-11　空心大圆形

第 4 步　在中上部添加时间和日期的文字，锁屏界面创建完成，如图 4-5-13 所示。

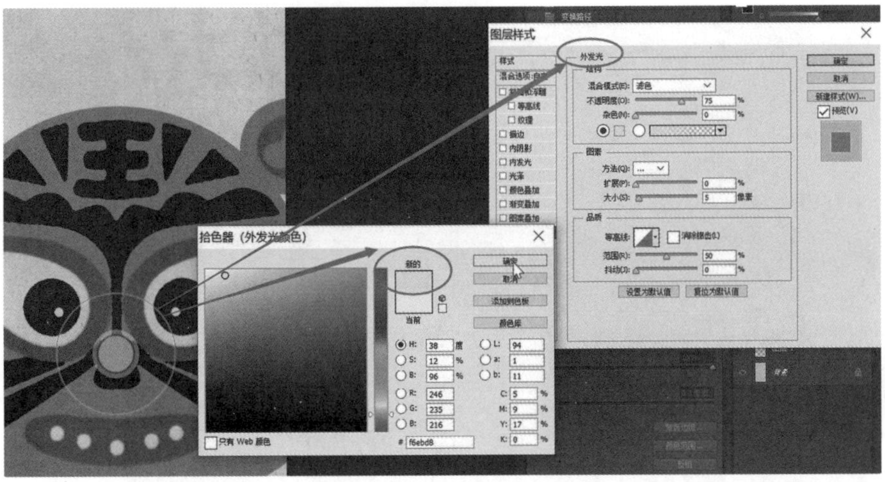

图 4-5-12　外发光

图 4-5-13　锁屏界面

第三部分 Widget 和图标整合界面

第 1 步 将制作好的素材准备好，用 PS 软件打开具有状态栏的壁纸文件，如图 4-5-14 所示。

图 4-5-14 准备素材

第 2 步 导入时钟天气 Widget 部件，调整大小和位置，如图 4-5-15 所示。

第 3 步 设置图标底板——创建矩形，创建方式为固定大小，在画布上单击鼠标，宽度和高度均为 144 像素。这个矩形用来限定图标的大小，如图 4-5-16 所示。

第 4 步 将毛笔笔迹拖入矩形中，按 Ctrl+J，将笔迹复制三次。同时选中四个图层，进行水平居中分布，删除白色辅助矩形，如图 4-5-17 所示。

图 4-5-15 导入 Widget

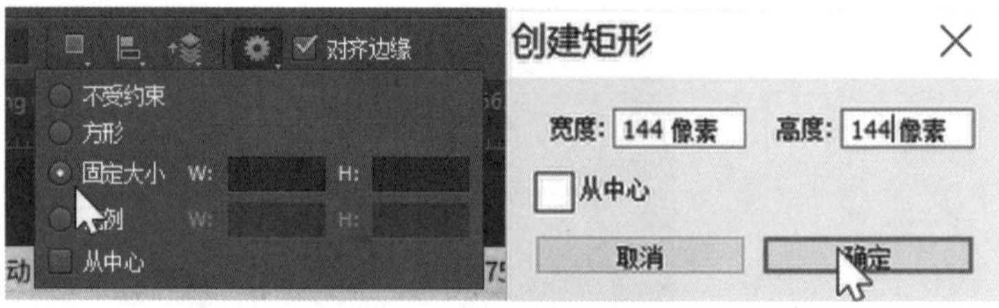

图 4-5-16 创建辅助矩形

图 4-5-17 四个背板图案

第 5 步 在背板下方输入文字，水平居中分布。将四个图标背板和四个文字图层放置在同一个新建文件夹中，取名为“图标 1”，如图 4-5-18 所示。

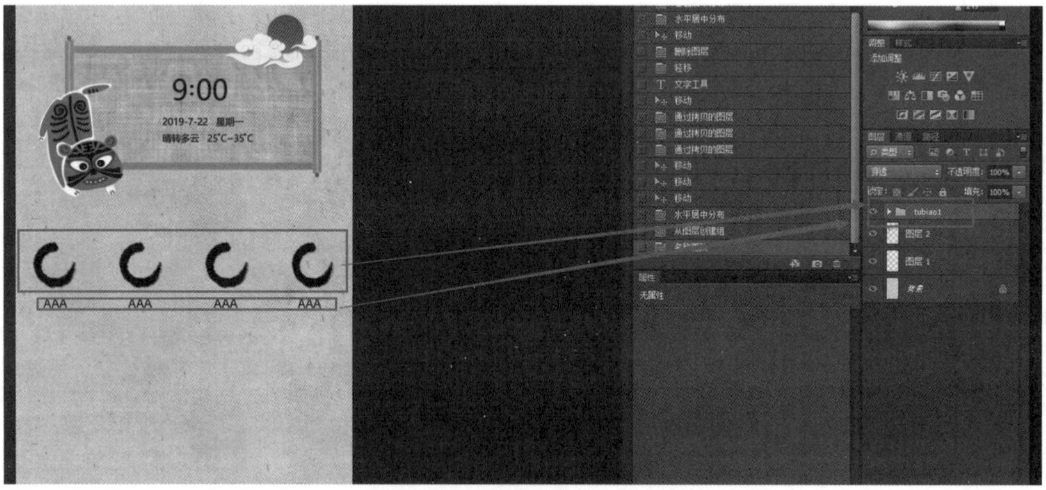

图 4-5-18 整理图案和文字

第 6 步　复制“图标 1”两次，作出三组图标摆放。最下层上方创建三个圆形，标注目前所在界面的顺序，中间圆形与中线对齐。最后导入图标内容图形，完成整体界面的整合，如图 4-5-19 所示。

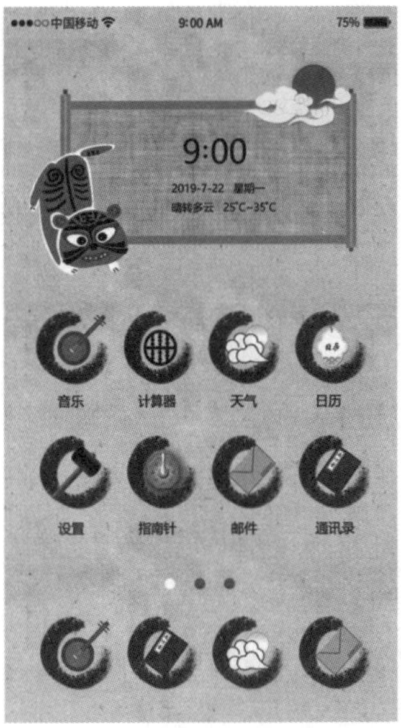

图 4-5-19　图标界面整合效果

任务拓展

1. 完成以下测试题：

选择：使用移动工具移动图形时，按住（　　）键，可以让图形锁定在水平或者垂直方向上移动。

A. Ctrl　　B. Shift

C. Alt　　D. Tab

2. 请尝试设计并制作一款 Android 系统的手机主题 UI 界面，如卡通风格、简约现代风格等。

任务六　鸿蒙系统界面布局

任务目标	知识目标	了解鸿蒙系统的界面特点 掌握自由变换变形工具的使用方法
	技能目标	能说出鸿蒙系统的界面特点 将基础图形变形为所需的形状图形 能使用参考线和移动工具整齐布局界面元素
	价值目标	提高自我认知能力、独立思考能力、发现问题解决问题的能力 培养不怕挫折、敢于战胜困难的顽强精神 增强文化自信，建立民族自豪感，加强社会责任感
建议课时	实践 2 课时	
课前准备	预习本任务微课视频，整理问题	
评价方法	线上测试、课后作业检测、教师评价、学生互评等	

相关知识

“鸿蒙初开，天地混沌”，古人认为盘古开天辟地之前，世界是一团混沌的元气，这团元气被称为“鸿蒙”，预示万事万物的起源。从 2019 年 8 月 9 日起，“鸿蒙”这个道家常用的词语被写入信息技术的发展长河里——这一天，全球开发者大会上正式发布鸿蒙操作系统，一个属于 5G 和物联网的新时代拉开了帷幕。鸿蒙系统 Logo 如图 4-6-1 所示。

图 4-6-1　鸿蒙系统 Logo

对于用户而言，原安卓系统运行的 App 都可以在鸿蒙系统中不出状况地继续运行，所以使用体验并无太大差异，但鸿蒙系统为用户带来了全新的桌面展示，如图 4-6-2、图 4-6-3 所示。

图 4-6-2　手机界面布局

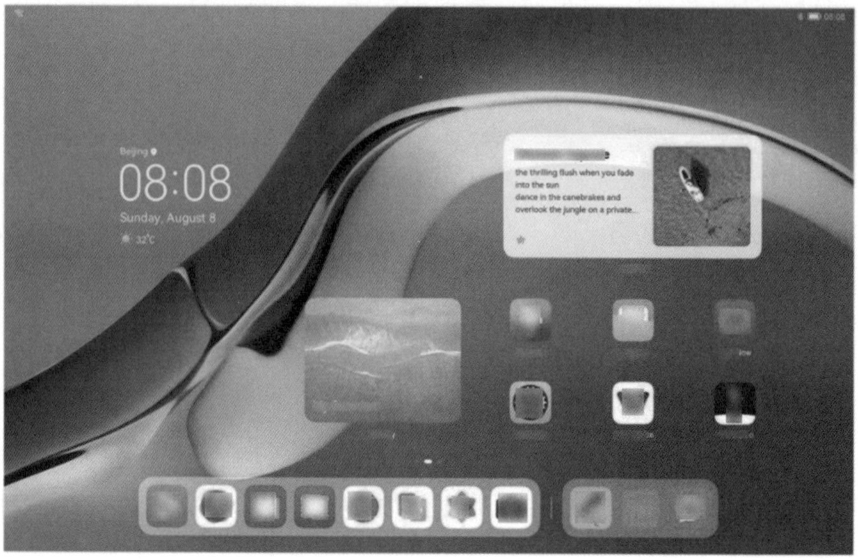

图 4-6-3　平板电脑界面布局

一、界面特点

鸿蒙系统的界面特点如图 4-6-4 所示。

图 4-6-4　鸿蒙界面布局

（1）布局呈现卡片样式，看起来整洁有序。

（2）常用的 App 数据以组件的形式在桌面上展现，这样查看数据速度更快。

（3）界面布局的自定义程度更高，用户可以对 App 和 App 组件进行自由组合。

二、操作要点

设计“寅虎”主题的鸿蒙系统手机 UI 界面时，将天气 Widget 的卷轴和 App 图标的毛笔笔刷背板简化为圆角矩形，使整体界面呈现统一的卡片样式。

设计与“寅虎”主题相呼应的 App 组件，如运动健康的开始运动组件、支付宝的扫一扫组件、通讯录的添加联系人组件。

为体现界面布局的自定义程度，将支付宝组件和其他 App 组合在同一文件夹中，如图 4-6-5 所示。

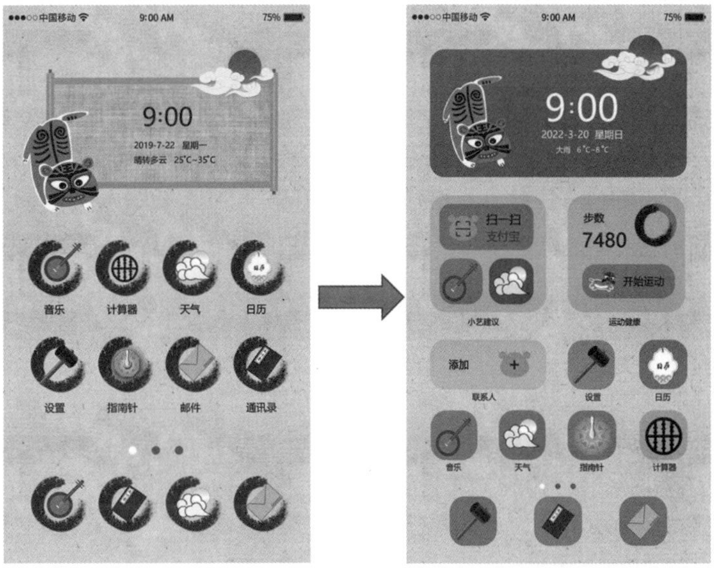

图 4-6-5 “寅虎”主题鸿蒙系统手机 UI 界面布局

三、鸿蒙系统界面布局操作

配套视频

鸿蒙系统界面布局操作演示

案例主题	鸿蒙系统界面布局	
任务分析	尺寸规格	界面尺寸 1080 像素×1920 像素
	设计风格	扁平化中国风
	颜色运用	（R：207 G：169 B：114） （R：153 G：108 B：51） （R：235 G：96 B：0）
效果展示	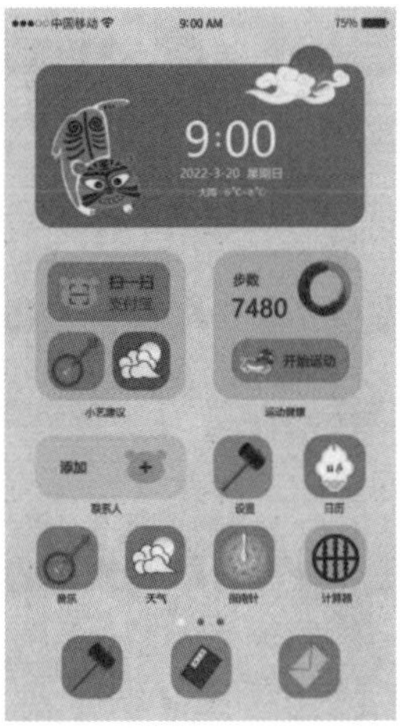	

- 绘制步骤

第一部分 图标排版

第 1 步 在前期制作的壁纸和状态栏基础上进行卡片式界面布局。打开标尺，在界面的左右两端和中间位置设置参考线。

第 2 步 以“形状”状态创建半径 36 像素、宽高均为 144 像素的圆角矩形，按 Ctrl+J，复制三次，用移动工具配合 Shift 键水平移动这四个圆角矩形，定位好第一个和第四个圆角矩形的位置在两端参考线处，再同时选中四个圆角矩形，水平居中对齐；在图标背板下方输入图标名称（名称属于同一文字图层），并调整位置，效果如图 4-6-6 所示。

第 3 步　同时选中图标底板和名称图层，拖入图层面板下方的“创建新组”中，如图 4-6-7 所示设置“移动”工具的参数，将组拖入面板下方“创建新图层”按钮，复制这个组，用“移动”工具摆放好两组图标的位置。

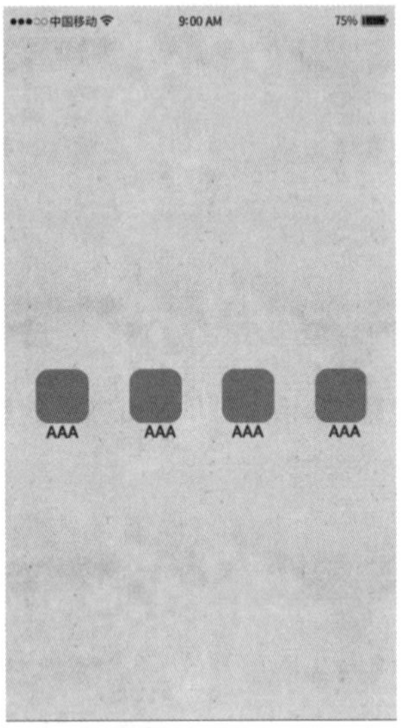

图 4-6-6　App 图标底板和名称摆放

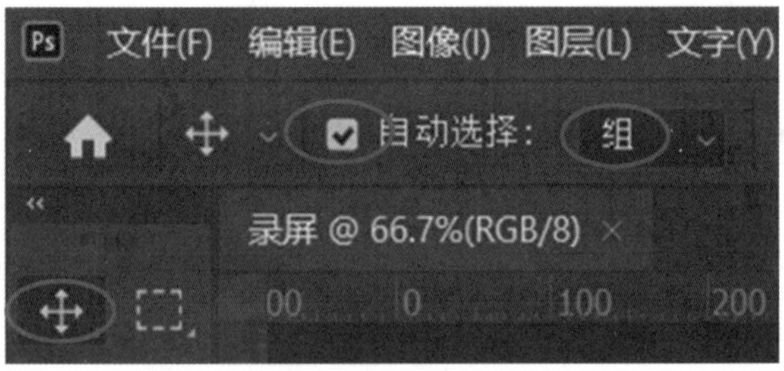

图 4-6-7　移动“组”

第 4 步　再复制组作为底部排列图标，删除名称行，效果如图 4-6-8 所示。

第 5 步　创建半径为 48 像素的圆角矩形，其左右两端与参考线对齐，作为时钟天气 Widget 区域。在左下方创建圆角矩形作为桌面文件夹，以其正下方的四个 App 为参照，并将透明度调低，方便调整大小，如图 4-6-9 所示。

第 6 步　将透明圆角矩形移动到上方与左侧参考线对齐，复制，按住 shift 键水平移动到右侧参考线，调整文本和矩形的位置，如图 4-6-10 所示。

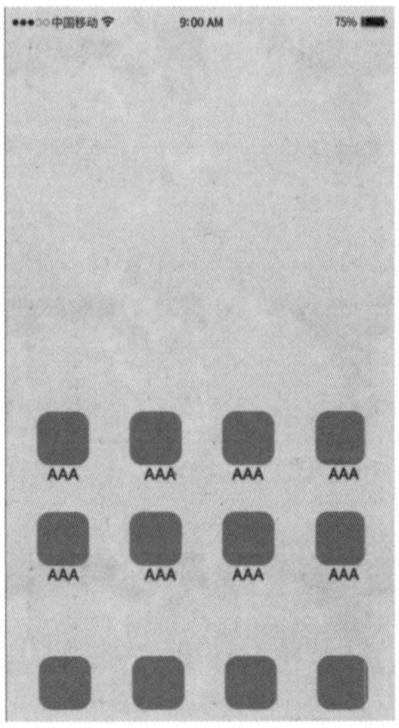

图 4-6-8　图标组排列

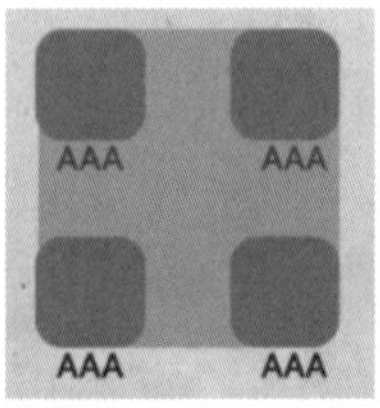

图 4-6-9　桌面文件夹

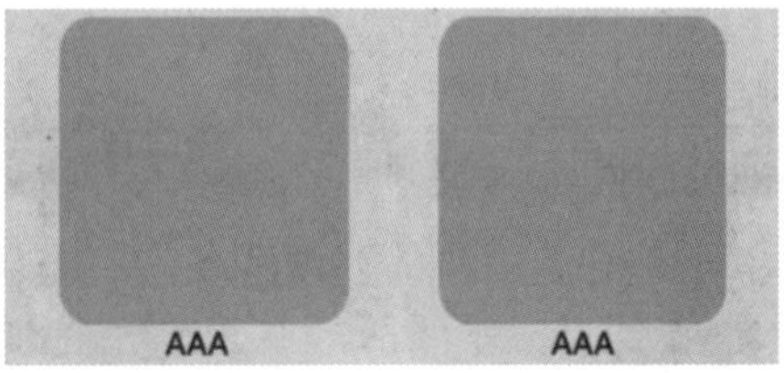

图 4-6-10　复制桌面文件夹

第 7 步 以小图标为参考绘制圆角矩形作为支付宝扫一扫组件的背板，颜色为橙红色（#eb6000），如图 4-6-11 所示；删除参考小图标，调整下方文本，如图 4-6-12 所示。

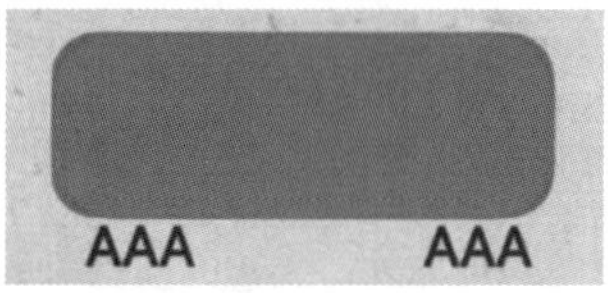

图 4-6-11 参考小图标绘制组件背板

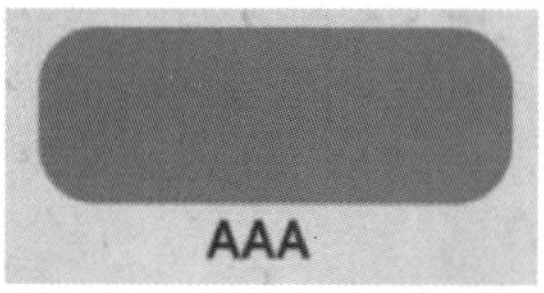

图 4-6-12 完成组件背板

第 8 步 复制这个橙红色圆角矩形，放置在上方的文件夹中，再移入两个小图标，调整大小和位置，布局如图 4-6-13 所示。

第 9 步 简单绘制虎头形状，导入“扫一扫”图标，输入文字，完成支付宝扫一扫组件制作，如图 4-6-14 所示。

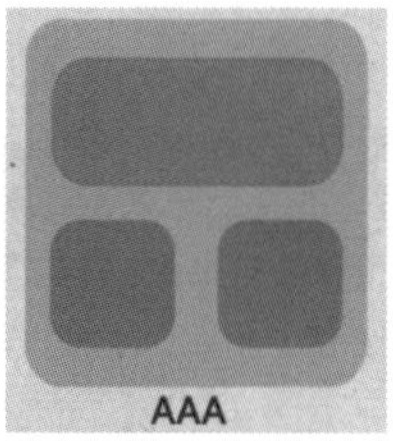

图 4-6-13 桌面文件夹布局

图 4-6-14 支付宝扫一扫组件

第二部分 运动健康 App 组件

第 1 步 新建 A4 尺寸的文档，拖入“虎头”元素，创建椭圆形作为老虎的身体，按 Ctrl+T 开启自由变换，右键菜单选择“变形”，移动句柄调整身体形状，如图 4-6-15 所示。

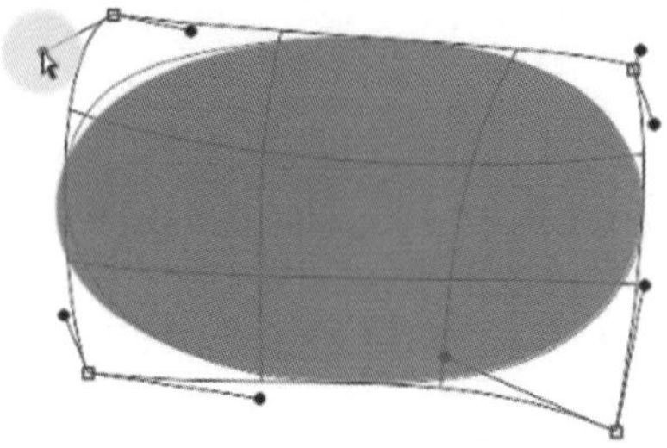
图 4-6-15 变形椭圆

第 2 步 用相同的方法创建椭圆形并变形，复制四次，作为老虎的腿部、尾巴，调整位置和方向，做奔跑状。将虎头放置在身体上方，稍旋转一定角度，如图 4-6-16 所示。

第 3 步 用“画笔”工具绘制黑色的花纹，再创建、变形白色椭圆形，作为肚皮，如图 4-6-17 所示。将所有图层都放置在新组中，命名为“奔跑虎”。

图 4-6-16 老虎全身形状

图 4-6-17 老虎身体花纹绘制

第 4 步 在之前的 PS 文档中，提前复制好运动健康组件的背板（橙色圆角矩形），将新组“奔跑虎”拖入到背板上方，调整大小，为其添加白色描边的图层样式，使老虎能清晰显示，如图 4-6-18 所示。

第 5 步 用“椭圆选框”工具，按住 Shift 键创建正圆形选区，填充橙红色。鼠标移动到空白处，右键菜单选择“变换选区”，配合 Shift+Alt，围绕中心等比例缩小选区，按 Enter 键确定选区，再按 Del 键删除选中部位，这样就创建了跑步的进度圆环，如图 4-6-19 所示。

第 6 步　拖入毛笔水墨笔迹，调整位置，按 Ctrl+T，右键菜单选择变形，调整笔迹的大小和粗细；接下来输入文字就完成了运动健康 App 组件的制作，如图 4-6-20 所示。

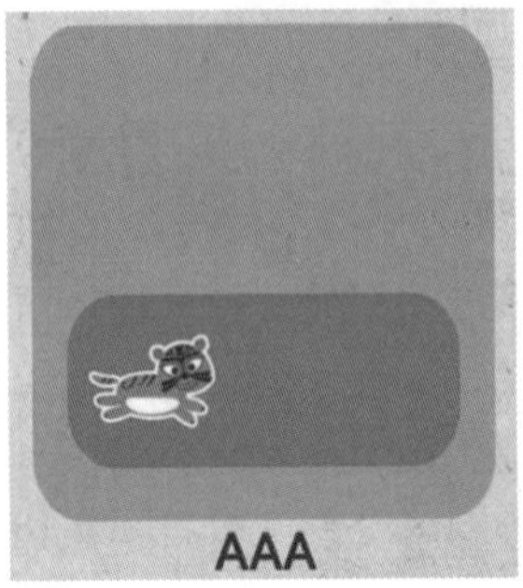

图 4-6-18　奔跑虎放置

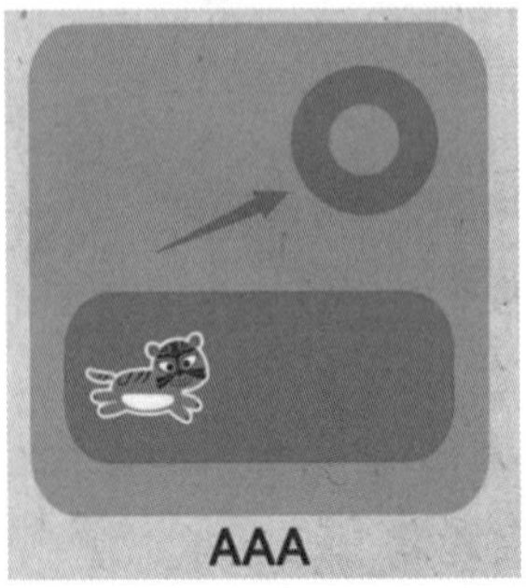

图 4-6-19　跑步进度圆环

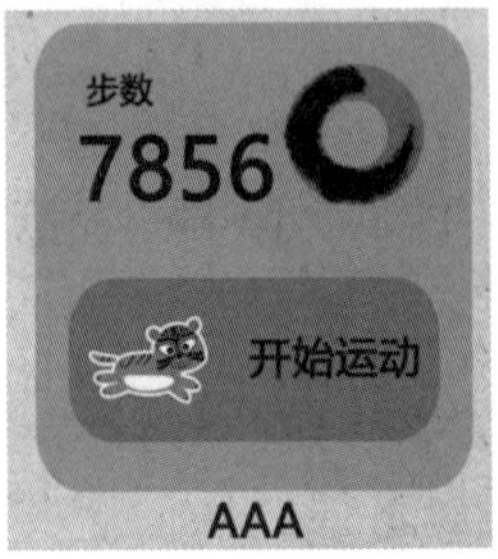

图 4-6-20　运动健康 App 组件

第 7 步　拖入其他图标元素，修改图标背板的颜色，排版好时钟天气 Widget 的元素，创建三个页码指示器圆点，鸿蒙系统界面布局就完成了，效果如图 4-6-21 所示。

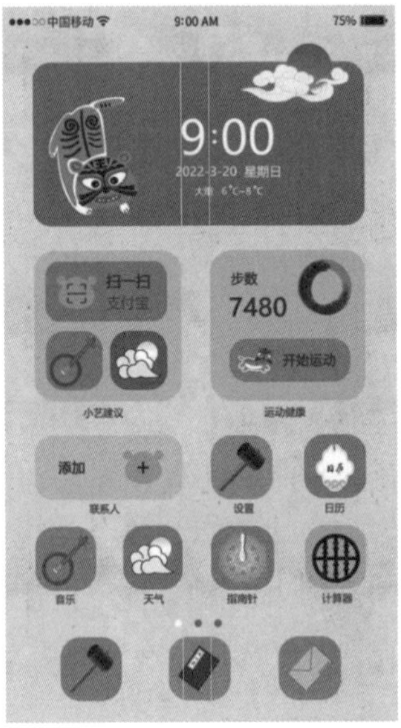

图 4-6-21　鸿蒙系统界面布局完成效果

任务拓展

1. 完成以下测试题：

（1）鸿蒙系统的界面特点是什么？

（2）说一说本案例如何将安卓系统界面转换为鸿蒙系统界面的。

2. 请你为“寅虎”主题鸿蒙系统手机 UI 界面设计并制作一个 App 组件。

配套课件

项目五 实用型App——“四时”天气界面设计

项目五

实用型App——“四时”天气界面设计

本项目将完成以下任务：

- 任务一 “四时”天气 App 产品定位和界面设计
- 任务二 “四时”天气 App 图标设计
- 任务三 “四时”天气 App 闪屏设计
- 任务四 “四时”天气 App 主页面设计
- 任务五 “四时”天气 App 近五日天气页面设计

实用型 App 是指在日常生活中常常作为工具被使用到的应用程序，用来完成诸如闹钟、查询日期等实用且马上能得到结果的功能。本项目以“四时”天气 App 界面为主要案例，从产品定位和界面设计、图标和各常用页面的设计技巧等方面讲解实用型 App 界面的制作技术。

任务一 “四时”天气 App 产品定位和界面设计

任务目标	知识目标	认识实用型 App 掌握天气 App 的功能分析 掌握天气 App 界面的设计规范
	技能目标	能结合天气 App 功能设计进行产品定位 能按照设计规范进行界面色彩、字体等总体设计
	价值目标	主动学习、积极创新、追求卓越，不断提高专业技能 养成严谨钻研、精益求精的工作习惯 增强美育教育，提高文化自信
建议课时	理论 1 课时	
课前准备	预习本任务微课视频，整理问题，准备纸、笔、橡皮等	
评价方法	线上测试、课后作业检测、教师评价、学生互评等	

相关知识

App 界面的美观程度和体验感受是用户对一款应用程序的第一印象，由此，App 的 UI 设计往往能直接影响产品的成败，要出色地完成 UI 设计的任务，首先要对产品设计进行总体分析，明确产品定位，进而从色彩、字体、规范等方面对界面进行全方位设计。

一、认识实用型 App

生活中常常需要用到各类操作简单、功能明确的 App，如计算器、天气、阅读、备忘录、录音、词典等，如图 5-1-1 所示。此类 App 最大的特色就是实用、便捷，帮助用户解决生活中遇到的小难题。

出于实用、便捷功能要求的考虑，实用型 App 在设计上首先要满足的就是将主要功能以最明确的方式呈现给用户，使用户能在最短的时间内上手操作。所以，设计这类 App 的总体要求是去除多余装饰、最大程度地突出主要功能。

图 5-1-1　实用型 App 举例

二、几款天气预报 App 比较

天气预报 App 是每个人手机里必备的实用型 App 之一，方便人们随时随地查看天气信息。天气预报 App 显示的主要信息一般是晴雨、温度、风速等数据，如何将这些数据巧妙优雅地展示出来就体现了设计师的功底。

典型的天气预报 App，如图 5-1-2 所示，它的界面内容非常丰富，功能也很强大，通过卡通人物的穿衣变化来表现天气的状态，给人的整体感觉是很舒服、很有亲和力。

如图 5-1-3 所示，该天气类 App 着眼于为用户提供专业、权威、全方位的天气信息。它的整体风格是实景式的，以某地的地标性建筑配上当地的天气预报，呈现出非常强的视觉冲击力，给用户带来非常好的使用感受。

图 5-1-2　典型的天气预报 App

图 5-1-3　某天气类 App①

如图 5-1-4 所示，该天气类 App 采用了极简的扁平化设计风格，使用卡片式的扁平化界面，直观地呈现信息，而且界面色彩非常丰富，给用户带来良好的体验。

从以上几款天气 App 中，我们大致能够了解到，天气 App 界面设计时所需要的元素主要有传达信息的文字、吸引眼球的背景图、生动有趣的天气小图标、必不可少的天气小组件等。从设计的角度来看，一款优秀的天气 App 需要立足于产品的功能性，提升产品的易用性，其界面设计的宗旨就是让用户高效准确地获取天气信息。

三、“四时”天气 App 的产品定位

“四时”天气 App，名称取自于魏晋诗人陶渊明的诗《四时》：“春水满四泽，夏云多奇峰。秋月扬明晖，冬岭秀孤松。”诗中对春夏秋冬四季的描述与天气变幻很契合，故 App 取名“四时”。

“四时”是一款清新、简洁、美观且直观的天气 App。它可以根据用户所在的位置提供准确的实时天气

情况。“知冷暖，享生活”是“四时”天气 App 的设计主旨。App 的主要功能是：能够反映实时天气状态，精准定位目前的位置，不仅为用户提供各种天气的生活服务，还可以让用户分享当前的天气。相对于功能全面的天气 App，“四时”天气 App 主打极简和温馨，所以无论是功能还是界面都使用扁平化风格，采用扁平化风格进行界面的设计，尽量保持界面整体简洁而有层级。“四时”天气 App 的产品定位，如图 5-1-5 所示。

图 5-1-4　某天气类 App②

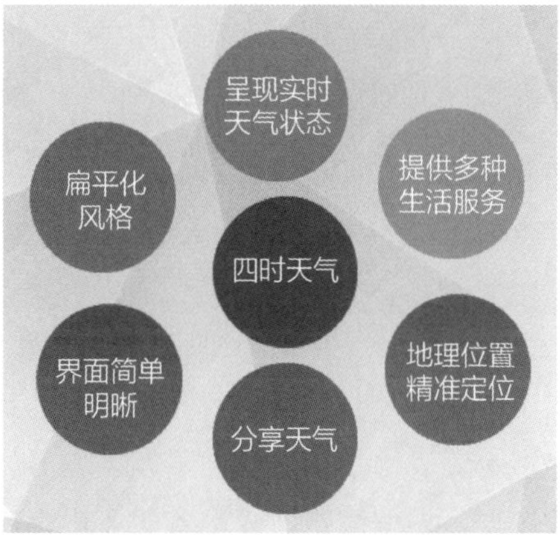

图 5-1-5　产品定位

四、“四时”天气 App 的界面规范

1. 尺寸

UI 设计必须时刻遵守应用的规范，在整个界面的设计过程中，采用基准尺寸为 750px×1334px，这个尺寸是目前设计师默认的尺寸，可以向上兼容高版本，向下适配低版本，如图 5-1-6 所示。

除了对整个界面的尺寸进行规范，界面中的导航栏、状态栏、标签栏、应用图标都有相应的设计规范，在 750px×1334px 的页面尺寸中，状态栏高 40px，导航栏高 88px，标签栏高 98px，应用图标尺寸为 114px×114px，如图 5-1-7 所示。这些规范尺寸用于规范设计师的设计，避免出现页面整合到移动设备时发生压缩变形、尺寸不匹配等情况。

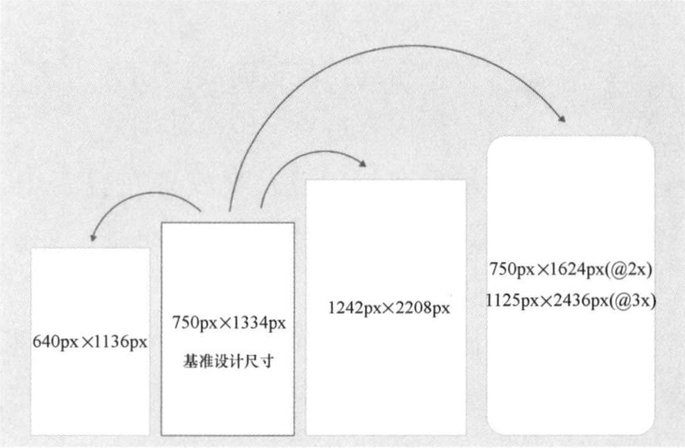

图 5-1-6　屏幕尺寸

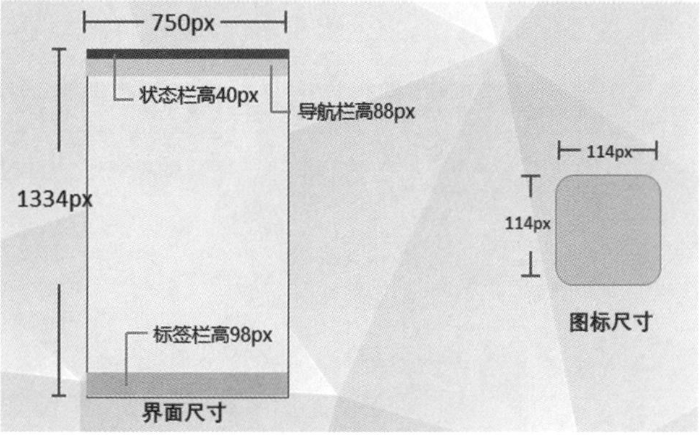

图 5-1-7　其他尺寸

2. 配色

不同的颜色可以带给用户不同的体验感，在移动端界面设计过程中通常需要选取主色、标准色和点睛色。“四时”天气 App 采用充满活力的色彩，单个背景尽量避免使用不同类别的颜色，保持界面的干净与统一，如图 5-1-8 所示。

图 5-1-8　配色方案

3. 字体

在字体选择上，采用 iOS 专用的苹方（英文是 San Francisco）字体；字体大小一般而言是：大字体 40 像素，中等字体 34 像素，小字体 24 像素，具体的大小要根据整体设计而定。

4. 页面版式

UI 设计中有十种常用的页面版式布局。

网格布局：将页面或应用分割成网格，将内容放置在网格中，通常用于展示大量内容的网站或 App，如图 5-1-9 所示。

流式布局：根据浏览器或设备的大小自动调整布局，使页面或 App 适应不同的屏幕尺寸。

响应式布局：根据屏幕尺寸和设备类型自动调整布局和内容，以提供更好的用户体验。

绝对定位布局：使用 CSS 的绝对定位属性将元素放置在页面的固定位置，通常用于创建复杂的交互效果。

弹性布局：根据容器的大小自动调整元素的大小和位置，以保持页面或 App 的平衡和比例。

卡片式布局：将内容放置在卡片中，每个卡片都可以独立地进行操作和交互，如图 5-1-10 所示。

图 5-1-9　网格布局

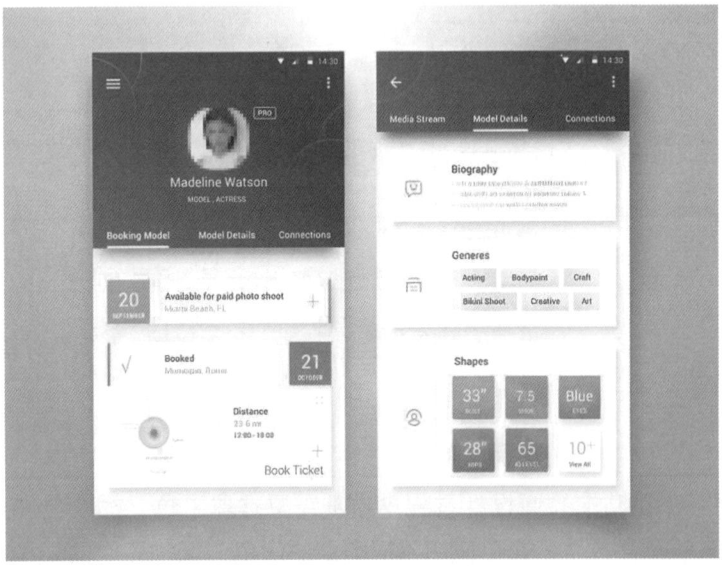

图 5-1-10　卡片式布局

分栏布局：将页面或应用分为多个栏目，使内容更易于组织和浏览。

层叠布局：将元素放置在叠层中，以创建复杂的交互效果和动画，如图 5-1-11 所示。

圆形布局：将元素放置在一个圆形区域内，通常用于创建环形菜单或导航。

瀑布流布局：将内容按照一定规则排列，形成像瀑布一样的效果，通常用于展示图片或商品，如图 5-1-12 所示。

“四时”天气 App 采用区块型分栏布局。案例中三个页面分别是闪屏、主界面和近五日天气界面，均采用了留白的艺术，通过留白来减轻页面的压迫感，使页面的空间感更强，视野更开阔，给用户营造一种轻松的氛围，如图 5-1-13 所示。

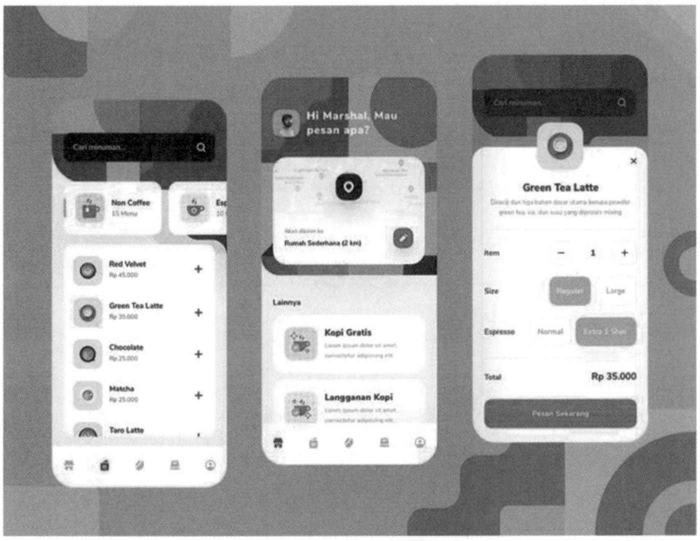

图 5-1-11 层叠布局

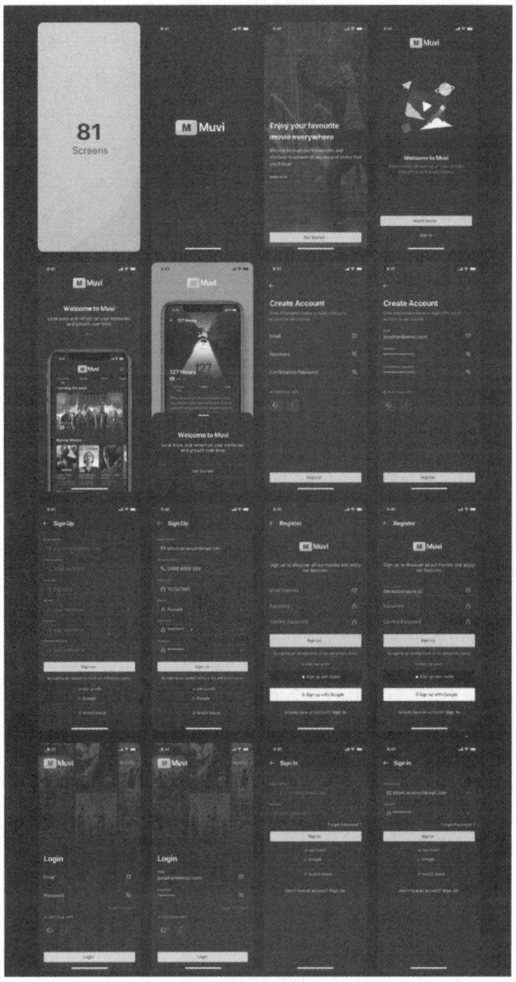

图 5-1-12 瀑布流布局

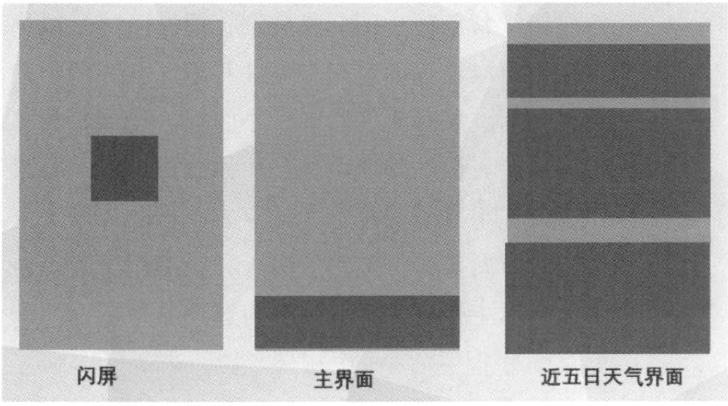

图 5-1-13 主要页面留白处理

任务拓展

1. 完成以下测试题：

（1）什么是实用型 App？请举几个例子。

（2）实用型 App 的设计需要满足什么要求？请展开说明。

2. 请尝试对时钟、计算器等常用实用 App 进行产品定位和界面总设计。

任务二 “四时”天气 App 图标设计

任务目标	知识目标	理解 App 中各种图标设计的规范 掌握 App 中各种图标的创意方法 掌握同一个 App 中图标风格的统一技巧

续表

任务目标	技能目标	能使用各种形状工具绘制小图标 能使用“钢笔”工具绘制不规则图形的图标 能使用“蒙版”进行局部细节处理
	价值目标	深入生活，树立正确的艺术观 培养认真严谨、精益求精的工作习惯
建议课时	实践 2 课时	
课前准备	预习本任务微课视频，复习 Photoshop 软件基础操作	
评价方法	教师评价、学生互评等	

相关知识

一、“四时”天气 App 的小图标种类

图 5-2-1　“四时”天气 App 中的小图标

“四时”天气 App 中的小图标特别重要，不同功能的按钮常常依托小图标来分别实现，而统一风格的小图标也可以让界面看起来井井有条。本案例中的图标主要包括：展示天气的天气小图标，比如晴天、雨天等标识；界面的功能图标，比如选择城市、分享等按钮；天气小助手图标，比如穿衣、带伞等。天气小图标主要有两类，一类用于白天，一类用于晚上；界面功能图标主要有两个，一个为选择城市图标，一个为分享图标；生活小助手图标包括穿衣、舒适度、洗车等九个方面，如图 5-2-1 所示。本案例绘制完成的所有图标将在后面的界面设计任务中使用。

配套视频

界面功能小图标设计

二、“四时”天气 App 图标案例制作

案例主题	界面功能小图标	
任务分析	尺寸规格	按照图标尺寸 150 像素×150 像素的设计规范进行
	设计风格	线性化、扁平化风格
	颜色运用	白色（R：255　G：255　B：255）
效果展示		

● 绘制步骤

第一部分　绘制选择城市按钮图标

第 1 步　新建文件，取名为“选择城市按钮”，150 像素×150 像素，其余设置默认，将素材“圆形图标栅格”移到图层当中，使用导航器放大视图，如图 5-2-2 所示。

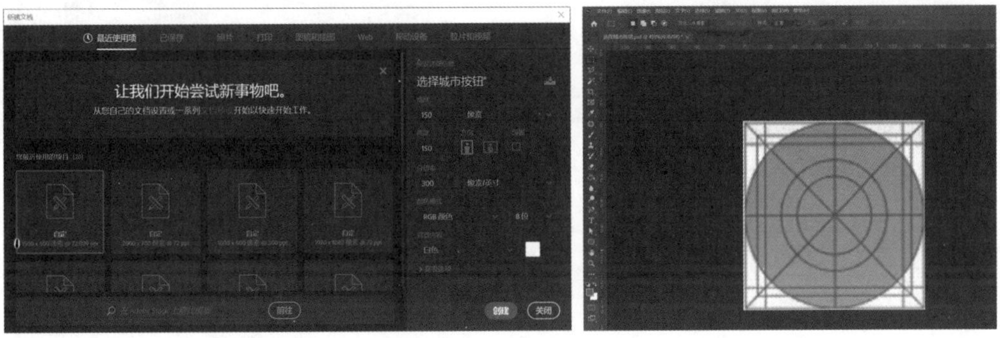

图 5-2-2　新建文件

第 2 步　选择“圆角矩形”工具，填充颜色为白色，没有描边，宽 130 像素，高 15 像素，圆角半径为 20 像素，绘制圆角矩形，如图 5-2-3 所示。

第 3 步　复制两个圆角矩形，使用“移动”工具对这两个图层进行垂直分布排列，在排列时注意参考栅格图片，如图 5-2-4 所示。

第 4 步　隐藏圆形栅格图片，将选择城市按钮图标另存为 PNG 格式。

第二部分　绘制分享按钮图标

第 1 步　新建文件，取名为“选择城市按钮”，150 像素×150 像素，其余设置默认，将素材“圆形图标栅格”移到图层当中，使用导航器放大视图。

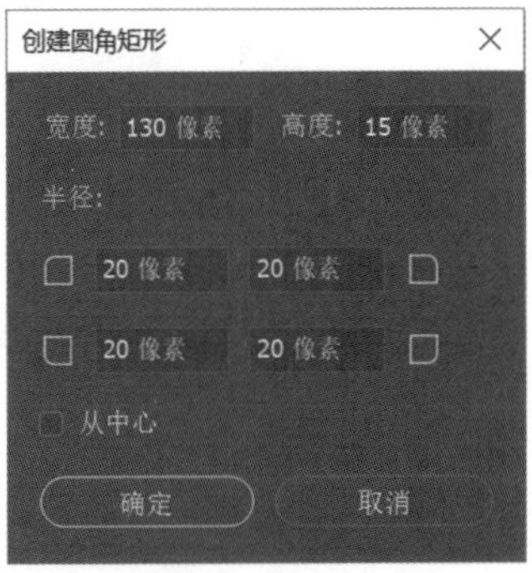

图 5-2-3　绘制圆角矩形

第 2 步　新建图层，在新的图层上绘制飞机，如图 5-2-5 所示。

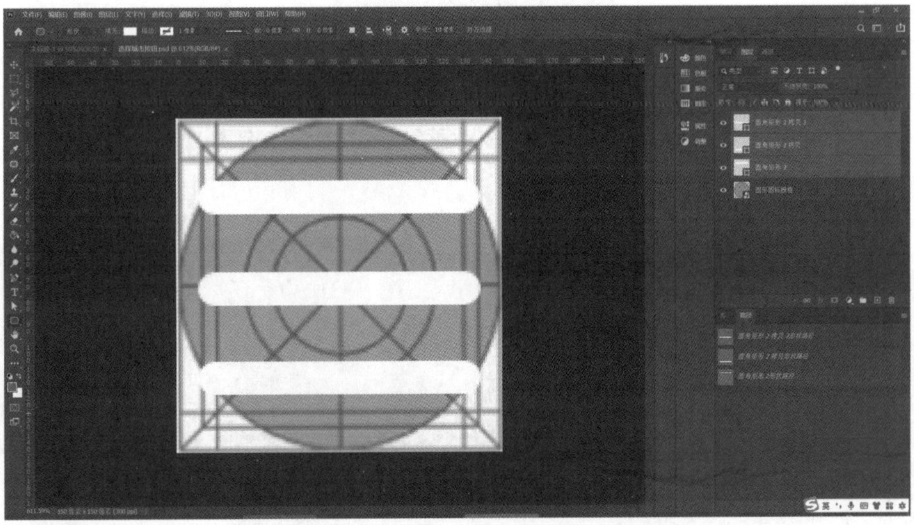

图 5-2-4　复制圆角矩形并垂直分布排列

第 3 步　前景色设置为白色，选择多边形套索工具，生成选区，绘制飞机的两个机翼，并使用快捷键 Alt+Backspace 为其填充前景色，如图 5-2-6 所示。

第 4 步　隐藏圆形栅格图片，将“选择城市按钮”图标另存为 PNG 格式。

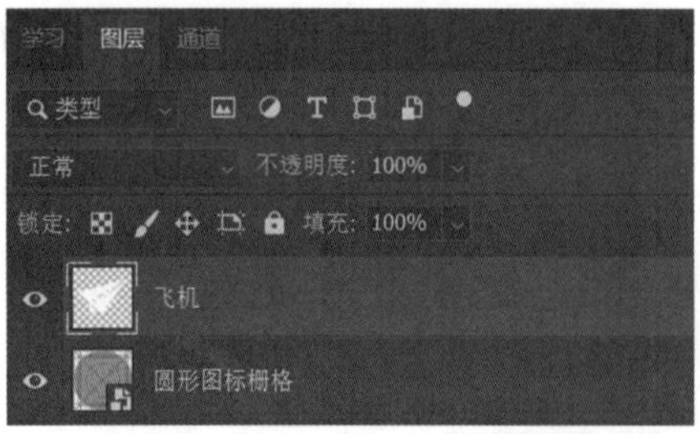

图 5-2-5　新建飞机图层

图 5-2-6　绘制飞机

配套视频
天气小图标设计

案例主题	天气小图标	
任务分析	尺寸规格	按照图标尺寸 150 像素×150 像素的设计规范进行
	设计风格	扁平化风格
	颜色运用	(#ffffff) (#e7c553) (#fa6935) (#6bc4b6)
效果展示		

第三部分　绘制多云小图标

第 1 步　新建文件，取名为“多云”，150 像素×150 像素，其余设置默认，将素材“圆形图标栅格”移到图层当中，使用导航器放大视图，如图 5-2-7 所示。

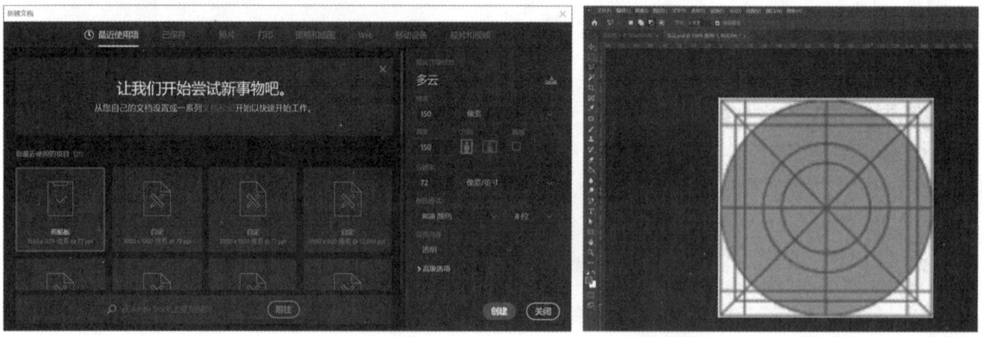

图 5-2-7　新建文件

第 2 步　选择“椭圆”工具填充白色，没有描边，按住 Shift 键绘制三个正圆，如图 5-2-8 所示。

第 3 步　选择“矩形”工具，填充白色，没有描边，绘制一个矩形，如图 5-2-9 所示。

图 5-2-8　绘制三个正圆

图 5-2-9　绘制一个矩形

第 4 步　选中下方两个圆和矩形所在的三个图层，使用“移动”工具，在属性栏中单击底边对齐，如图 5-2-10 所示。

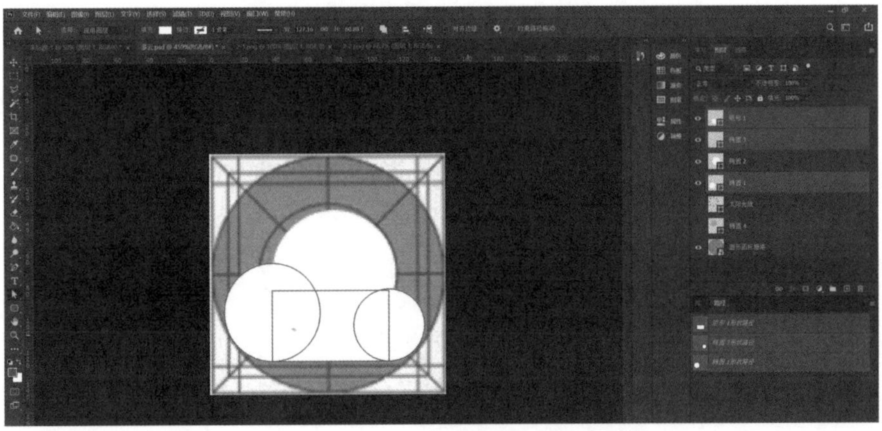
图 5-2-10　两个圆与矩形底边对齐

第 5 步　将“白云”图层隐藏，新建图层，选择“椭圆”工具，填充黄色#e7c553，没有描边，按住 Shift 键绘制正圆，作为太阳，如图 5-2-11 所示。

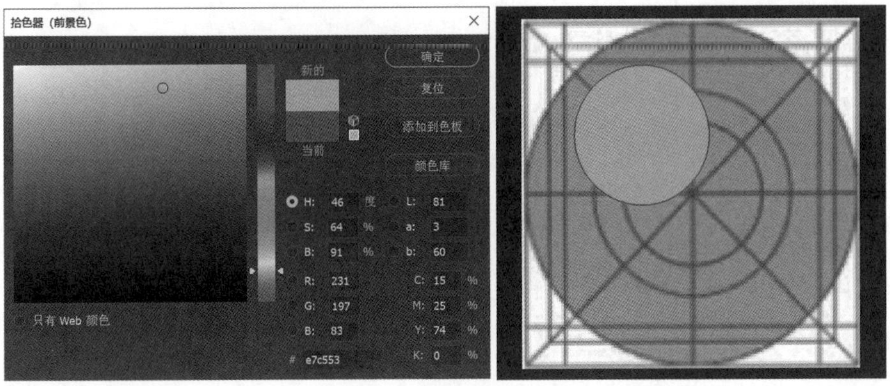

图 5-2-11　绘制太阳

第 6 步　新建图层，使用“圆角矩形”工具，填充颜色#fa6935，设置宽 10 像素、高 20 像素，圆角半径 5 像素，绘制圆角矩形，作为太阳的光线，如图 5-2-12 所示。

第 7 步　复制圆角矩形光线，按住 Ctrl+T 自由变形，按住 Alt 键可移动它的中心点至太阳的中心，属性栏旋转中填写 45°，按 Enter 键确认，如图 5-2-13 所示。

第 8 步　使用快捷键 Ctrl+Shift+Alt+T 复制旋转，生成其余的光线，并将所有光线的图层合并，重命名为

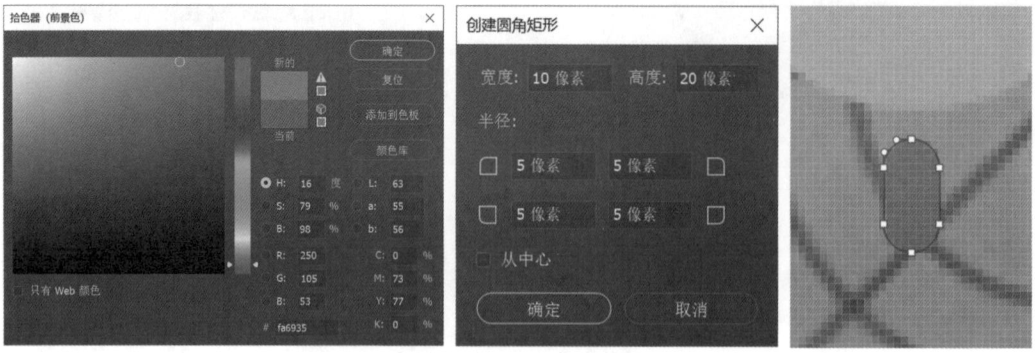

图 5-2-12　绘画太阳光线

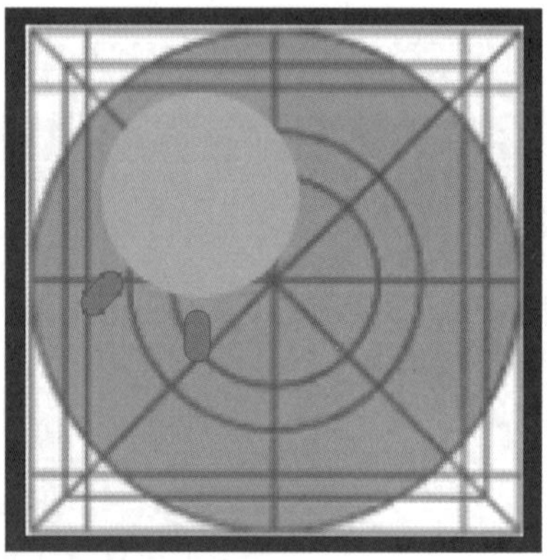

图 5-2-13　复制旋转光线

“太阳光线”，如图 5-2-14 所示。

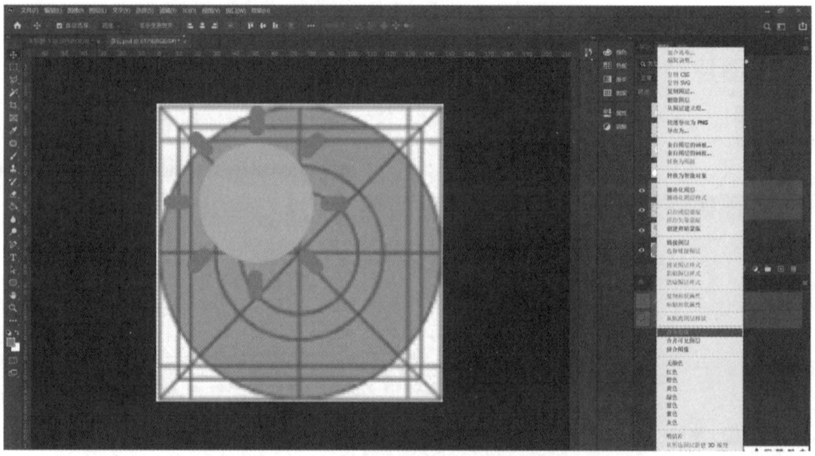

图 5-2-14　复制其余光线并合并图层

第 9 步　将“太阳”图层顺序调整至“白云”图层下方，使用“移动”工具调整太阳和白云的位置，如图 5-2-15 所示。

第 10 步　隐藏圆形栅格图片，将“多云”小图标另存为 PNG 格式，保证其透明背景，如图 5-2-16 所示。

第四部分　绘制“夜晚晴”图标

第 1 步　新建文件，取名为“夜晚晴”，150 像素×150 像素，其余设置为默认，将素材“圆形图标栅格”移到图层当中，使用导航器放大视图，如图 5-2-17 所示。

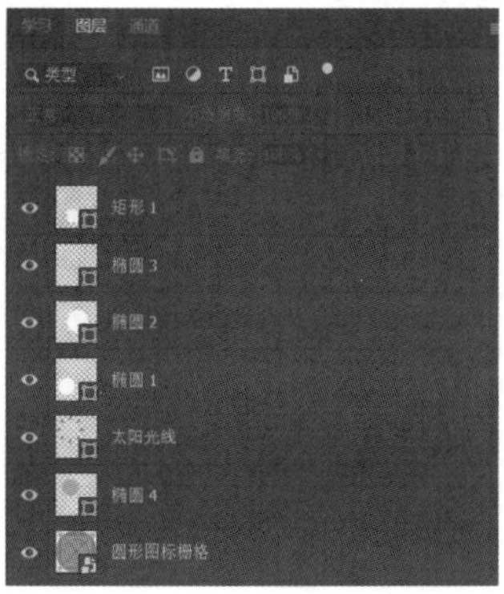

图 5-2-15　调整图层顺序

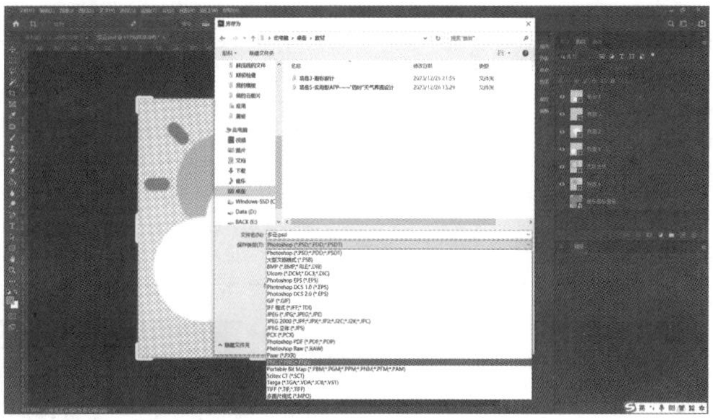

图 5-2-16　另存为 PNG 格式

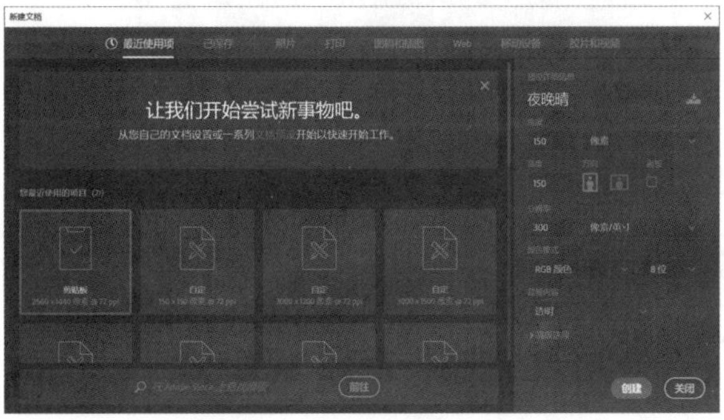

图 5-2-17　新建文件

第 2 步　选择“椭圆”工具，填充色为#6bc4b6，没有描边，按住 Shift 键绘制一个正圆，如图 5-2-18 所示。

第 3 步　继续选择“椭圆”工具，单击属性栏路径操作中的“减去顶层形状”按钮，如图 5-2-19 所示，再绘制第二个正圆。

第 4 步　隐藏圆形栅格图片，将“夜晚晴”小图标另存为 PNG 格式，保证其背景透明。

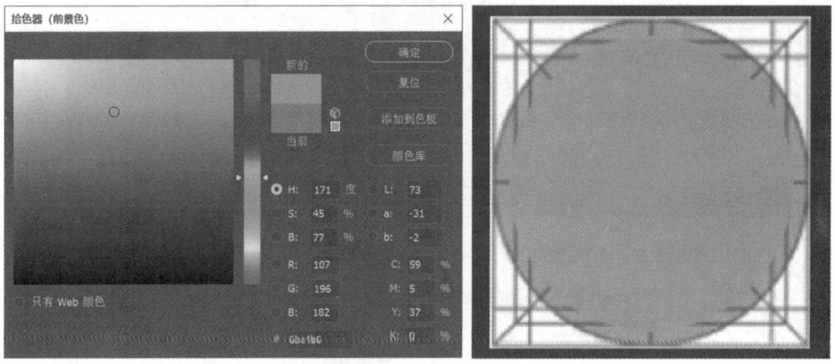

图 5-2-18　绘制正圆

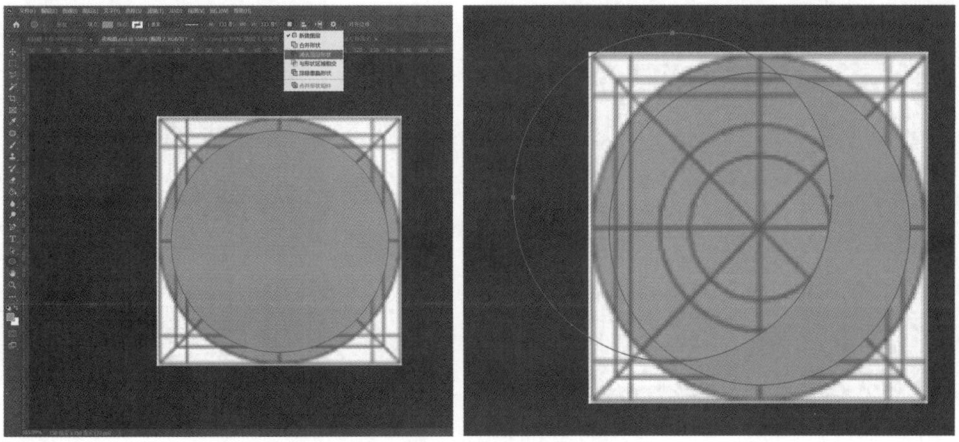

图 5-2-19　绘制第二个正圆

以上是天气小图标的两个案例，其他的天气图标可以使用相同的方法进行绘制。

配套视频
生活助手小图标设计

案例主题	生活助手小图标	
任务分析	尺寸规格	按照图标尺寸 150 像素×150 像素的设计规范进行
	设计风格	线性化风格
	颜色运用	(#ffffff)
效果展示		

第五部分　绘制穿衣小图标

第 1 步　新建文件，取名为“穿衣”，150 像素×150 像素，其余设置默认，将素材“圆形图标栅格”移到图层当中，使用导航器放大视图。

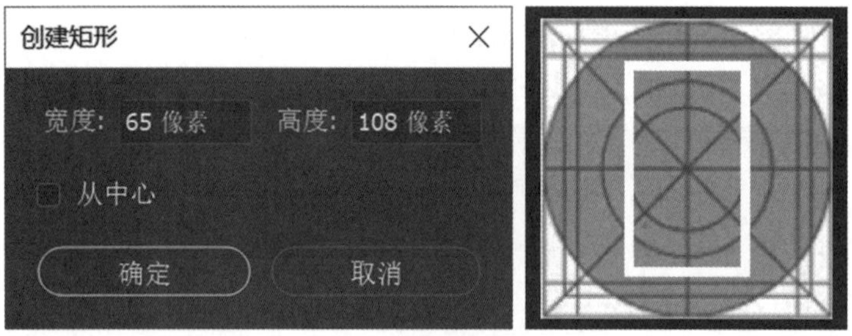

图 5-2-20　绘制矩形

第 2 步　使用“矩形”工具，无填充，描边为 5 像素白色，绘制一个宽度为 65 像素、高度为 108 像素的矩形，并将它移动到合适的位置，如图 5-2-20 所示。

第 3 步　选择“椭圆”工具，在属性栏的路径操作按钮中选择“减去顶层形状”按钮，按住 Shift 键绘制一个正圆，如图 5-2-21 所示。

第 4 步　单击“路径选择”工具，选择正圆，将其移至矩形正上方，如图 5-2-22 所示。

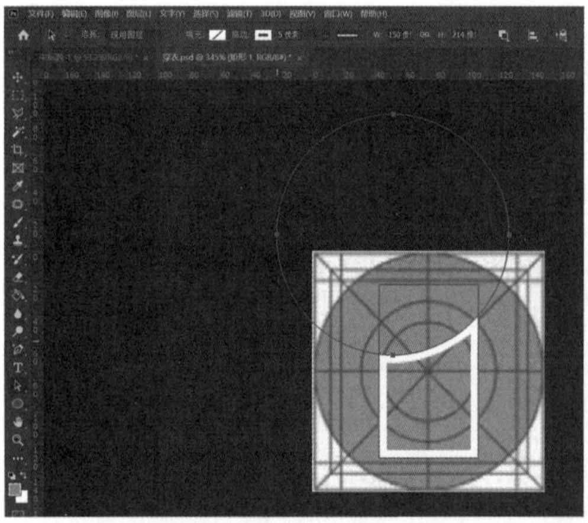

图 5-2-21　使用减去顶层形状绘画正圆

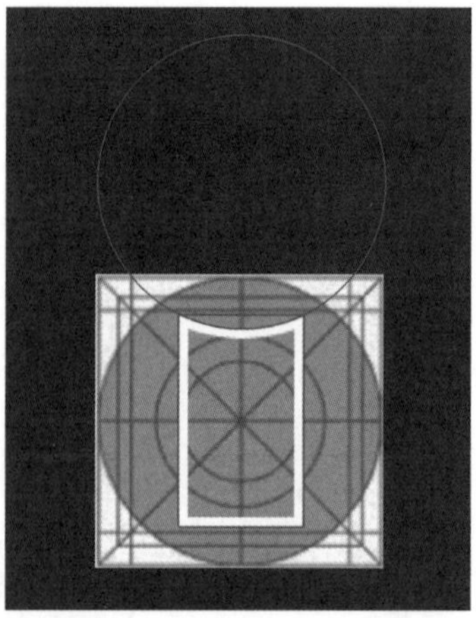

图 5-2-22　路径选择工具移动正圆

第 5 步　选择“矩形”工具，再绘制一个 35 像素×25 像素的矩形，按住 Ctrl+T 自由变形，将它旋转 30°，并移动到合适的位置，作为衣服的一个袖子，如图 5-2-23 所示。

第 6 步　复制矩形，按住 Ctrl+T 自由变换，将它旋转 120°，移动到合适位置，这是衣服的另一个袖子，如图 5-2-24 所示。

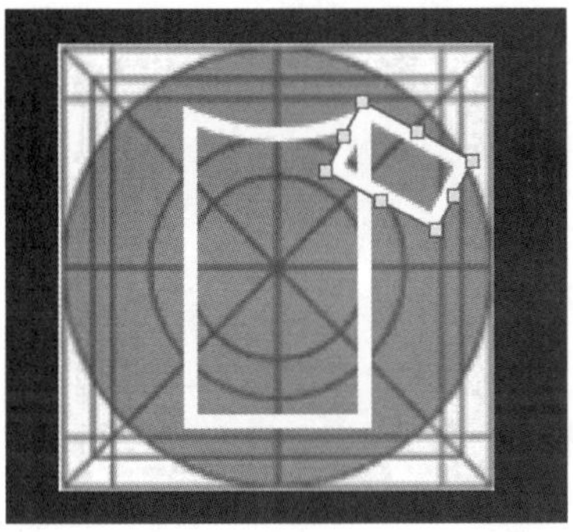

图 5-2-23　绘制一个袖子

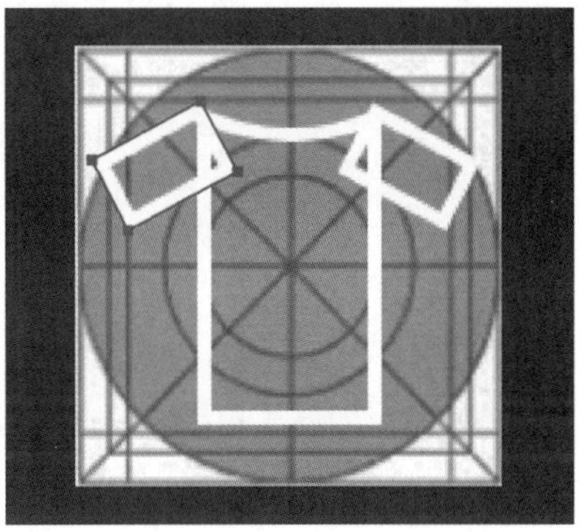

图 5-2-24　绘制另一袖子

第 7 步　选择三个图层进行合并，隐藏圆形栅格图片，另存为 PNG 格式，保证其背景透明。

第六部分　绘制“舒适度”图标

第 1 步　新建文件，取名为“舒适度图标”，150 像素×150 像素，其余设置默认，将素材“圆形图标栅格”移到图层当中，使用导航器放大视图。

第 2 步　选择“椭圆”工具，描边为白色 5 像素，填充无，绘制一个直径 115 像素的正圆，使用移动工具将它移动到合适位置，如图 5-2-25 所示。

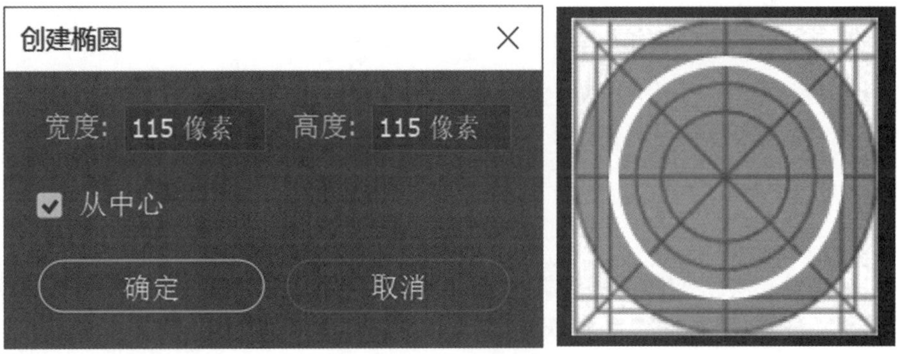

图 5-2-25　绘画正圆

第 3 步　继续使用“椭圆”工具，关闭“描边”，开启“填充”，填充颜色为白色，绘制一个 18 像素直径的正圆，移动到合适的位置，再复制一个，移动到合适位置，作为两只眼睛，如图 5-2-26 所示。

第 4 步　继续使用“椭圆”工具，描边白色 5 像素，填充无，绘制一个直径 70 像素的圆，将它移动到合适位置，如图 5-2-27 所示。

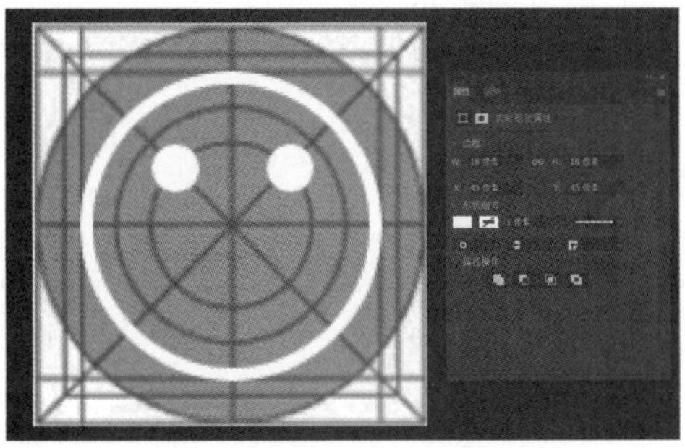

图 5-2-26　绘制两只眼睛

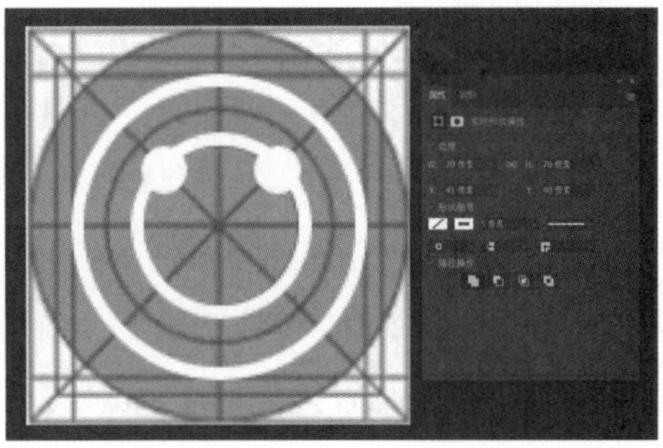

图 5-2-27　绘制一个圆

第 5 步　右击当前图层，选择“栅格化图层”，使用“框选”工具选择圆的上半部分进行删除，作为嘴巴，如图 5-2-28 所示。

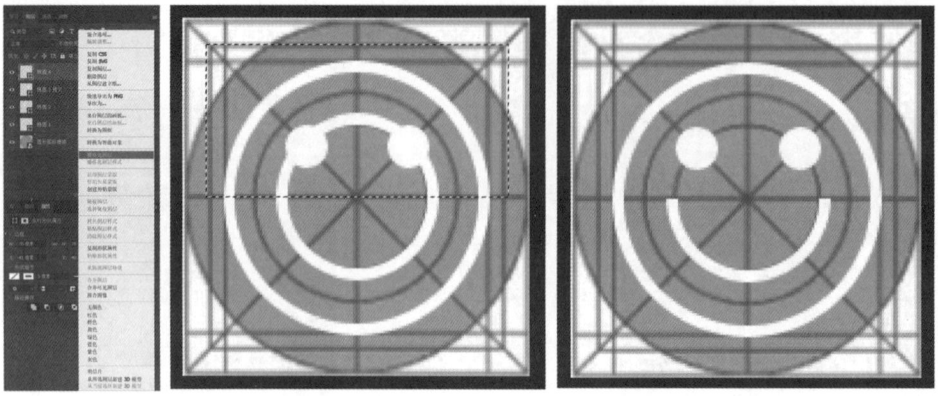

图 5-2-28　栅格化图形并删去上半部分

第 6 步　隐藏圆形栅格图片，另存为 PNG 格式，保证其背景透明。

任务拓展

1. 本案例作业

（1）按照本案例统一风格，完成其他天气小图标。

（2）按照本案例统一风格，完成其他生活小助手图标。

2. 创意作业

（1）设计不少于六个线性化风格的天气小图标。

（2）设计不少于六个扁平化风格的生活小助手图标。

任务三　“四时”天气 App 闪屏设计

<table>
<tr><td rowspan="3">任务目标</td><td>知识目标</td><td>了解 App 闪屏的作用和类型
掌握闪屏设计的要点
掌握天气 App 闪屏的设计规范</td></tr>
<tr><td>技能目标</td><td>能使用各种形状工具绘制背景图案
能使用多种填充工具实现渐变、投影等效果
能根据 App 主题绘制闪屏</td></tr>
<tr><td>价值目标</td><td>善于观察生活，树立正确的设计观
培养认真严谨、精益求精的工作习惯
勇于创新、刻苦钻研</td></tr>
<tr><td>建议课时</td><td colspan="2">理论+实践 2 课时</td></tr>
<tr><td>课前准备</td><td colspan="2">预习本任务微课视频，复习 Photoshop 软件基础操作</td></tr>
<tr><td>评价方法</td><td colspan="2">教师评价、学生互评等</td></tr>
</table>

相关知识

一、闪屏的作用

App 的闪屏也称为引导页，是指用户在首次打开移动 App 时出现的指引性页面，其主要功能是在用户使用移动 App 之前，给予用户关于 App 的功能介绍和新手使用帮助，使用户能轻松愉悦地了解 App 的主要功能或具体操作方式，也可以用于缓解用户在等待数据加载时的焦虑，如图 5-3-1 所示。

图 5-3-1　App 闪屏

尽管引导页仅在首次打开移动 App 时短暂出现，一般只有三秒钟，但它是用户最先感知到的一部分。设计优秀的引导页对于提升 App 的用户体验是十分重要的。可以说引导页在一定程度上奠定了用户对 App 的第一印象，影响着用户对产品的整体感受。

二、闪屏的常见类型

1. 欢迎文案

这种引导页一般在用户初次使用 App 的时候出现，通常会以插画或图片的形式向用户传递一种感情，就像新开张的店铺门口通常放置“欢迎光临”的标志/标语，使用户有贴心、温暖的感觉，如图 5-3-2 所示。

2. 功能介绍

通常用文字和插画相结合的幻灯片方式概述介绍 App 的功能点，方便用户在打开 App 的第一时间了解 App 的功能定位，引起用户的情感共鸣，吸引和鼓励用户更有效地学习产品的功能并使用，如图 5-3-3 所示。

图 5-3-2　欢迎文案闪屏

图 5-3-3　功能介绍闪屏

3. 个性化定制

资讯类、理财类、招聘类、健康类等功能性 App，比较注重用户的职业、使用习惯、兴趣范围等信息，在引导页收集这些数据，可以更有效地为用户展示首页的内容以及定制产品的功能，使用户获得更优质的使用体验，增强用户黏性，如图 5-3-4 所示。

4. 操作指引

这类引导通常出现在首页，用于引导用户去操作相关功能，在用户初次使用时能快速上手 App 提供的基本功能。这种引导页也可以用于产品更新迭代后，界面产生了样式移位和功能变化，通过操作引导让用户的使用方式进行过渡，如图 5-3-5 所示。

图 5-3-4　个性化定制闪屏

图 5-3-5　操作指引闪屏

三、闪屏的设计手法

1. 配图插画

插画是引导页运用最多的一种表现形式。常见的插画分为扁平式插画、2.5D 插画、MBE 风格插画等。插画通过形状和颜色给用户以视觉冲击，并快速向用户传达所要表达的信息。插画也为设计师提供了更多的设计选择，它不局限于一种样式，无论是从简单的线条画还是到复杂的 C4D 作品，都是很好的选择。这里要注意的是，要保持多个页面的插画风格以及配色统一性，当展示的页面以插画为主，文字就不能繁多杂乱，要简单扼要，起到点缀作用即可。

2. 页面功能展示

将产品的主要页面或功能按照统一样式布局排版，组成一套风格统一的引导页，也是一种很好的选择，如图 5-3-6 所示。这样的闪屏可以提前向用户展示产品界面，突出强调主要功能，给用户以心灵锚点，使其更加容易接受一款新的产品，同时也省略了功能引导步骤，一举两得。

图片选自花瓣网

图 5-3-6　功能页面展示

3. 文案展示

好的运营文案具有独特的力量，有很强的感染力和共情性，使产品能够快速吸引目标用户，比如情感类、阅读类等容易影响用户情绪的产品。文案不能赘述，相比于插画类引导页的点缀性文案，纯文案性的引导页需要突出文案的内容排版，此时配图应作为点缀，或者可以直接省略配图。

4. 个性化定制

可以在引导界面放置多个分类标签，以列表或表单的形式展示多个选项，搭配 icon 或插画，引导用户去创建个性化服务，如图 5-3-7 所示。

图 5-3-7　个性化定制

5. 操作指导

当需要引导用户操作时，遮盖次要内容的蒙版是必不可少的。在半透明黑色蒙版的基础上（也可根据具体情况调整蒙版透明度），可以用纯文字+简单线条指引、插画+弹出框指引或突出强调产品某一部分等方式给予用户操作引导。这种引导方式具有轻量性的特性，可以大大减少用户的阅读时间和学习成本。为了保证用户体验，需在明显位置放置“跳过”引导的按钮，方便用户随时结束引导环节，如图 5-3-8 所示。

图 5-3-8　操作指导

四、“四时”天气 App 闪屏页面的实现

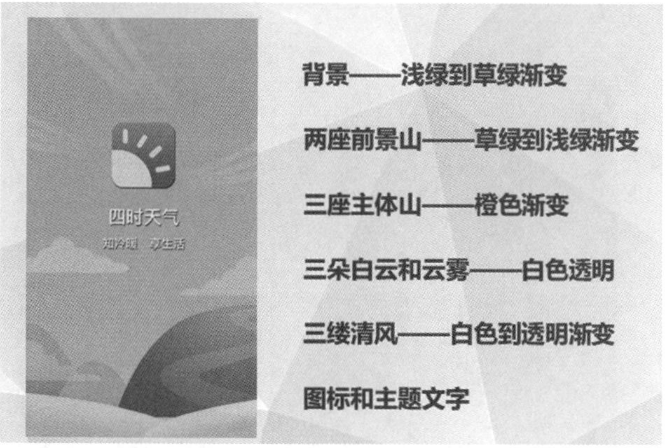

图 5-3-9　“四时”天气 App 闪屏页面的实现

“四时”天气 App 选择最常用的一种闪屏类型，使用的是品牌展示配合插画表现的设计形式，其画面实现的最大难度就是对于渐变色的使用和形状的绘制。闪屏画面背景浅绿到草绿的渐变，两座前景山是草绿到浅绿的渐变，三座主体山是橙色渐变，三朵白云和云雾是白色透明色，三缕清风是白色到透明的渐变，最后加上图标和主题文字，用活泼的渐变色彩和扁平化的造型表现 App 的风格，如图 5-3-9 所示。

配套视频

闪屏设计

五、“四时”天气 App 闪屏案例制作

案例主题	闪屏	
任务分析	尺寸规格	按照图标尺寸 750 像素×1334 像素的设计规范进行
	设计风格	扁平化插画风格
	颜色运用	(#911cb0) (#ffc154) (#f37d11) (#c837a)
效果展示		

- 绘制步骤

第 1 步　新建文件，重命名为“闪屏”，页面大小为 750 像素×1334 像素，其余默认，如图 5-3-10 所示。

第 2 步　在图层面板上新建四个文件夹，分别命名为“图标”文件夹、“风和云”文件夹、“前景山”文件夹以及“背景山”文件夹，将图层一重命名为“背景”，如图 5-3-11 所示。

第 3 步　使用“渐变”工具，第一个颜色为#911cb0，第二个颜色为#c837a，由上至下填充背景，如图 5-3-12 所示。

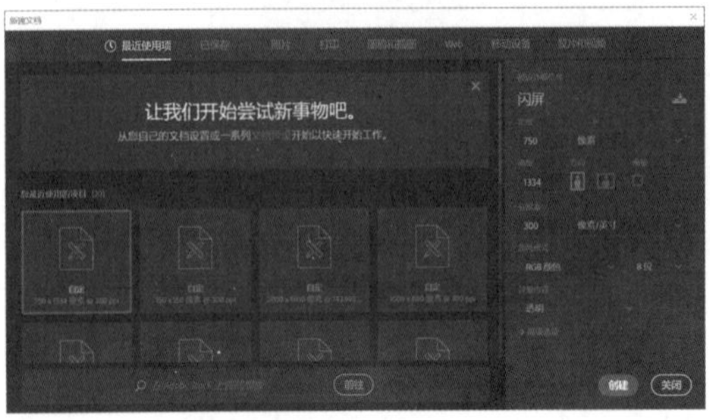

图 5-3-10　新建文件

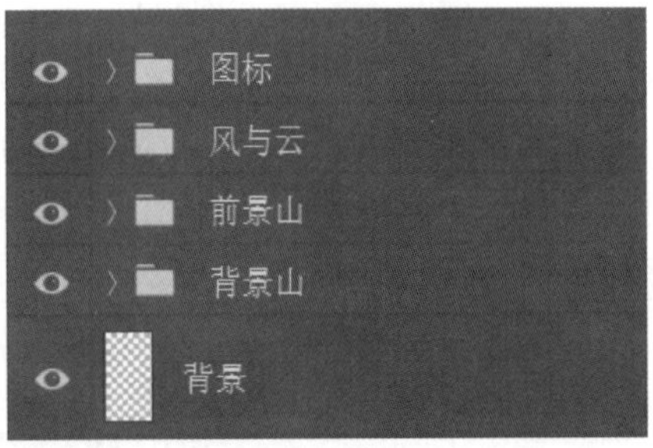

图 5-3-11　新建图层文件夹并重命名

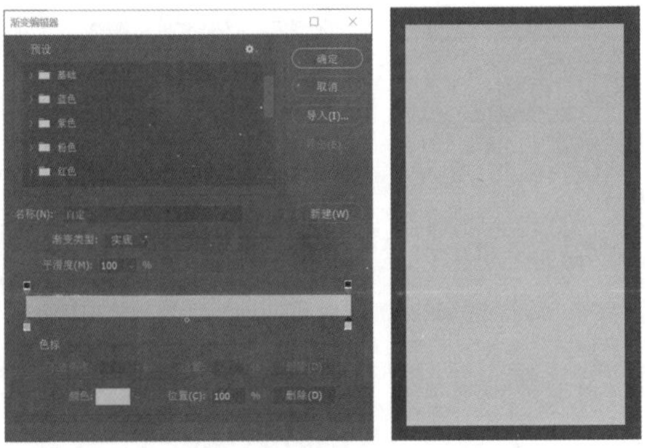

图 5-3-12　渐变工具填充背景层

第 4 步　选择“背景山”文件夹，新建图层，重命名为“背景山 1”，使用“钢笔”工具绘制山的形状，右击建立选区，选择“渐变”工具，将渐变第一个颜色设置为#ffc154、第二个颜色设置为#f37d11，对山体进行填充，如图 5-3-13 所示。

第 5 步　复制一个“背景山 1”并命名为“背景山 2”，按下 Ctrl+T 自由变换调整它的位置和方向，使用同样的方法绘制“背景山 3”，如图 5-3-14 所示。

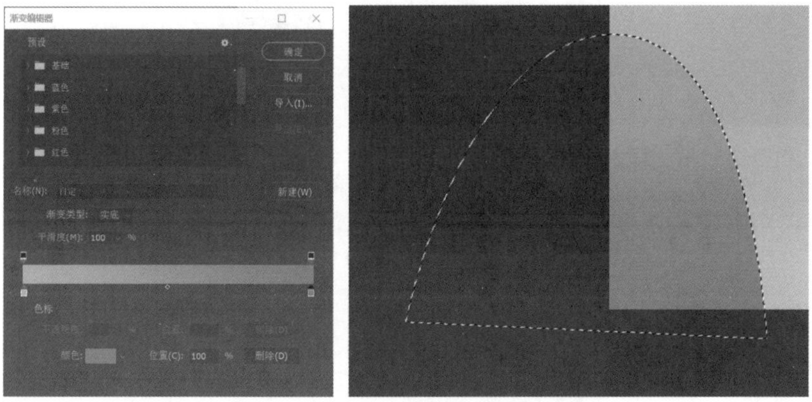

图 5-3-13　渐变工具填充背景山

图 5-3-14　绘制背景山

第 6 步　选择“前景山”文件夹，新建图层，重命名为“前景山 1”，使用“钢笔”工具绘制第一座山，重命名为“前景山 1”，选择“渐变”工具，将渐变第一个颜色设置为#19f595、第二个颜色设置为#bbe895，对山体进行填充，如图 5-3-15 所示。

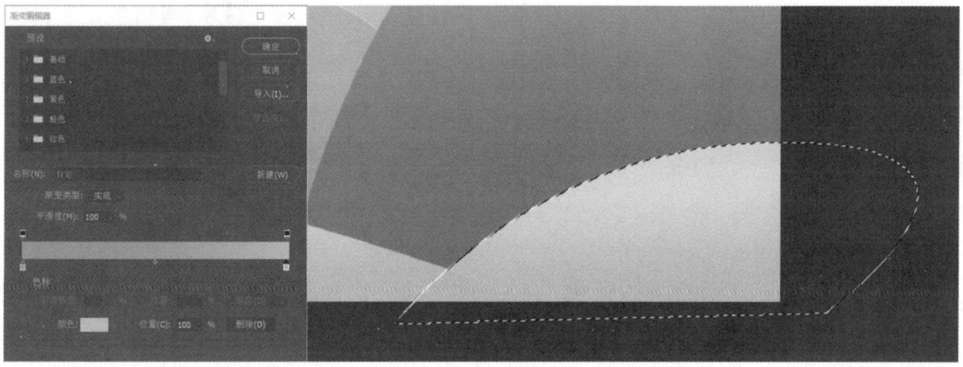

图 5-3-15　渐变工具填充前景山

第 7 步　用同样的方法画出“前景山 2”，如图 5-3-16 所示。

第 8 步　选择风和云文件夹，选择“椭圆”和“矩形”工具，均为填充白色，描边无，绘制白云的轮廓，如图 5-3-17 所示。

图 5-3-16　绘制其他前景山

图 5-3-17　绘制云的轮廓

第 9 步　配合使用按键 Ctrl 选中所有云的图层，栅格化图层，并合并图层，重命名为“白云 1”，不透明度设为 30%，如图 5-3-18 所示。

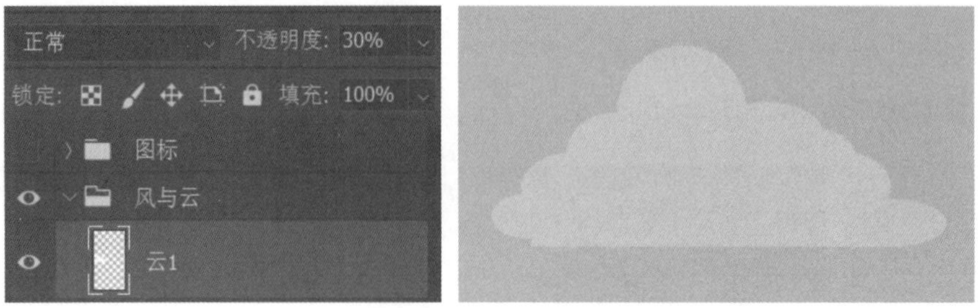

图 5-3-18　修改云的透明度

第 10 步　复制“白云 2”和“白云 3”，按住 Ctrl+T 自由变换，配合“移动”工具，调整白云的位置、方向和大小，如图 5-3-19 所示。

第 11 步　选择“钢笔”工具绘制烟雾，右击建立选区，栅格化图层，重命名为“烟雾”，将它的不透明度设为 30%，如图 5-3-20 所示。

图 5-3-19　复制云 2 云 3 效果

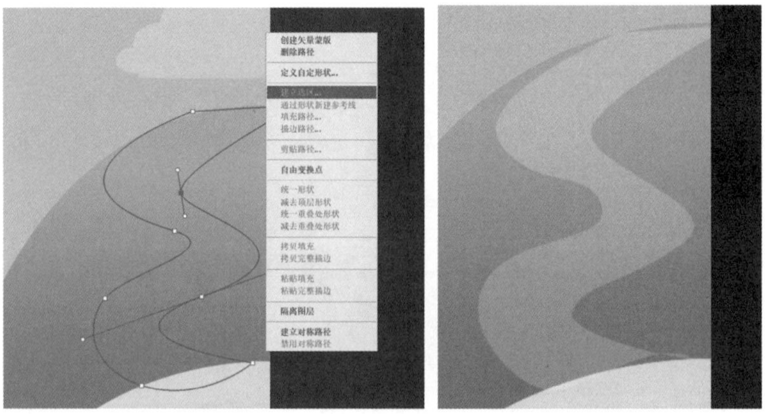

图 5-3-20　绘制烟雾

第 12 步　选择“钢笔”工具绘制风的形状，右击建立选区，栅格化图层，重命名为“风 1”，使用“渐变”工具填充白色到不透明的渐变，复制两个并调整方向和位置，合并三个图层呈现三缕清风的效果，重命名为“风”，将它的不透明度设为 30%，如图 5-3-21 所示。

第 13 步　复制“风 1”图层为“风 2”和“风 3”，配合“编辑”—“变换”—“水平翻转”，调整风的位置，如图 5-3-22 所示。

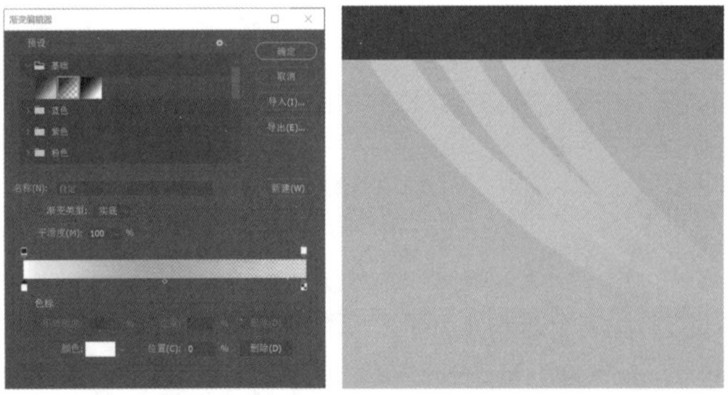

图 5-3-21　渐变填充风

图 5-3-22　绘制多个风

第 14 步　选择“图标”文件夹，打开图标素材，使用“文字”工具，选择合适的字体输入文字，选择图标、文字和背景，点击水平居中对齐，效果如图 5-3-23 所示。

第 15 步　给图标和文字添加图层样式，设置投影效果，如图 5-3-24 所示。

图 5-3-23　图标、文字与背景水平居中对齐效果

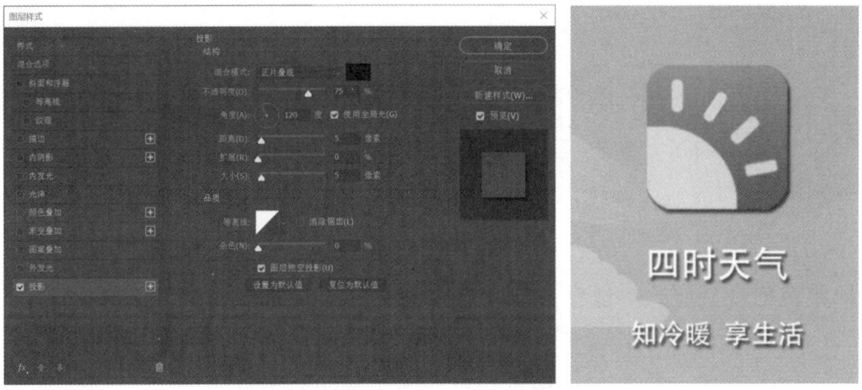

图 5-3-24　图标、文字添加投影效果

任务拓展

1. 完成以下测试题：

（1）什么是闪屏？

（2）闪屏有哪些类型？

（3）闪屏有哪些设计手法？

2. 创意作业

请你为“四时”天气 App 再设计两个不同类型的闪屏。

任务四　“四时”天气 App 主页面设计

<table>
<tr><td rowspan="3">任务目标</td><td>知识目标</td><td>掌握 App 主页面的功能
掌握 App 主页面的组成元素
掌握 App 主页面的设计规范</td></tr>
<tr><td>技能目标</td><td>能使用标尺和参考线规范页面设计
能有序组织各类图标</td></tr>
<tr><td>价值目标</td><td>培养认真严谨、精益求精的工作态度
提高勇于创新的钻研精神</td></tr>
<tr><td>建议课时</td><td colspan="2">理论+实践 2 课时</td></tr>
<tr><td>课前准备</td><td colspan="2">预习本任务微课视频，复习 Photoshop 软件基础操作</td></tr>
<tr><td>评价方法</td><td colspan="2">教师评价、学生互评等</td></tr>
</table>

相关知识

一、主页面的功能

App 主页面是吸引用户的重要部分，应具有以下特点。

（1）简洁明了。首页应该简洁明了，避免堆积过多的复杂元素和信息，要突出主要功能和内容，让用户一目了然地了解 App 的核心特点。

（2）导航栏。添加一个清晰的导航栏，让用户可以轻松找到其他页面。常见的导航栏包括底部导航栏、顶部导航栏或抽屉式导航栏。

（3）推荐内容。在首页上展示一些推荐的内容或产品，吸引用户进一步浏览和使用 App。

（4）精心选择图片。使用高质量的图片和图标，可以增强 App 的视觉吸引力。注意图片和图标的风格要与 App 整体设计风格一致。

（5）色彩搭配。选择适合的配色方案，让首页界面显得美观舒适。注意避免使用过多的颜色，以免界面显得混乱。

（6）响应式设计。采用响应式设计，使得首页自动适应不同的屏幕尺寸，确保 App 首页在不同屏幕尺寸和设备上都能有良好的展示效果。

（7）特色卡片。使用特色卡片设计，让首页内容以卡片的形式呈现，既赏心悦目，又提高内容的可读性。

（8）交互元素。在首页添加一些交互元素，如按钮、搜索框等，方便用户操作和互动。

（9）数据加载优化。应确保首页加载速度快，避免用户等待过长时间，要做好数据加载优化，并使用加载动画等方式缓解用户焦躁情绪，提升用户体验感。

（10）用户个性化。根据用户的兴趣和行为特点，个性化地展示首页内容，提高用户黏性和留存率。

（11）用户反馈。在首页添加用户反馈入口，让用户可以便捷地反馈意见和建议，帮助改进 App 的功能。通过不断测试和收集用户反馈，优化 App 首页界面，以满足用户需求和提高用户满意度。

图 5-4-1 “四时”天气 App 主页面的组成

二、“四时”天气 App 主页面的组成

“四时”天气 App 的功能相对单一，主页面主要为用户提供直观的天气信息，如当下是白天还是晚上，是晴天还是雨天等用一系列图标展示。如图 5-4-1 所示，App 主页面展示的是晴天、蓝天、大海、帆船，给人温度适宜、神清气爽的感觉；画面主要提供的是当前所在的城市、温度、节日和五日内的大致天气情况；画面组成包括蓝色的背景、云、海、船和船的倒影、五日天气以及各种信息文字。

三、“四时”天气 App 主页面案例制作

配套视频
主页面设计

案例主题	主页面	
任务分析	尺寸规格	按照图标尺寸 750 像素×1334 像素的设计规范进行
	设计风格	扁平化插画风格
	颜色运用	（#53ccf1） （#26aad2） （#f94b4d） （#006b8a）
效果展示		

• 绘制步骤

第一部分　绘制主页面背景图片

第 1 步　新建文件，命名为“主页面”，750 像素×1334 像素，分辨率 300 像素/英寸，如图 5-4-2 所示。

第 2 步　在图层面板上新建三个文件夹，分别命名为“状态栏与文字”“背景图片”“五日天气”，将图层一重命名为“背景”，如图 5-4-3 所示。

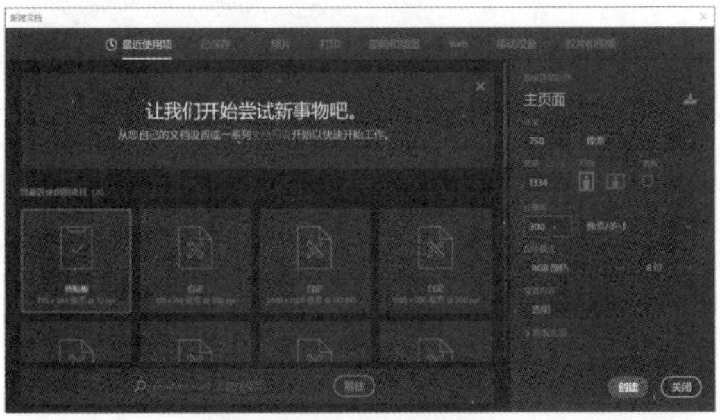

图 5-4-2　新建文件

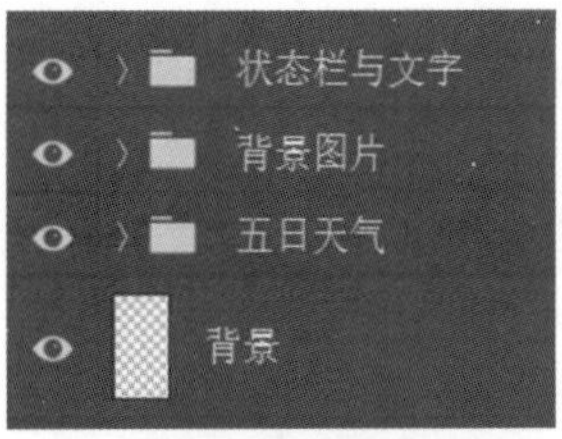

图 5-4-3　新建文件夹并重命名

第 3 步　前景色设置为#53ccf1，选择背景图层，使用快捷键 Alt+Backspace，为整个背景图层填充前景色，如图 5-4-4 所示。

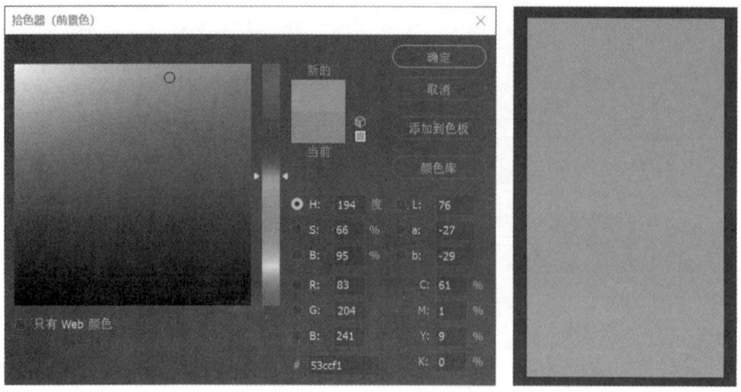

图 5-4-4 填充前景色

第 4 步 对页面进行布局，按 Ctrl+R 打开标尺，执行“视图”—“新建参考线”，分别添加水平方向 40 像素的参考线作为状态栏、110 像素的参考线放置功能按钮、1022 像素的参考线作为湖水的分割线、130 像素的参考线放置每日天气、160 像素的参考线用于进行文字排版、1220 像素的参考线用于天气小图标的排版，如图 5-4-5 所示。

第 5 步 选择背景图片的文件夹，使用“椭圆”工具和“矩形”工具，都填充白色，没有描边，绘制白云的轮廓，绘制完毕以后，把所有的椭圆和矩形图层一起选中，拼合图层，重命名为“左边云”，如图 5-4-6 所示。

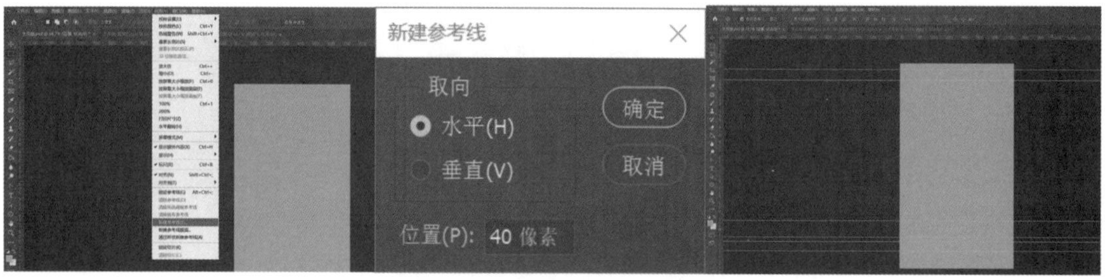

图 5-4-5 添加多条参考线

第 6 步 按住 Ctrl 按钮，左键单击“左边云”图层，使其生成与云轮廓相同的选区，使用渐变为其填充，第一个颜色为#def1ff，第二个颜色为#92e1fd，使用浅蓝色和白色进行填充，如图 5-4-7 所示。

图 5-4-6 绘制左边云

图 5-4-7 渐变填充左边云

第 7 步 复制“左边云”图层，重命名为“右边云”，执行“编辑”—“变换”—“水平翻转”，按住 Ctrl+T 自由变换调整其大小和位置，如图 5-4-8 所示。

第 8 步 新建图层，重命名为“海水”，使用“框选”工具选择湖水区域，填充前景色，双击图层打开图层样式，使用渐变叠加，第一个颜色为#2bd1d8，第二个颜色为#26aad2，如图 5-4-9 所示。

第 9 步 使用“钢笔”工具绘制船身，颜色为#f94b4d，如图 5-4-10 所示。

第 10 步 使用“矩形”工具，填充颜色为#006b8a，绘制帆的底座，如图 5-4-11 所示。

图 5-4-8　制作右边云

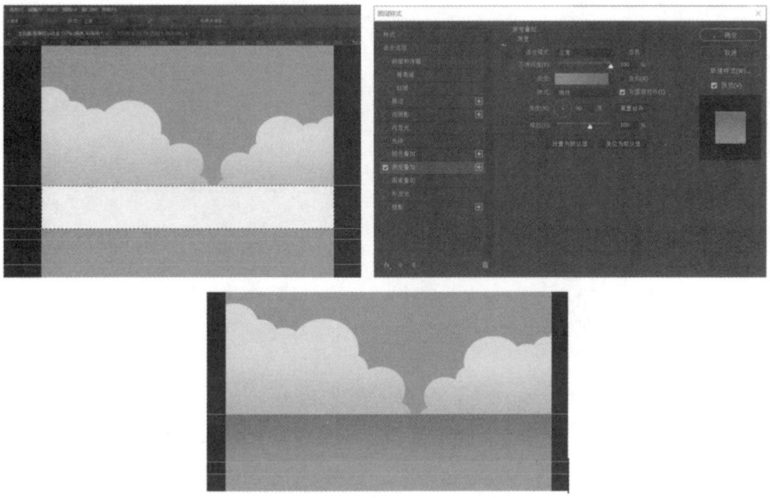

图 5-4-9　绘制海水

图 5-4-10　绘制船身

图 5-4-11　绘制帆的底座

第 11 步　选择“钢笔”工具绘制三角形，填充颜色为白色，将每个图层栅格化，选择这四个图层并合并图层，重命名为“帆船”，如图 5-4-12 所示。

第 12 步　使用“钢笔”工具填充颜色为白色，绘制一个海鸥，注意绘制翅膀尖端时配合使用 Alt 键，如图 5-4-13 所示。

第 13 步　复制四个“海鸥”图层，放在不同的位置，按住 Ctrl+T 自由变换调整大小，将这些图层使用拼合，重命名为“海鸥”，如图 5-4-14 所示。

第 14 步　新建图层，重命名为“倒影”，选择“画笔”工具，大小为 15 像素，硬度是 100%，颜色为 #099dc3 绘制倒影，按住 Shift 键可以绘制直线，如图 5-4-15 所示。

图 5-4-12　绘制帆

图 5-4-13　绘制海鸥

图 5-4-14　绘制多个海鸥

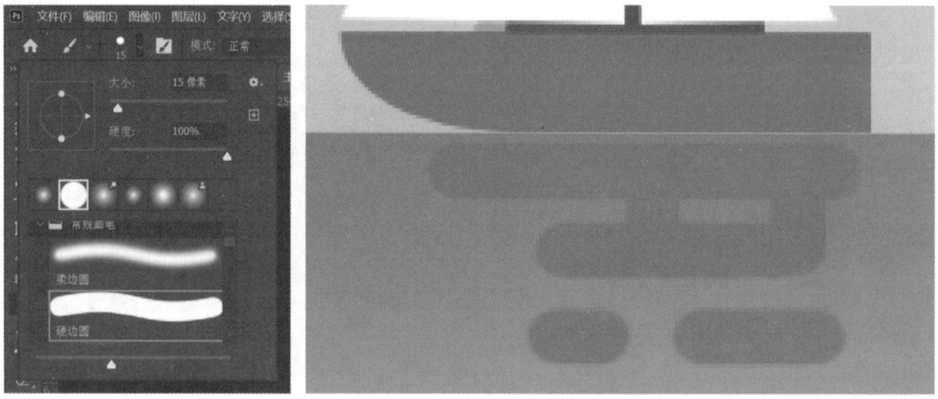

图 5-4-15　绘制倒影

第二部分　绘制近五日文件夹

第 1 步　新建图层，重命名为“近五日天气背景”，使用“方形选区”工具选择下方区域，填充颜色为 #22292a，如图 5-4-16 所示。

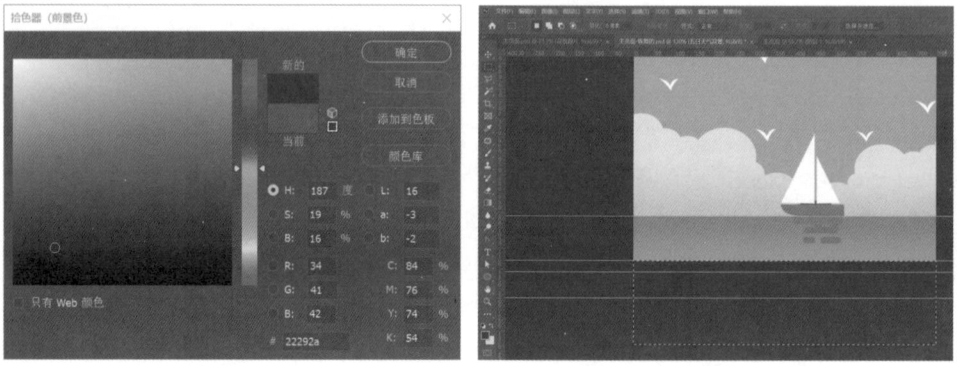

图 5-4-16　绘制近五日天气区域

第 2 步　打开素材“近五日天气的文字”，放在合适的位置，再打开素材“近五日天气的图片”，放在文字的下方，如图 5-4-17 所示。

第三部分　绘制状态栏与文字

第 1 步　导入素材“状态栏”“图标”，选择城市按钮和分享按钮图标，将它们移动到合适的位置，最后将文字的素材放置于界面中合适的位置，如图 5-4-18 所示。

第 2 步　将主页面另存为 JPG 格式文件。

图 5-4-17　放置近五日天气图标与文字

图 5-4-18　放置状态栏与文字

任务拓展

1. 完成以下测试题：

（1）App 主页的功能有哪些？

（2）寻找一款你喜欢的主页，说说喜欢的理由。

2. 创意作业

请你为“四时”天气 App 再设计两个不同天气情况下的主页面，如雨天、雪天等。

任务五　“四时”天气 App 近五日天气页面设计

<table>
<tr><td rowspan="3">任务目标</td><td>知识目标</td><td>了解 App 中近五日天气页面的组成元素
掌握页面的设计规范</td></tr>
<tr><td>技能目标</td><td>能使用标尺和参考线规范页面设计
能有序组织各类图标
能利用“钢笔”工具、“直线”工具和各类锚点工具绘画不规则图形</td></tr>
<tr><td>价值目标</td><td>培养认真严谨、精益求精的工作态度
提高勇于创新的钻研精神</td></tr>
<tr><td>建议课时</td><td colspan="2">实践 2 课时</td></tr>
<tr><td>课前准备</td><td colspan="2">预习本任务微课视频，复习 Photoshop 软件基础操作</td></tr>
<tr><td>评价方法</td><td colspan="2">教师评价、学生互评等</td></tr>
</table>

相关知识

一、“四时”天气 App 近五日天气页面的组成元素

天气 App 中对于近五日天气数据的呈现往往有详细的页面，这个页面展示了近五日天气的具体情况，包括图标、文字、日期、气温折线图、天气小助手等组成元素。

整个页面布局必须合理，小图标排列要井然有序，便于用户很快抓住有用信息。页面背景的制作也很关键，既要对应 App 风格，又不能干扰有用信息的呈现，如图 5-5-1 所示。

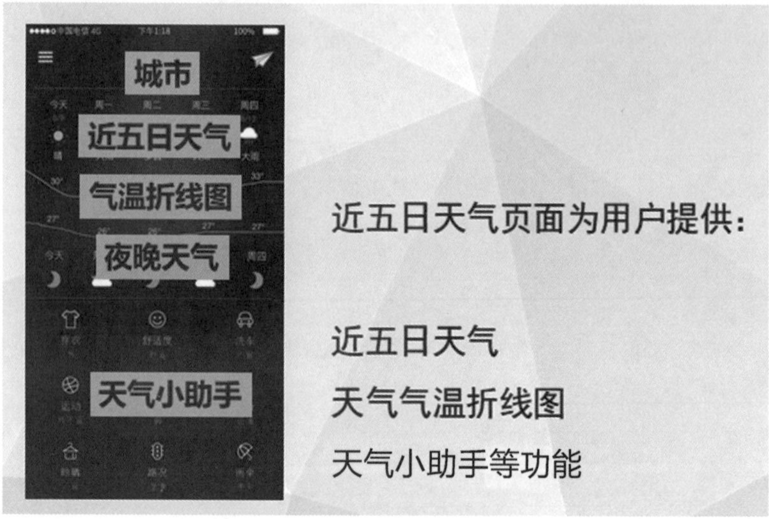

图 5-5-1　近五日天气页面组成元素

配套视频

近五日天气页面设计

二、“四时”天气 App 近五日天气页面制作

<table>
<tr><td>案例主题</td><td colspan="2">近五日天气页面制作</td></tr>
<tr><td rowspan="3">任务分析</td><td>尺寸规格</td><td>按照图标尺寸 750 像素×1334 像素的设计规范进行</td></tr>
<tr><td>设计风格</td><td>线性化、扁平化插画风格</td></tr>
<tr><td>颜色运用</td><td>（#140c2c）
（#22292a）
（#f21880）
（#8bd9ed）</td></tr>
<tr><td>效果展示</td><td colspan="2">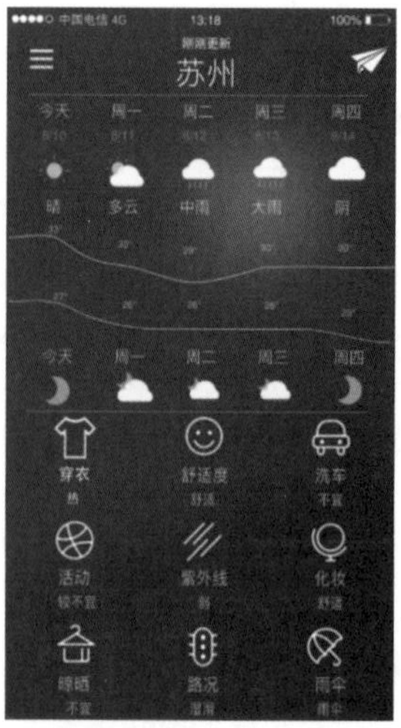</td></tr>
</table>

- 绘制步骤

第 1 步　新建文件，命名为“近五日天气页面”，750 像素×1334 像素，分辨率 300 像素/英寸，如图 5-5-2 所示。

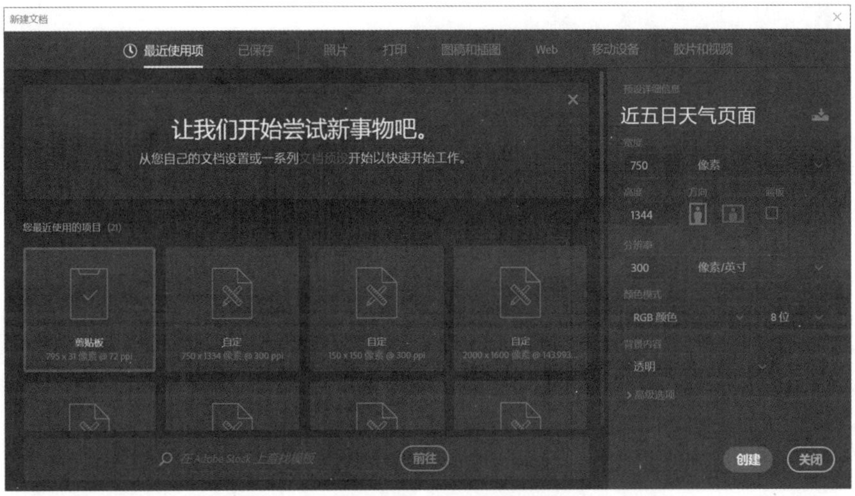

图 5-5-2　新建文件

第 2 步　选择“画笔”工具，大小约为 197 像素，硬度为 0%，前景色设置为#140c2c，绘制画面的下半部分，如图 5-5-3 所示。

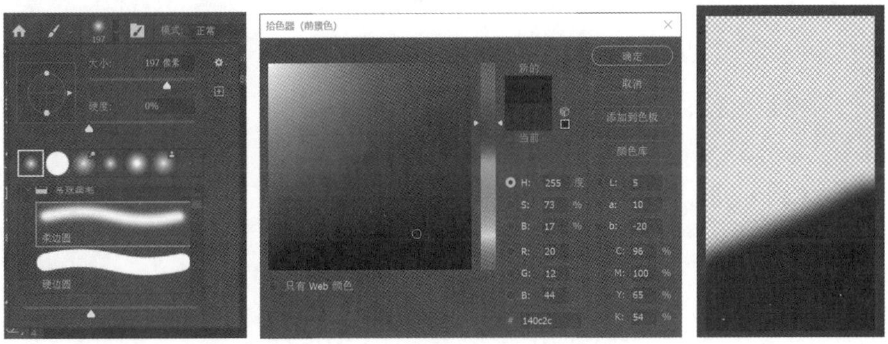

图 5-5-3　用画笔工具绘制下半部分

第 3 步　将前景色设置为#22292a，依旧使用画笔工具绘制上半部分，如图 5-5-4 所示。

第 4 步　继续将前景色设置为#eadcab，依旧使用“画笔”工具，参数不变，绘制一个圆，如图 5-5-5 所示。

图 5-5-4　用画笔工具绘制上半部分

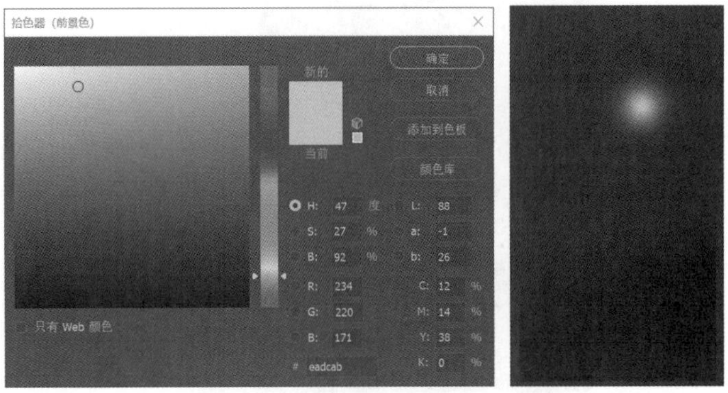

图 5-5-5　用画笔工具绘制小圆

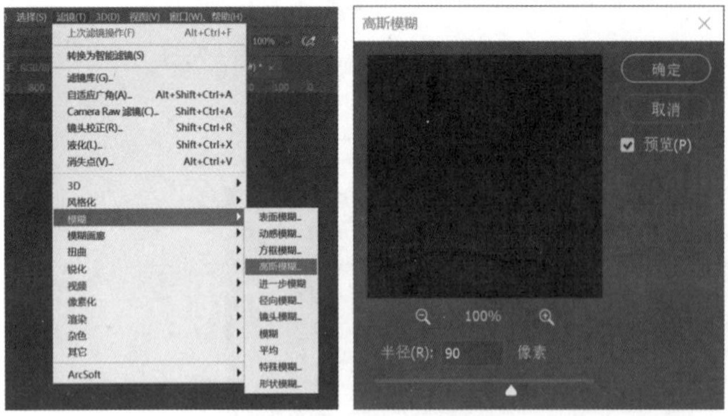

图 5-5-6　高斯模糊

第 5 步　执行“滤镜”—“模糊”—“高斯模糊”，半径为 90 像素，如图 5-5-6 所示。

第 6 步　对整个页面进行布局，按住 Ctrl+R 打开标尺，执行“视图”—“新建参考线”，分别添加水平方向 40 像素的参考线作为状态栏、160 像素的参考线放置功能图标、395 像素的参考线放置五日天气情况、755 像素的参考线放置天气折线图、948 像素和 1141 像素的参考线放置天气小助手、纵向 250 像素、500 像素将界面分成三个部分，如图 5-5-7 所示。

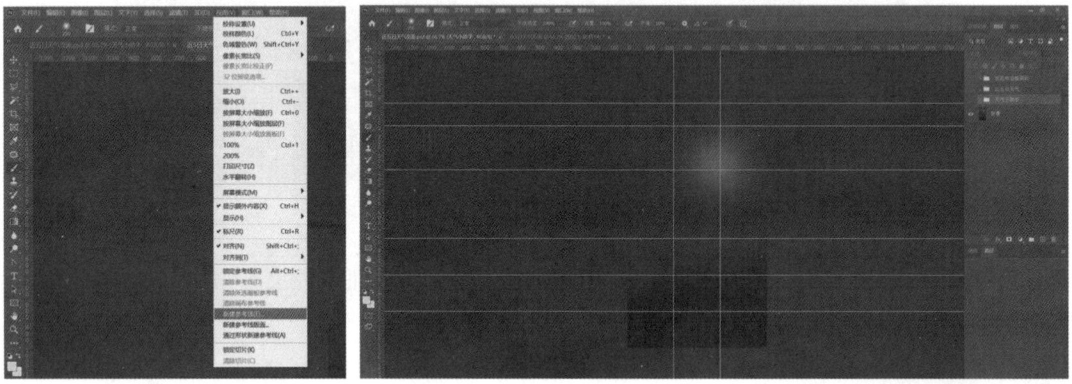
图 5-5-7　新建多条参考线

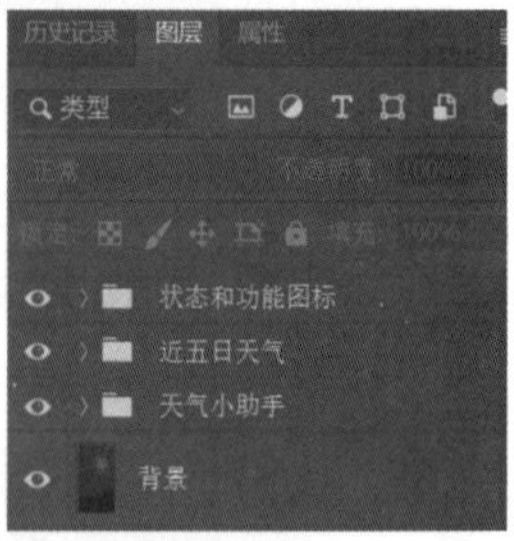

图 5-5-8　新建图层文件夹

第 7 步　新建三个图层文件夹，分别命名为“状态和功能图标”“近五日天气”“天气小助手”，如图 5-5-8 所示。

第 8 步　选择“状态栏和功能图标”文件夹，打开素材“状态栏”“分享图标”“选择城市按钮”“城市文字”，放置在合适的位置，如图 5-5-9 所示。

第 9 步　选择“近五日天气”文件夹，打开素材“近五日天气文字”“近五日天气图片”“日期”“天气”，放置在合适位置，如图 5-5-10 所示。

图 5-5-9　状态栏和功能图标放置位置

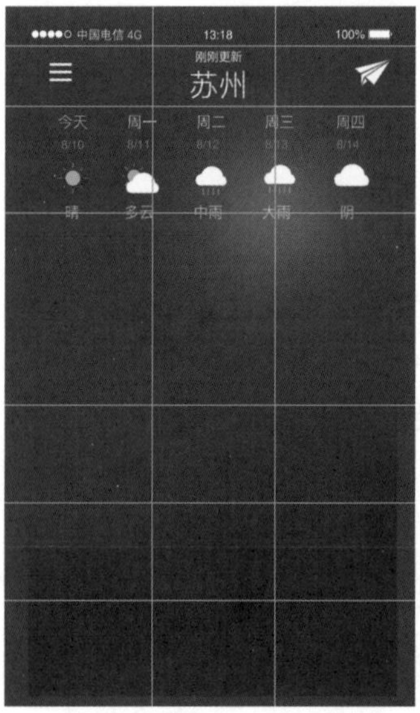

图 5-5-10　近五日天气等图标放置位置

第 10 步　选择“直线”工具，填充无，描边颜色为#90908f，粗细为 2 点，绘制分隔线并复制一条，将它们放置在第二根和第四根水平方向参考线的位置，如图 5-5-11 所示。

图 5-5-11　绘制两根分隔线

第 11 步　使用“钢笔”工具，填充无，描边颜色为#f21880，粗细为 2 点，绘制白天的折线图，注意线条为圆滑的形状，如图 5-5-12 所示。

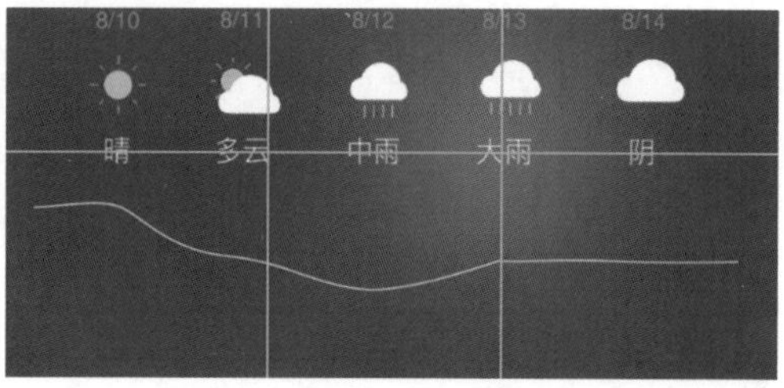

图 5-5-12　绘制白天气温弧线

第 12 步　继续使用“钢笔”工具，填充无，描边颜色为#8bd9ed，粗细为 2 点，绘制夜晚的折线图，注意线条为圆滑的形状，如图 5-5-13 所示。

第 13 步　打开素材“白天温度数字”“夜晚温度数字”，放置在相应弧线图的上方，调整它的位置，如图 5-5-14 所示。

第 14 步　继续使用素材“星期”，放置于弧线图下方，再打开素材“夜晚天气”图标，放在“星期”的下方，如图 5-5-15 所示。

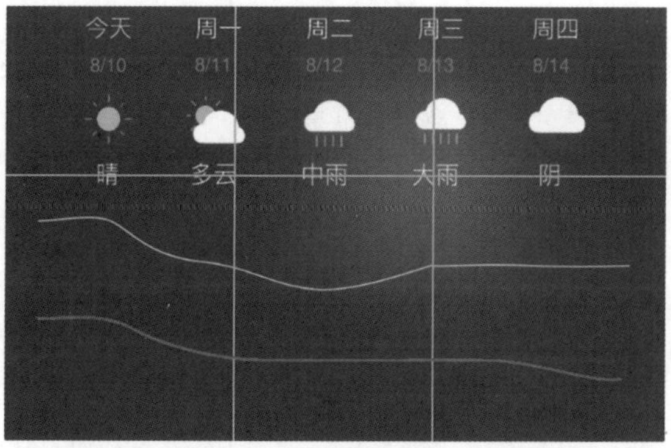

图 5-5-13　绘制夜晚气温弧线

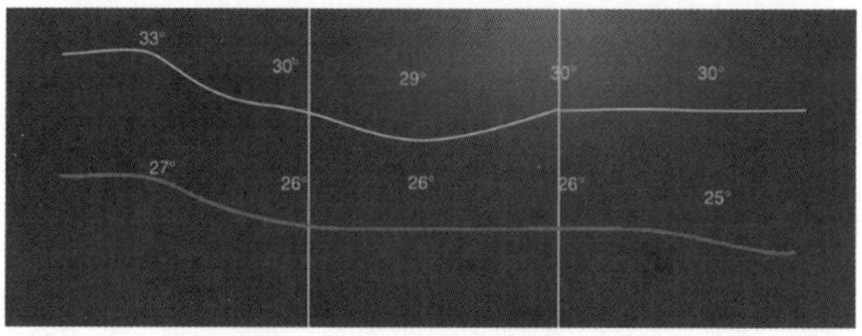

图 5-5-14　温度数字放置

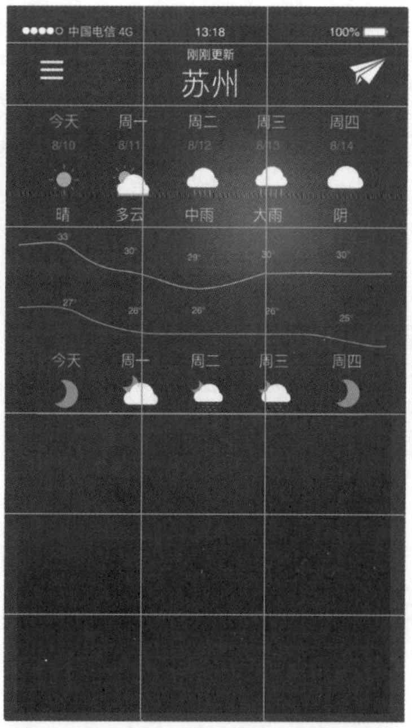

图 5-5-15　近五日天气素材放置

第 15 步　选择“天气小助手”文件夹，打开素材“穿衣”图标，移动到页面下方九宫格的第一个方格中，选择“文字”工具，添加“穿衣”文字，大小为 30 点，再添加“热”文字，大小为 24 点，将它们移动到合适的位置，如图 5-5-16 所示。

第 16 步　新建一个图层文件夹，重命名为“穿衣”，将两个文字和一个图标放在这个文件夹中，如图 5-5-17 所示。养成边设计边整理图层的好习惯。

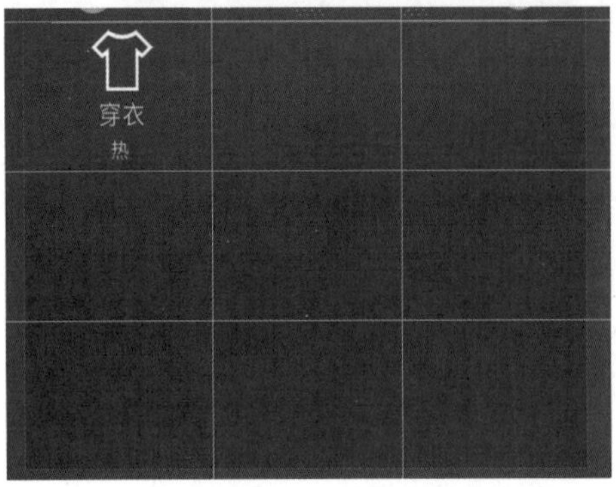

图 5-5-16　穿衣格设计

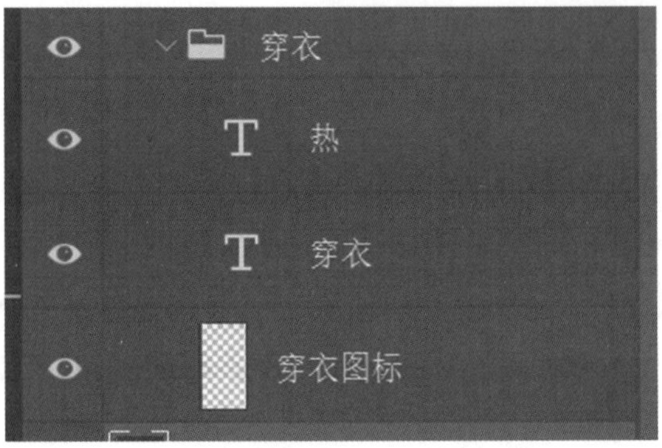

图 5-5-17　穿衣文件夹

第 17 步　使用同样的方法制作页面下方的其余格子栏目，如图 5-5-18 所示。

第 18 步　将近五日天气页面另存为 JPG 格式文件，如图 5-5-19 所示。

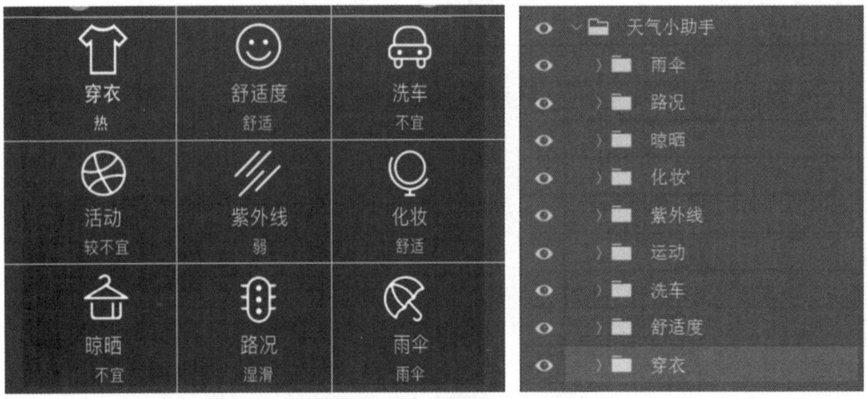

图 5-5-18　其余栏目放置

图 5-5-19　近五日天气页面效果图

任务拓展

创意作业

请你为“四时”天气 App 再设计一个不同天气情况下的近五日天气页面。

配套课件

项目六 新闻类App——“悦”新闻界面设计

项目六

新闻类App——“悦”新闻界面设计

本项目将完成以下任务：

- 任务一 “悦”新闻 App 产品定位和界面设计
- 任务二 “悦”新闻 App 首页设计
- 任务三 “悦”新闻 App 详情页设计
- 任务四 “悦”新闻 App 登录页面设计
- 任务五 “悦”新闻 App “我的”页面设计

随着“互联网+”时代的到来，智能终端设备在人们的日常生活中越来越普及，搭载在移动设备上的 App 应用程序层出不穷，新闻类 App 是其中非常重要的一类新闻类 App 的应用程序属于新兴网络媒体，主要功能是向用户传播新闻信息。较为典型的新闻类 App 有今日头条、搜狐新闻、一点资讯、腾讯新闻等。

任务一 “悦”新闻 App 产品定位和界面设计

任务目标	知识目标	认识新闻类 App 了解新闻类 App 的特点和功能 掌握“悦”新闻 App 界面的产品定位和设计规范
	技能目标	能结合新闻类 App 功能设计完成产品定位 能按照设计规范进行界面色彩、字体等总体设计
	价值目标	主动学习、积极创新、追求卓越，不断提高专业技能 养成严谨钻研、精益求精的工作习惯 立足服务社会、立足服务人民，树立正确的设计观
建议课时	理论 1 课时	
课前准备	预习本任务微课视频，整理问题，准备纸、笔、橡皮等	
评价方法	线上测试、课后作业检测、教师评价、学生互评等	

相关知识

当人们想了解世界各地发生了哪些有趣的新闻，最方便的就是拿出手机，打开新闻类 App 进行查看。新闻 App 是为用户打造的一款移动资讯超级 App。凭借丰富的资讯资源、实时的信息推送和方便的社交互动，新闻类 App 已被越来越多的用户认可。传统新闻媒介为何要开发 App？新闻类 App 有哪些更加实用功能？

一、认识新闻类 App

1. 什么是新闻类 App

新闻类 App 是计算机技术、信息技术与通信技术融合的产物。它最重要的作用就是传播新闻。新闻类

App 从真正意义上覆盖全球新闻的源头。不同于传统媒介发布的新闻有经过撰写者的修饰，新闻类 App 发布的新闻不再经过职业化的过滤，有着准确、及时、真实的特点。新闻类 App 包含的新闻种类很多，有国际新闻、时政新闻、国内新闻、社会新闻、时事评论、军事、历史等。新闻类 App 一般用概括的叙述方式、简明扼要的文字，迅速及时地报道国内外最近最新发生的、有价值的事实新闻。常用新闻类 App 如图 6-1-1 所示。

图 6-1-1　常用新闻类 App

2. 新闻类 App 的功能

资讯功能。新闻类 App 的首要功能是提供新闻资讯，且新闻的覆盖面要广，比如实事、娱乐、财经、体育、科学技术等均应涉及，对于关注度比较高的话题还可以开设热点专栏。

推荐功能。现在很多新闻类 App 都有推荐功能，如今日头条、搜狐新闻等，可以根据用户的阅读爱好、感兴趣的话题等智能匹配和推荐新闻。

互动功能。增强用户黏性及保持用户活跃度的最佳手段是加入社交互动的元素。除了最基本的回复评论以外，能够让用户分享或者参与效果更好。

全媒体化功能。媒体类 App 和传统媒体最大的区别就是呈现方式的多元化。除了简单的文字和图片，移动互联网的多媒体性让 App 能够不再局限于图文的呈现方式，而是通过视频、音频等方式多方位、立体地呈现新闻，让用户能够更直观、更全面的接收信息。

本地服务功能。随时关注城市新闻、天气和身边事，是新闻类 App 的特色功能之一。本地服务功能使新闻类 App 远离高冷，非常亲民。

订阅功能。借助移动互联网的技术优势，新闻类 App 少以容纳多种媒体入驻，用户可以订阅自己想看的报刊、专栏、漫画等。

图片浏览功能。与传统媒体不同，新闻类 App 用海量的动、静态图片传播信息，使新闻更有故事性。

热门视频功能。为用户精选热点、娱乐、搞笑、时事等类型的视频，丰富的内容加上高清画质，为用户带去极致的视觉体验。

推送功能。及时推送重大新闻，用户不必打开新闻客户端，也能第一时间知悉时事。

二、“悦”新闻 App 的产品定位

本案例“悦”新闻 App，是出自唐代柳宗元的《读书》“书史足自悦，安用勤与劬。”意在表达阅读足以使自己快乐，何必为追求名利而劳碌？新闻启迪价值，交流愉悦人生。“悦”新闻 App 是一个窗口，将天下之事尽收其中，而阅读者可以怡情悦性，收获满足。

目前一些新闻类 App 层级复杂、内容杂乱、功能臃肿，以此为鉴，“悦”新闻 App 产品定位简单、高效、客观、有深度。“互联网+”时代，时间碎片化严重，各种新闻类 App 竞争激烈，导致信息量太大且杂乱，甚至不良内容趁虚而入，给碎片化的阅读带来困扰，而“悦”新闻 App 希望在用户清晨醒来时，或者上下班途中，将精选和个性订阅的内容呈现给用户，让用户心情愉悦，如沐春风。“悦”新

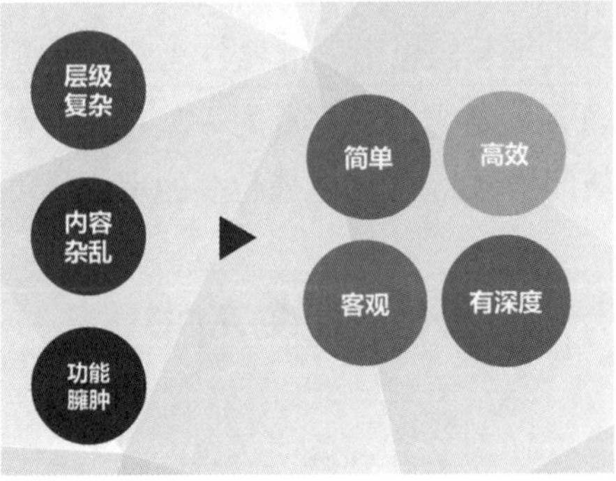

图 6-1-2　产品定位

闻 App 的产品定位如图 6-1-2 所示。

三、“悦”新闻 App 的 UI 设计

1. 尺寸

“悦”新闻 App 采用主界面 750px×1334px，图标采用主屏幕的分辨率 114px×114px，界面中的导航栏、状态栏、标签栏、应用图标都有相应的设计规范，在 750px×1334px 的页面尺寸中，状态栏高 40px，导航栏高 88px，标签栏高 98px，应用图标尺寸为 114px×114px，如图 6-1-3 所示。

2. 配色

新闻类 App 的应用场合比较正式，要求客观稳重，所以在配色上使用红蓝+黑白灰，使各年龄层次的用户都能接受。具体方案为：主体色采用比较大众化的红色，辅助颜色是蓝色；字体尽量避免采用全黑或者全白，带一点灰色使阅读更舒适，所以文字的颜色采用不同级别的灰色，如图 6-1-4 所示。

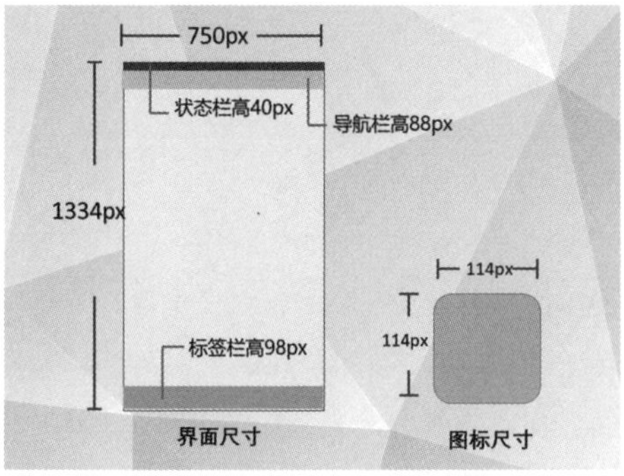

图 6-1-3　其他尺寸

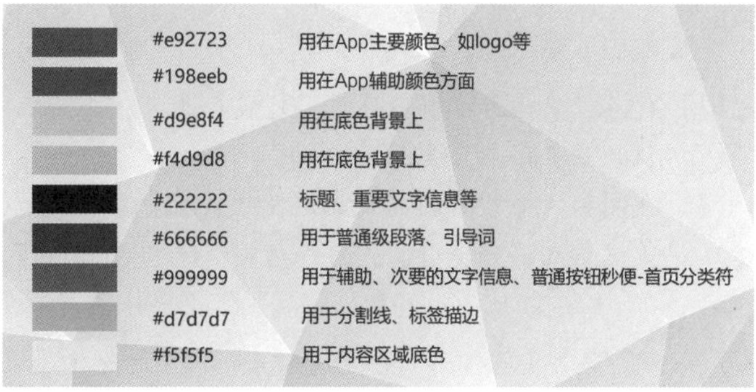

图 6-1-4　配色方案

3. 字体

字体选择上，“悦”新联 App 采用 iOS 专用的字体（中文是苹方，英文是 San Francisco）。另行开发使用时应注意合适字体的使用，在不同的场景下，需要使用不同大小的字体，如图 6-1-5 所示。

模式	字号	建议距离	应用场景
标准字体	36px	46px	用于少数重要的标题（如导栏）
标准字体	32px	42px	用在新闻标题和分类名称
标准字体	30px	38px	用在大多数文字（如新闻内容）
标准字体	28px	36px	用在大多数文字（如标签栏）
标准字体	24px	32px	用在辅助性文字（如网友资料）
标准字体	20px	28px	用在少数辅助性文字（如点赞举报）

图 6-1-5　标准字

4. 页面布局

一套完整的新闻 App 包含数十个界面，本案例介绍的是具有代表性的页面，包括首页和详情页、登录页面和“我的”页面。基于新闻类 App 需要让用户在尽可能短的时间内获取自己想要的资讯，满足高效便捷的需求，以上六个代表性页面主要采用区块式布局，即根据功能的不同将整个界面进行切割，放置不同的功能模块，如图 6-1-6 所示。

图 6-1-6　页面布局

任务拓展

1. 完成以下测试题：

（1）什么是新闻类 App？请举几个例子。

（2）新闻类 App 有什么功能？

（3）新闻类 App 设计时需要满足什么要求？

2. 请你试着对诸如美食、旅游等有关资讯的 App 进行产品定位和界面设计。

任务二　“悦”新闻 App 首页设计

任务目标	知识目标	了解 App 中主页面的常用布局方式 掌握主页面的设计规范
	技能目标	能使用标尺和参考线辅助布局 能严格按照规范进行版面排列 能灵活使用图标区分不同状态
	价值目标	树立立足生活、实事求是的设计观 培养认真严谨、精益求精的工作习惯
建议课时	理论+实践 2 课时	
课前准备	预习本任务微课视频，复习 Photoshop 软件基础操作	
评价方法	教师评价、学生互评等	

相关知识

一、新闻类 App 首页排版

新闻类 App 的首页信息量较大，排版较为复杂，采用上部轮播图和下部“左文右图”的排版方式，能显著提高效率，如图 6-2-1 所示。

图 6-2-1　首页布局

1. 轮播图

轮播图，也称为幻灯片，是指在一个固定区域内轮流展示多张图片或文本信息的组件。以图片轮播为例，轮播图通常会在预设时间间隔内，自动或手动切换到下一张图片，或者在用户点击“上一页”“下一页”按钮的情况下切换图片。轮播图的作用是通过多张图片的切换，提高页面的信息密度，增加视觉冲击力，为用户呈现更全面、更直观的信息。

（1）轮播图广泛应用于各种类型的网站和应用中。以下是几种常见的轮播图应用场景：

① 首页轮播图，用于首页的头图，通常呈现的是品牌形象、产品特点、最新活动等信息；

② 图片展示，用于图片展示区域，例如产品画廊、公司实景展示等；

③ 广告推广，用于网站或应用内的广告推广位，通过精准定位、多张广告轮播，为广告主提供广阔的曝光机会；

④ 新闻资讯，用于新闻中轮播多张图片或文章标题，吸引用户的点击或浏览。

（2）轮播图的优点有：

① 提升用户体验——通过多张图片的切换，轮播图可以将比较丰富的信息呈现给用户，增强趣味性和直观性；

② 更好的美观效果——轮播图常常采用相应的动画效果，如渐变、滑动等，使得页面更加美观；

③ 提高信息密度——通过轮播不同的图片或文本信息，轮播图可以在有限的空间内展示更多的信息，为用户呈现更加全面、更加直观的信息。

（3）轮播图的缺点有：

① 影响用户体验——若轮播图切换太快，或者图片文本信息过于复杂，会影响用户体验，降低用户的满意度；

图 6-2-2　某新闻 App 界面

② 对 SEO 不利——轮播图通常是采用 JS/Flash/canvas 技术实现的，会影响到搜索引擎对于页面的收录和排名；

③ 浏览器兼容性问题——轮播图实现通常涉及 JS/Swiper/Flickity 等技术，兼容性可能存在问题。

2. 左文右图

我们看到大多数新闻类 App 都是左文右图的排版，以某新闻 App 界面为例，如图 6-2-2 所示。

左文右图排版的优点有：

① 人的阅读习惯是从左至右、从上至下，采用左文右图的布局，可以提高用户阅读的流畅性，如图 6-2-3 所示。

② 发布者有第三方，图片质量不能保证甚至有可能出现没有图片的情况，因此为了界面统一，图片放在右侧是不错的选择。

左文右图排版的缺点是由于人的视线往往先关注图片，因此当用户看到感兴趣的内容时，先看图片再看文字会影响阅读效果，如图 6-2-4 所示。

图 6-2-3 阅读习惯

图 6-2-4 阅读阻碍

因此，左文右图的文章结构在使用时需要根据产品具体属性来分析，比如今日头条 App 的内容多来自非新闻专业的用户，同时其产品属性又多以文字为主，因此选择采用左文右图的结构。

配套视频

首页设计

二、“悦”新闻 App 首页案例制作

案例主题	首页	
任务分析	尺寸规格	按照图标尺寸 750 像素×1334 像素的设计规范进行
	设计风格	扁平化简洁风格
	颜色运用	(#e92723) (#222222) (#999999) (#f5f5f5)
效果展示		

• 绘制步骤

第 1 步　新建一个 750 像素×1334 像素的文件，取名为“悦新闻首页”，其余默认设置，单击确定。

第 2 步　然后根据之前的页面设计，打开标尺，使用参考线将页面分成九部分。每个区域分割时参考线的数值：上方状态栏为 40 像素，标题栏 110 像素，导航栏拉至 190 像素，大图新闻栏拉至 500 像素后再拉一条线至 592 像素，三个新闻列表分别为 802 像素，1012 像素，1222 像素，最下方是标签栏，放置功能按钮，

如图 6-2-5 所示。

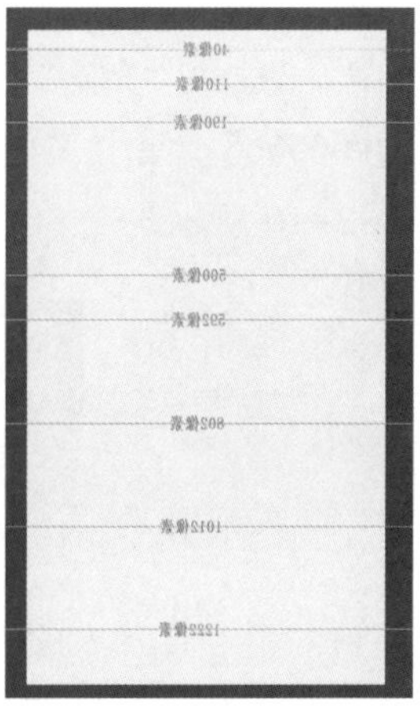
图 6-2-5　新建参考线

第 3 步　划分好区域以后，将图层一命名为“背景”图层，背景颜色填充为 #F5F5F5，如图 6-2-6 所示。

第 4 步　然后在背景图层上方，新建六个文件夹，从下至上分别命名为“状态栏”“标题栏”“导航栏”“大图新闻栏”“新闻列表栏”和标签栏，如图 6-2-7 所示。

第 5 步　选择“状态栏”文件夹，新建图层，使用“框选”工具框选出状态栏区域，填充红色#C10003，打开状态栏素材，将素材缩放至合适大小并移至合适位置，如图 6-2-8 所示。

第 6 步　选择“标题栏”文件夹，新建图层，同样使用“框选”工具选择标题栏部分，填充红色#CC0001，使用文字工具输入“悦”新闻的标题，并使用“圆角矩形”工具绘制 50 像素×6 像素，半径为 3 像素的三个圆角矩形，作为其他栏目按钮，如图 6-2-9 所示。

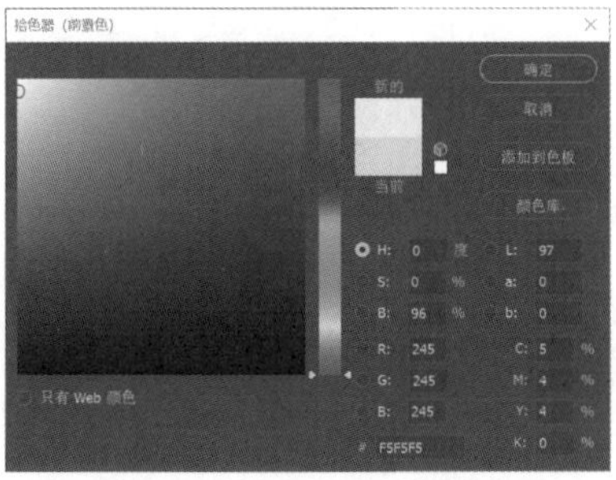
图 6-2-6　设置背景色

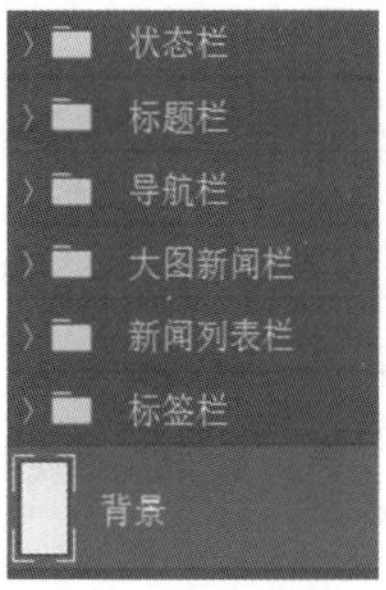

图 6-2-7　新建图层文件夹

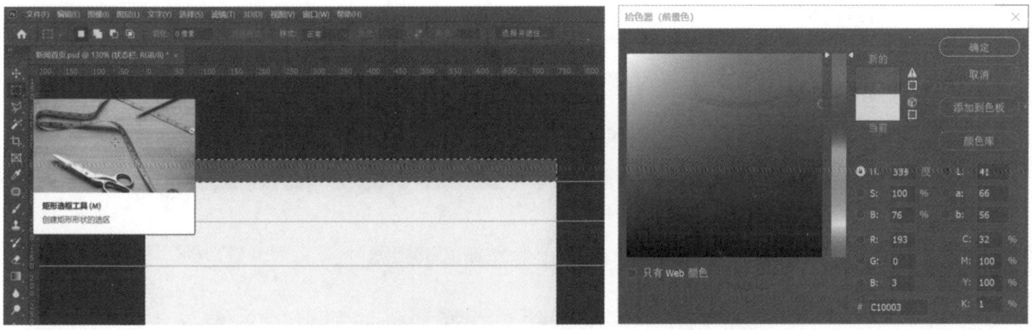
图 6-2-8　绘制状态栏

图 6-2-9　绘制标题栏

第 7 步　选择“导航栏”文件夹，使用“选择文字”工具，字体为苹方，大小为 36 点，输入新闻导航“热点”“社会”“财经”“体育”“艺术”“科技”；选中“热点”栏目，颜色更换为#333333，其他栏目的颜色为#666666；使用“直线”工具，在热点栏目下添加一条颜色为#C10003 的红色细线，粗细为 3 像素，如图 6-2-10 所示。

图 6-2-10　绘制导航栏

第 8 步　打开大图的素材，移至“大图新闻”文件夹，新建图层，命名为“大图选择栏”，使用“框选”工具选择这片区域，填充颜色#333333，将其不透明度设为 60%，如图 6-2-11 所示。

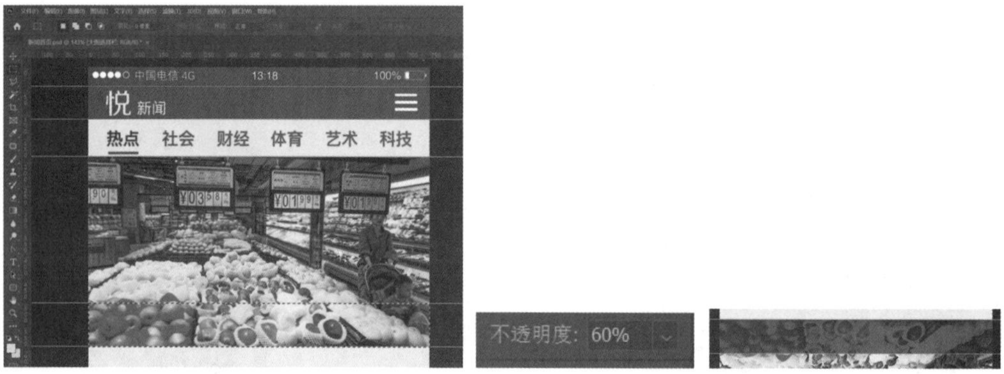

图 6-2-11　制作大图选择栏

第 9 步　使用“文字”工具输入标题，颜色为#E7E7E7，大小为 24 点，再新建图层，命名为“白点”，绘制三个白点，其中一个白点稍大，是图片新闻的选择器，如图 6-2-12 所示。

图 6-2-12　制作新闻选择器

第 10 步　在制作新闻列表之前先制作分隔的细线，选择“新闻列表”文件夹，新建图层，命名为“分隔线”，使用“单行选框”工具，在参考线处单击，选区生成后，填充颜色为#f5f5f5，如图 6-2-13 所示。

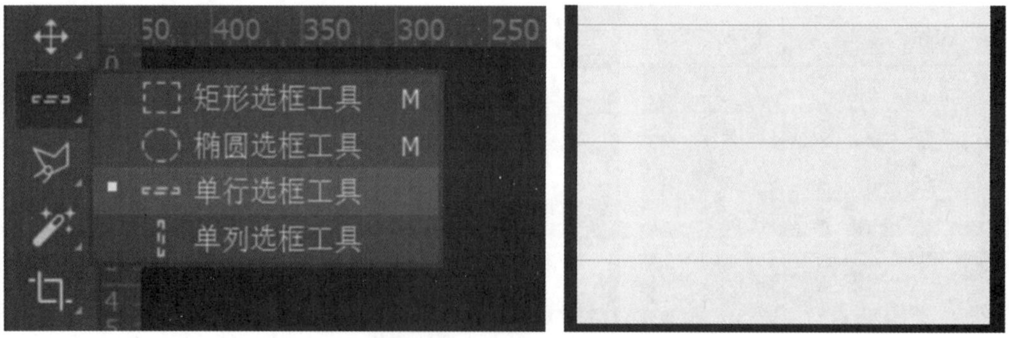

图 6-2-13　制作分隔线

第 11 步　继续新建图层，将素材图片移至第一部分的右方合适位置，再使用“文字”工具将标题粘贴至合适位置，大小为 24 像素，颜色为#F5F5F5；在标题下方添加“新闻来源”和“评论数”，大小为 18 像素，颜色为#9f9f9f；将新闻二和新闻三的图片移至合适位置，并复制“新闻标题”图层和“新闻来源文字”图层，将它们移至合适位置，并把文字内容修改为当前新闻的内容，如图 6-2-14 所示。

第 12 步　选中“标签栏”文件夹，打开“图标”素材，将按钮图标移至“标签栏”文件夹中即完成最终效果，将文件储存为 JPG 格式图片，如图 6-2-15 所示。

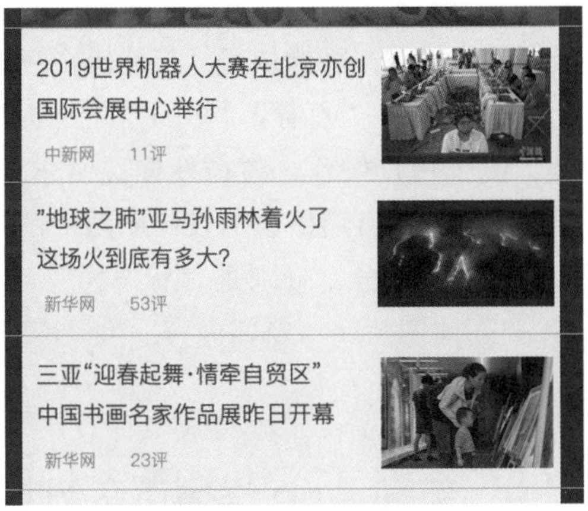

图 6-2-14　新闻列表栏

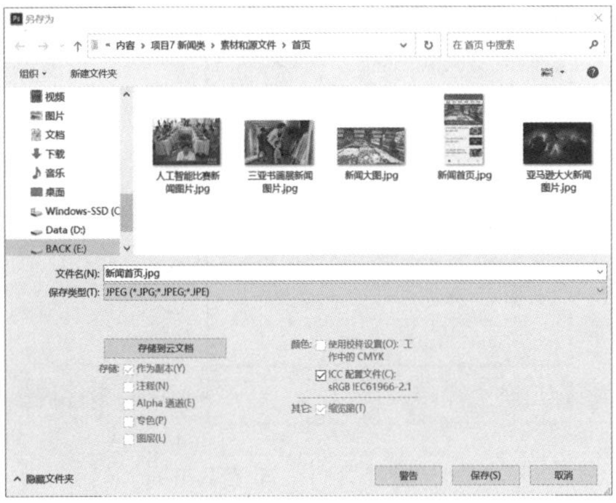

图 6-2-15　储存文件为 JPG 格式图片

任务拓展

1. 完成以下测试题：

（1）轮播图是什么？它有何优缺点？

（2）新闻列表左文右图排版的优缺点是什么？

2. 创意作业

请你试着为“悦”新闻 App 再设计一个不同布局的主页面。

任务三　“悦”新闻 App 详情页设计

任务目标	知识目标	理解资讯类 App 中详情页面的布局方式 掌握详情页面的设计规范
	技能目标	能使用标尺和参考线辅助布局 能严格按照规范进行版面排列 通过字体的变化区分标题和内容
	价值目标	树立立足生活、实事求是的设计观 培养认真严谨、精益求精的工作态度
建议课时	实践 2 课时	
课前准备	预习本任务微课视频，复习 Photoshop 软件基础操作	
评价方法	教师评价、学生互评等	

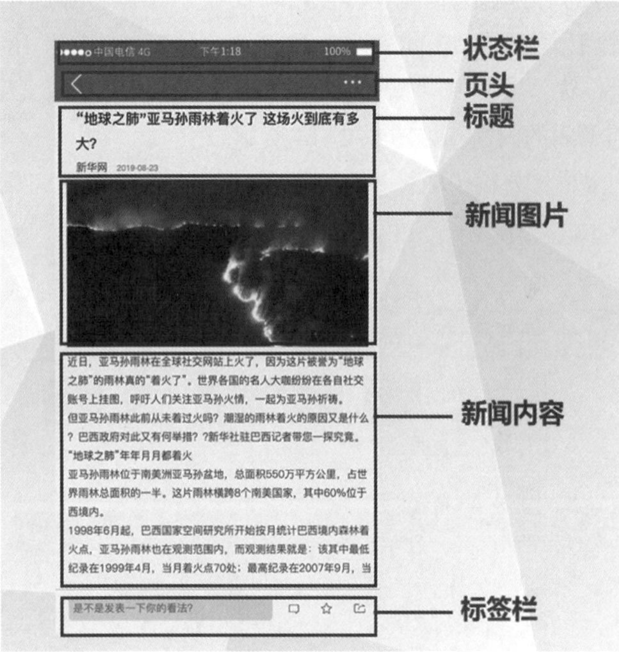

图 6-3-1　详情页布局

相关知识

一、"悦"新闻 App 详情页的布局

当用户点击新闻首页或各个栏目的标题，打开就进入到新闻的详情页面。新闻详情页的标题为 48 号字，颜色为黑色，字体加粗，与其他文字形成强烈对比，"评论框""点赞""收藏""分享"固定于底部，便于用户操作。遵循新闻类 App 简洁直观、便于用户获取有用信息的设计原则，将页面从上到下分成六个部分，分别是"状态栏""页头""标题""新闻图片""新闻内容"和"标签栏"，如图 6-3-1 所示。

二、"悦"新闻 App 详情页案例制作

配套视频
详情页设计

案例主题	详情页	
任务分析	尺寸规格	按照图标尺寸 750 像素×1334 像素的设计规范进行
	设计风格	扁平化简洁风格
	颜色运用	(#e92723) (#222222) (#999999) (#f5f5f5)
效果展示		

• 绘画步骤

第 1 步　新建文件，尺寸为 750 像素×1334 像素，命名为新闻详情页面。

第 2 步　打开标尺，使用参考线对新闻详情页面进行布局：状态栏 40 像素，返回按钮 135 像素，新闻标题区域 255 像素，新闻来源和时间区域 322 像素，新闻内容区域 1230 像素；为了让评论框能够对齐，新建一条参考线至 1250 像素，为了文本能够左右对齐，在左右各新建参考线，分别是 30 像素和 750 像素，如图 6-3-2 所示。

第 3 步　将背景图层填充为#f5f5f5，再新建四个文件夹，分别命名为“状态栏”和“返回栏”“新闻标题栏”“新闻内容栏”“评论栏”，如图 6-3-3 所示。

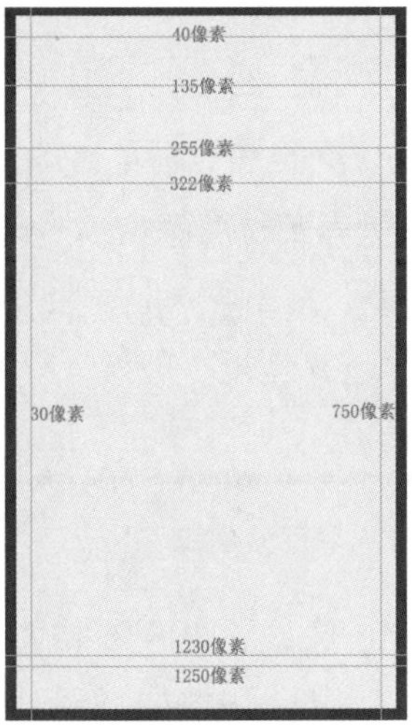

图 6-3-2　新建参考线

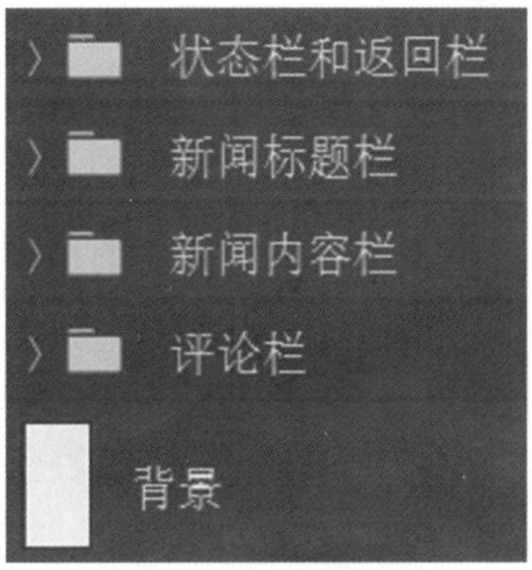

图 6-3-3　新建图层文件夹

第 4 步　选中“状态栏和返回栏”，新建图层，命名为“状态栏背景”，使用“框选”工具，填充颜色为#c00003，将状态栏素材移至合适位置，新建一个图层并命名为“返回栏”，使用“框选”工具，填充颜色为#cc0001，使用“形状”工具，绘制“返回”按钮和“分享”按钮，绘制完成后，将它们移至合适位置，如图 6-3-4 所示。

图 6-3-4　状态栏和返回栏

第 5 步　选择“新闻标题栏”，输入新闻标题，字体默认为苹方，大小为 36 点，粗体，颜色为黑，继续在对应区域输入新闻来源和时间，“新华网”大小为 18 点、常规、颜色为#f5f5f5，“2019-8-23”大小为 14 点、常规、颜色为#999999，如图 6-3-5 所示。

第 6 步　选择“新闻内容”文件夹，将素材图片移至合适位置，然后将新闻文档中的内容复制到图层中，字体颜色为#222222，字体大小为 24 点，如图 6-3-6 所示。

第 7 步　选择“评论栏”文件夹，新建一个图层，使用“单列横向选框”工具，参考以上任务的操作，颜色为#d9d9d9，如图 6-3-7 所示。

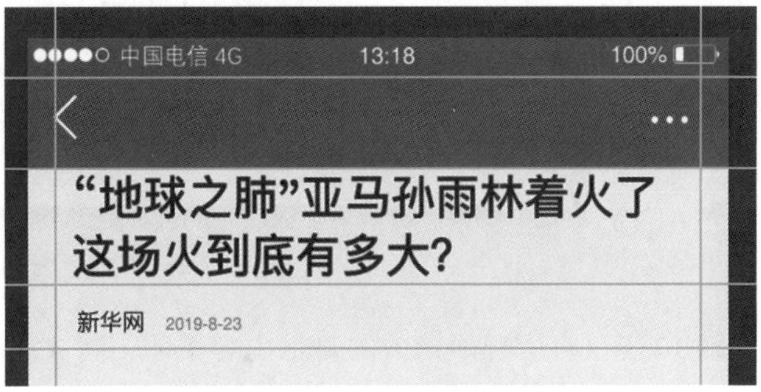

图 6-3-5　新闻标题栏

图 6-3-6　新闻内容栏

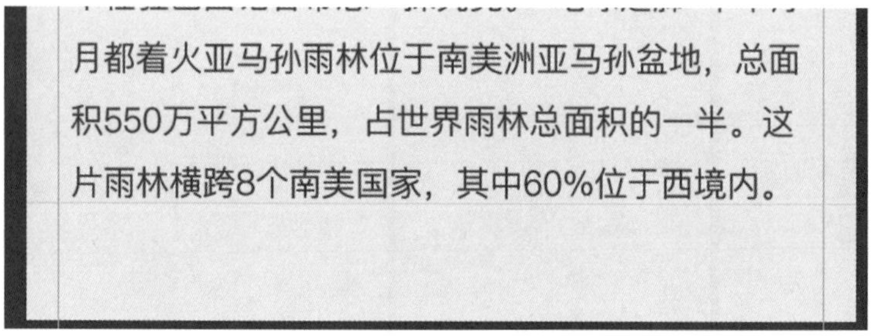

图 6-3-7　底部分割线

第 8 步　选择“圆角矩形”工具绘制评论框，宽 470 像素、高 50 像素、半径 5 像素，填充颜色为#D7D7D7，放置在最后一根参考线处，将圆角矩形命名为“评论框”，在评论框中输入文字“是不是发表一下你的看法?”，大小为 18 点，字体颜色为#666666，如图 6-3-8 所示。

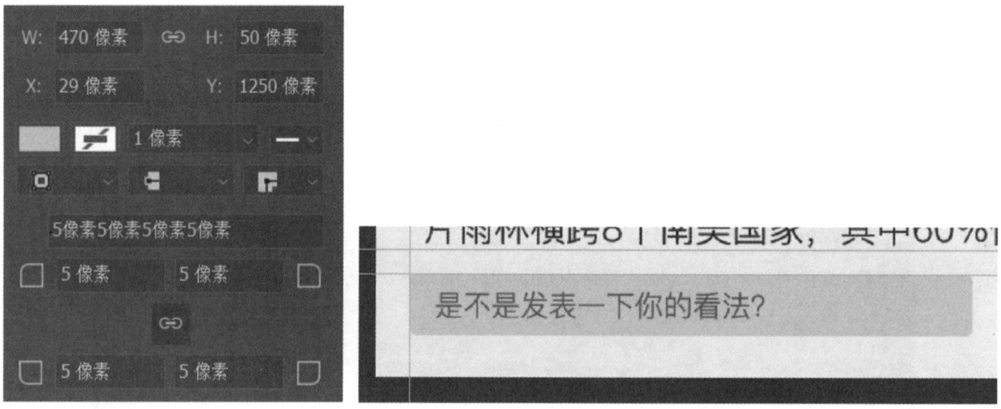

图 6-3-8　评论框

第 9 步　只剩下三个功能按钮——评论、收藏和转发，新建一个 200 像素×200 像素的文档，使用“形状”工具绘制评论图标，使用同样的方法绘制“收藏”和“转发”图标，将三个图标放置合适位置，如图 6-3-9 所示。

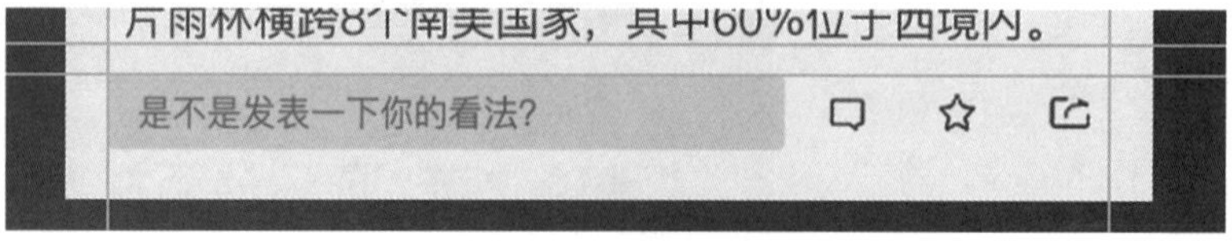

图 6-3-9　功能图标放置

第 10 步　将所有不相关的显示内容关闭，将文件储存为 JPG 效果图，新闻详情页最后完成的效果如图 6-3-10 所示。

图 6-3-10　详情页效果图

任务拓展

创意作业

请你试着为你的家乡旅游 App 设计一个介绍景点的详情页。

任务四　“悦”新闻 App 登录页面设计

任务目标	知识目标	掌握登录页面的设计要点 掌握登录页面需要包含的元素 掌握登录页面的设计规范
	技能目标	能结合 App 的主题风格进行登录页设计 能按照规范进行版面排列 能制作登录页面中的互动区域
	价值目标	培养善于钻研的创新精神 培养认真严谨、精益求精的工作态度
建议课时	理论+实践 2 课时	
课前准备	预习本任务微课视频，复习 Photoshop 软件基础操作	
评价方法	教师评价、学生互评等	

相关知识

用户对 App 的使用量是评价程序受欢迎程度的重要标准。传统商店注重门面设计，优质的门面设计可以为商店带来大量的流量，吸引更多的顾客。门面就像我们自己的脸，而登录页面就是 App 的一张脸。一个优秀的登录页面不仅可以提高 App 的功能性，还可以为产品增添独特的气质。登录页面也是 App 的升华设计，可以提升用户对 App 的体验，让 App 更贴近用户。

一、注册登录方式

1. 只使用第三方账号注册登录

这种方式是最快捷的登录方式，省去了手机注册的烦琐操作，节省用户时间。

2. 只使用手机号注册登录

“手机号+验证码”是目前最常用的注册登录方式，通过发送短信获取验证码在 60~90 秒内进行注册登录，这么做是为了确认用户拥有该手机号的使用权。手机号+密码也是比较常用的登录方式，如图 6-4-1 所示。在输入手机号后，为了让用户查看是否输入正确，建议手机号显示样式为“3-4-4”模式（如 186 3464 ****）。手机号也是商家维护用户的有效手段，商家可以在节假日发送祝福或者促销短信，也可以在用户长期未使用产品时进行短信提示，提醒用户继续使用。

3. 使用“手机号+第三方账号”注册登录

这种方式是上面两种方式的结合，一般这样的组合方式是希望用户使用手机号注册，所以手机注册登录比较突出，第三方注册会置于页面底部弱化处理，如图 6-4-2 所示。

图 6-4-1　手机号+密码登录页面

图6-4-2　手机验证码登录页面

图6-4-3　第三方登录页面

用户使用第三方登录时，弱化了手机号注册登录，登录时为了用户数据之间的连接，会推荐用户使用淘宝账号登录，从而弱化了手机号注册登录，这是出于产品属性的考虑，如图 6-4-3 所示。

4. 使用邮箱注册登录

使用邮箱注册登录是以前 PC 端常用的方式，一些既有移动端又有 PC 端的产品会使用这种登录方式。

5. 先体验后注册登录

一开始用户可以游客状态进入应用使用产品，当用到添加、收藏、关注、评论、购买等功能时就必须要注册登录，这种方式一般多用于阅读类、游戏类或是电商类产品。这种方式对发展新用户有积极作用，很多用户可能只是想初步了解一下产品，又不想使用手机号注册，就会在不了解产品的情况下，先进入应用熟悉一下产品。待用户初步使用并了解后，再通过引导让用户进行手机号的绑定。

二、登录页面设计要点

1. 分步骤注册登录

先输入手机号，UI 设计中登录页的设计指南点击“下一步”的同时，系统查询该手机号是否可以注册，若通过则进入输入验证码页面，如图 6-4-4 所示。这样做的好处是可以及时用户给反馈，避免用户在输完手机号和验证码之后出现错误 toast 的情况。需要注意的是步骤不宜过多，建议在三步以内。

2. 注册登录合二为一

这种方式是将注册和登录合到一起，如果用户是第一次使用，只要输入手机号再填写验证码就相当于注册成功了。

3. 弹窗登录

在用户使用必须登录才能用的功能时会跳出弹窗登录界面，如图 6-4-5 所示。

图 6-4-4 分步骤注册登录页面

图 6-4-5 弹窗登录页面

三、登录页面常用风格

常见的 App 的登录页面风格有留白设计、轻装饰背景、纯色背景、图片背景、插画背景五类。

1. 留白设计

白色简洁风格是目前较为常见的样式，整个界面以简洁设计为主。背景纯白色，把其余元素放置在界面中央，进行留白处理，会使整个界面充满空间感。在设计上主要以展示信息为主，让用户专注于品牌和登录路径，如图 6-4-6 所示。

2. 轻装饰背景

轻装饰背景就是在简洁风格的基础上添加一些品牌/产品装饰元素，在不影响信息录入的同时，使界面的细节展示更为充分。轻装饰背景设计，一是可以传递品牌感，二是可以渲染产品行业属性特征，同时界面的视觉冲击力和氛围渲染力都非常强，如图 6-4-7 所示。

3. 纯色背景

纯色背景在使用时往往采用大量采用品牌色来支撑画面，搭配 Logo 进行设计。整个界面简洁直观且容易被用户感知，而且能够传递品牌信息与产品信息。需要注意的是，该方式多用在登录信息简单或者以第三方登录为主的界面中。网易云音乐、微视、腾讯课堂均采用品牌色进行设计，如图 6-4-8 所示，可以看出它们的登录信息都较少，在视觉设计上也较为简洁。

4. 图片背景

图片背景与纯色背景相比，其优势是图片更容易吸引注意力，更容易传递情感引起用户共鸣，也比较容

图 6-4-6　留白设计

图 6-4-7　轻装饰背景

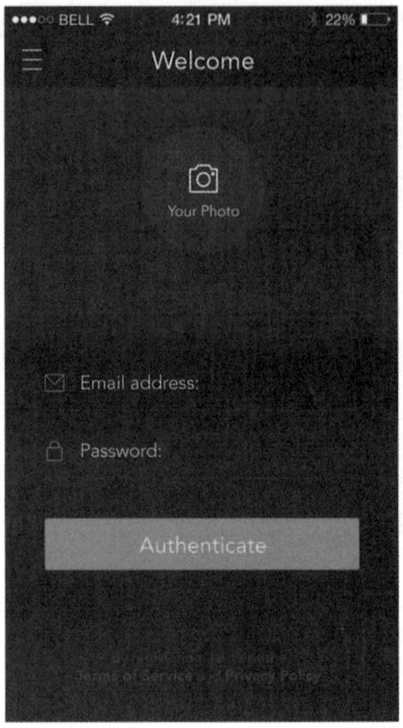

图 6-4-8　纯色背景

易让用户感知产品的用途，强化品牌的行业属性。图片背景大多用于垂直类的 App 中。图片背景的图片是整个界面的核心，因此想要找到一个符合产品的图片不容易，需要有目的性地寻找。比如携程选择的是和旅行相关的图片，悦跑圈用了跑步的图片，Keep 采用全屏动图让整个登录界面更加生动，如图 6-4-9 所示。

5. 插画背景

插画背景可以根据自身产品特征进行插画设计，在进行插画设计时加入品牌识别元素，或者和品牌相关的元素，可令界面具有可识别性和趣味性，如图 6-4-10 所示。

四、“悦”新闻 App 登录页面布局

“悦”新闻 App，根据其简约高效的整体风格，主要采用将登录注册合二为一的方式进行登录，使用手机验证和第三方登录，界面风格选择留白设计，为用户最大限度地节约浏览时间，如图 6-4-11 所示。

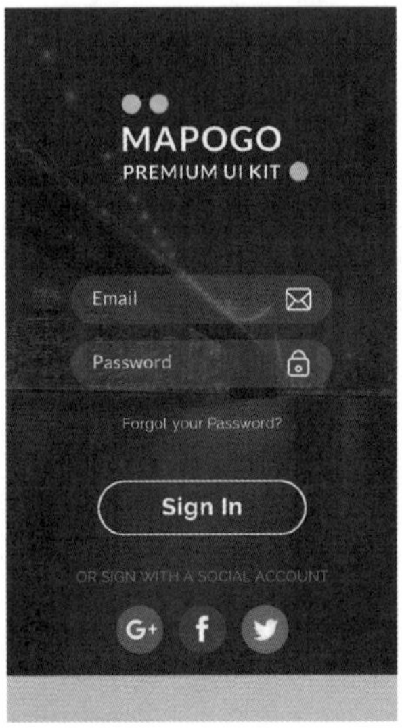

图 6-4-9　图片背景

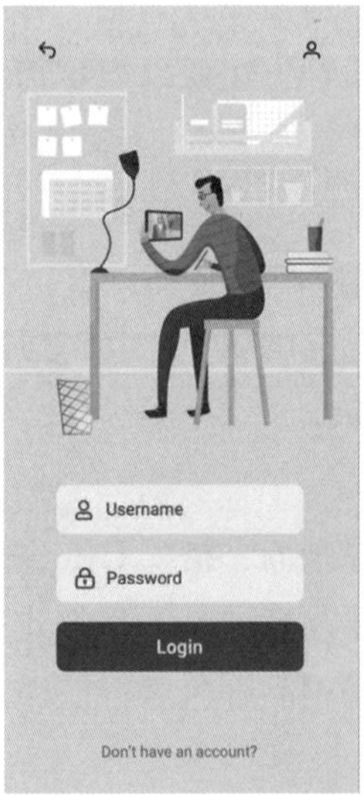

图 6-4-10　插画背景

图 6-4-11　“悦”新闻登录页面布局

配套视频
登录页面设计

五、“悦”新闻 App 登录页面案例制作

案例主题	登录页面	
任务分析	尺寸规格	按照图标尺寸 750 像素×1334 像素的设计规范进行
	设计风格	扁平化简洁风格
	颜色运用	(#e92723) (#222222) (#999999) (#f5f5f5)
效果展示	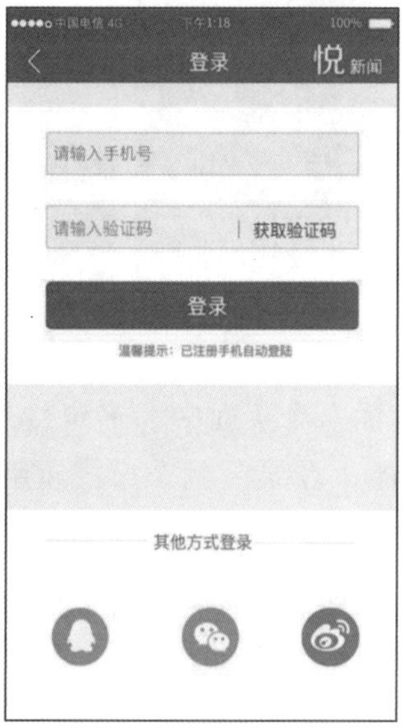	

● 绘制步骤

第 1 步　新建 750 像素×1334 像素的文件，命名为“登录页面”，如图 6-4-12 所示。

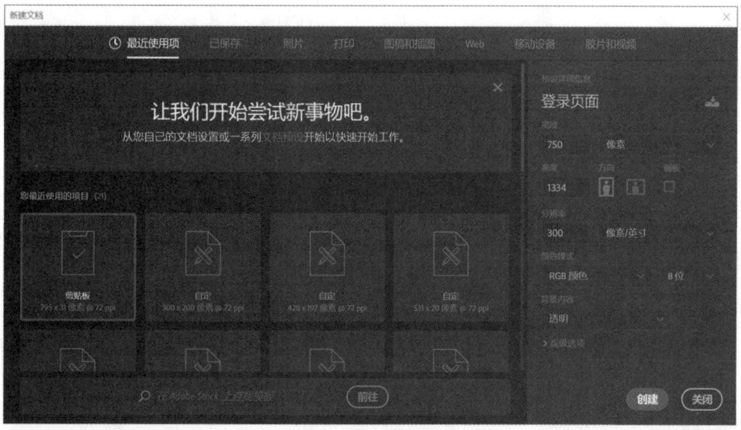

图 6-4-12　新建文件

第 2 步　新建参考线进行布局，添加水平参考线状态栏 40 像素，返回栏 135 像素，有一空白区域 180 像素，对话框区域 515 像素，登录按钮 700 像素，空白区域 940 像素，这是横向区域划分。添加垂直参考线，

左边 75 像素，右边 675 像素，登录页面的布局就完成了，如图 6-4-13 所示。

第 3 步 新建三个文件夹，分别命名为“状态栏和返回栏”“登录框和登录按钮”“其他方式登录”，将背景图层颜色设置为#F5F5F5，如图 6-4-14 所示。

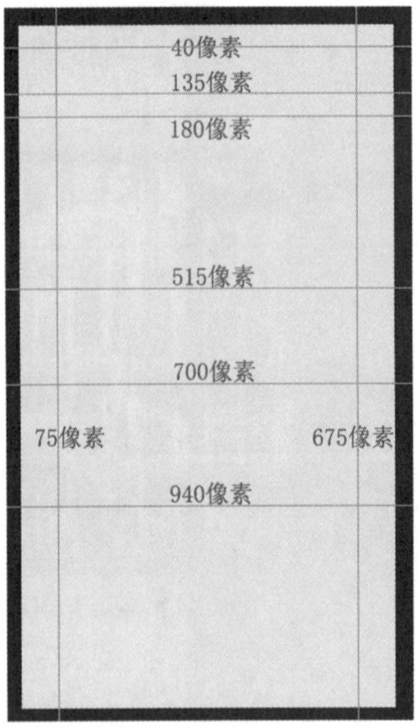

图 6-4-13 新建参考线布局

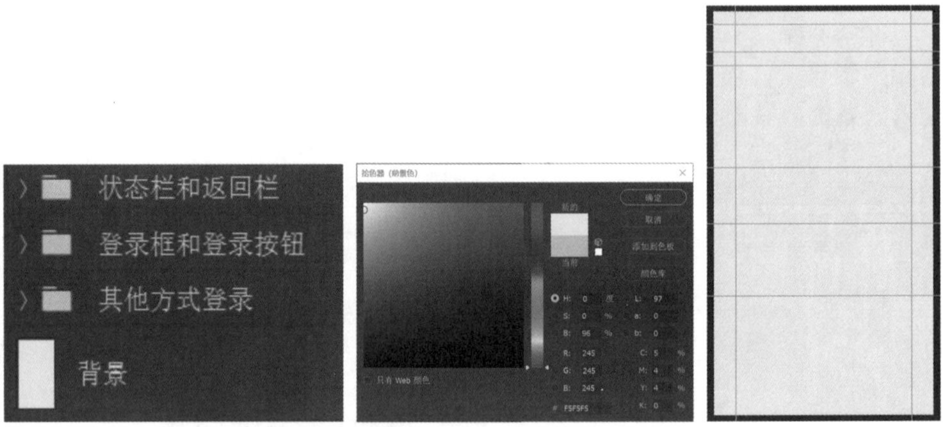

图 6-4-14 新建图层文件夹并设置背景色

第 4 步 状态栏的制作不再赘述，前面每个页面中都有涉及，返回栏填充红色#cc0001，将素材“返回按钮”放置合适位置；使用文字工具添加“登录”两个字，使用苹方字体，大小为 32 点，粗体，颜色为#f5f5f5；“悦新闻”可以使用首页制作时的素材，完成状态如图 6-4-15 所示。

第 5 步 选择“登录框和登录按钮”文件夹，新建图层，命名为“背景 1”，框选对话框和登录按钮区域，填充白色，如图 6-4-16 所示。

图 6-4-15 状态栏和返回栏

图 6-4-16 背景 1 区域

第 6 步 新建图层，命名为“用户名”，使用框选工具，固定大小为宽 600 像素，高 80 像素，放置在合适位置，填充颜色为#f5f5f5，如图 6-4-17 所示。

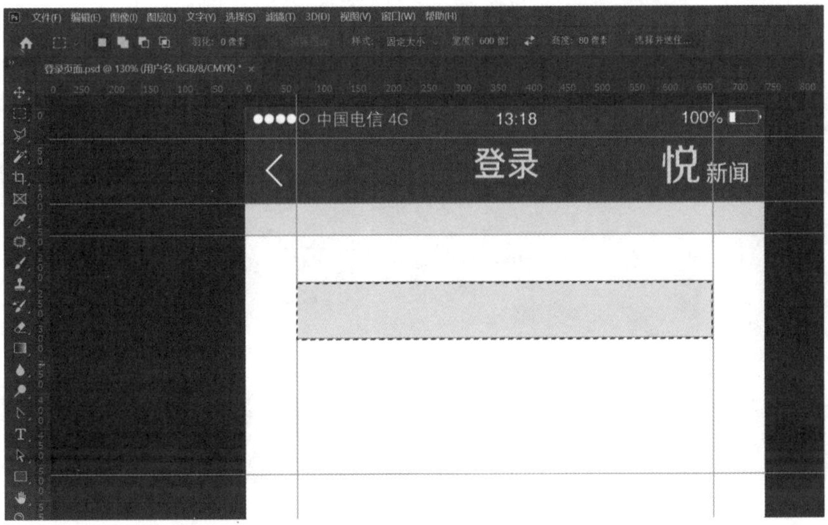

图 6-4-17　用户名区域

第 7 步　不要取消选区，执行“编辑”—“描边”，描边颜色为#99999，粗细为 2 像素，如图 6-4-18 所示。

第 8 步　选择“文字”工具，制作文字“请输入手机号”，苹方字体，大小为 24 点，颜色为#999999；复制“用户名”图层，重命名为“验证码”，移动到下方，输入文字“请输入验证码”，苹方字体，大小为 24 点，颜色为#999999；再在右方添加文字“获取验证码”，苹方字体，大小为 24 点，颜色为#333333，如图 6-4-19 所示。

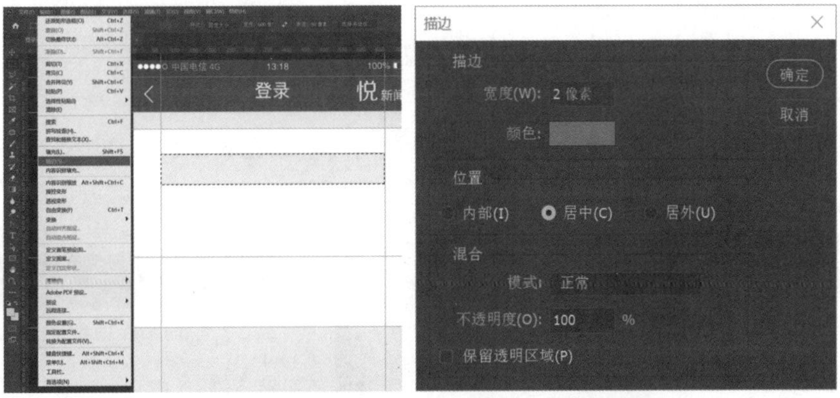

图 6-4-18　描边

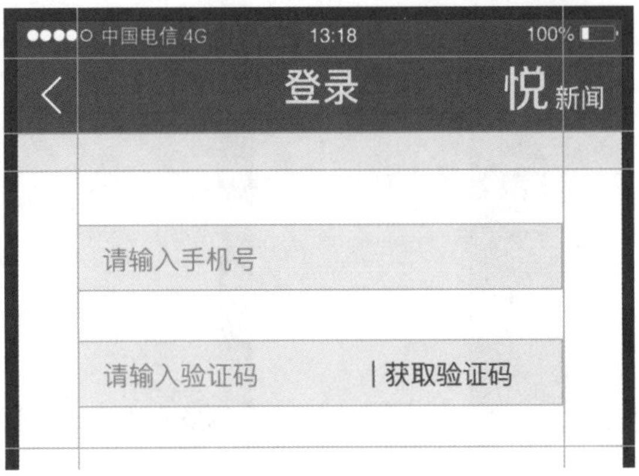

图 6-4-19　验证码输入框

第 9 步　选择圆角矩形工具绘制“登录”按钮，半径为 5 像素，填充颜色为#cc0001，描边无，宽度为 600 像素，高度为 80 像素，如图 6-4-20 所示。

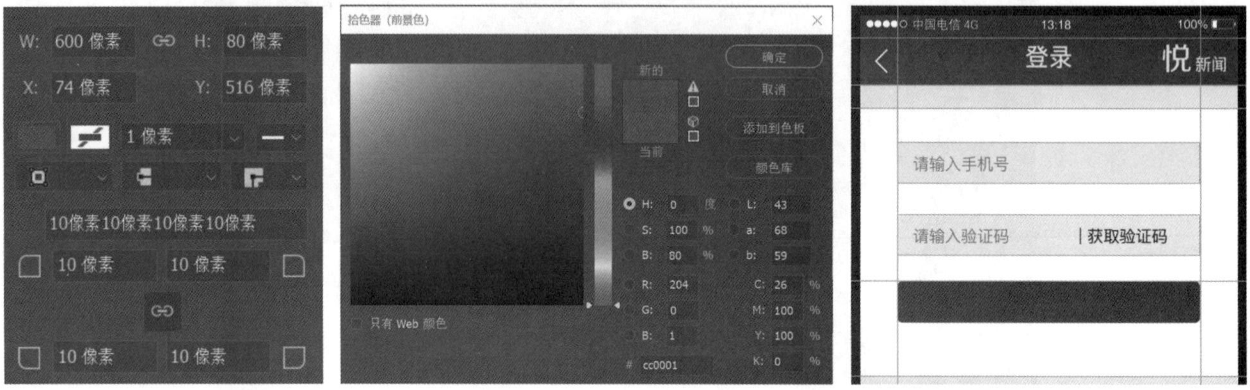

图 6-4-20　绘制登录按钮

第 10 步　在“登录”按钮上添加文字“登录”，字体为苹方粗体，大小为 32 点，颜色为#f5f5f5，添加备注文字“温馨提示：已注册手机自动登录”，字体为苹方粗体，大小为 18 点，颜色为#999999，如图 6-4-21 所示。

第 11 步　选择“其他登录方式”文件夹，新建图层，命名为“背景 2”，借助参考线，框选页面下部区域，填充白色，完成其他方式登录区域，如图 6-4-22 所示。

第 12 步　输入文字“其他方式登录”，字体为苹方，常规，大小为 24 点，颜色为#666666，使用“直线”工具，绘制两根短直线，颜色为#666666，与文字呈垂直居中对齐，如图 6-4-23 所示。

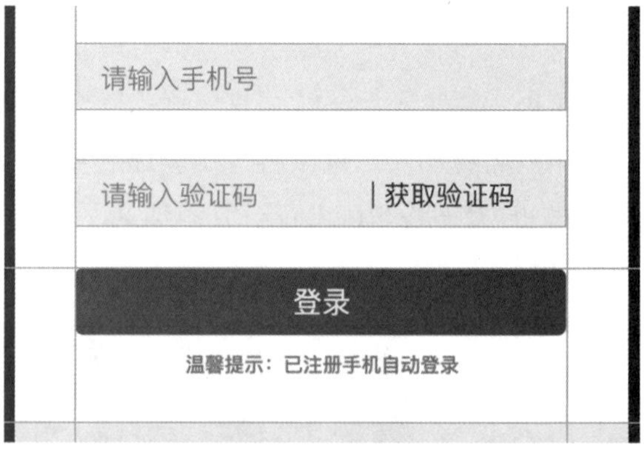

图 6-4-21　“登录”按钮添加文字

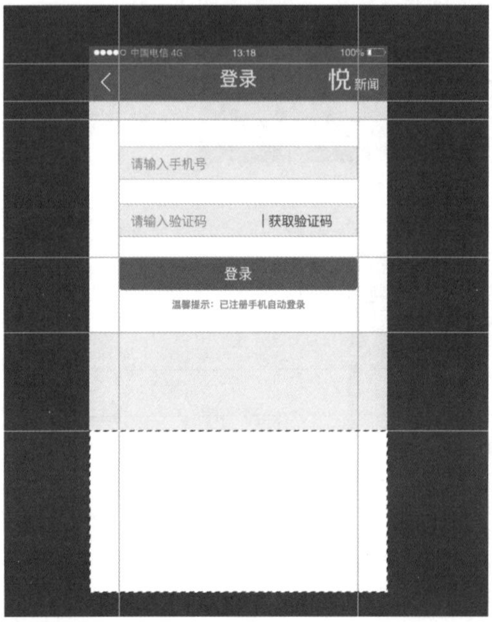

图 6-4-22　其他登录方式框选区域

图 6-4-23　添加其他登录方式文字

第 13 步　打开素材“QQ 按钮”“微博按钮”“微信按钮”，添加到页面下方，同时选中这三个图标，用移动工具到属性栏中执行垂直居中对齐和水平分布，如图 6-4-24 所示。

第 14 步　将所有额外的显示内容关闭，将文件储存为 JPG 效果图，登录页完成效果如图 6-4-25 所示。

图 6-4-24　添加三个图标

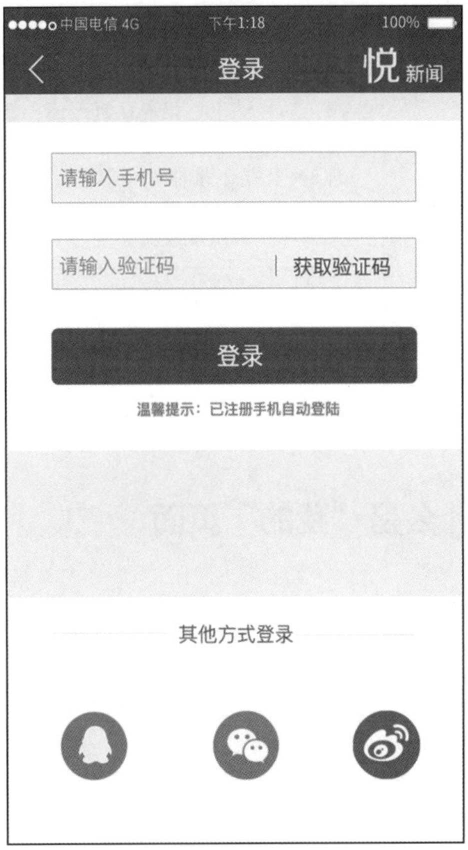

图 6-4-25　登录页面效果图

任务拓展

1. 完成以下测试题：

（1）登录页面设计的要点有哪些？

（2）常用的登录页面风格有哪些？试举例说明每一种的优点。

2. 创意作业

请你试着为“悦”新闻 App 再设计一个不同风格的登录页面。

任务五　“悦”新闻 App“我的”页面设计

任务目标	知识目标	理解“我的”页面的含义 了解“我的”页面的设计原则和风格 掌握“我的”页面的设计规范

任务目标	技能目标	能结合 App 的主题风格进行“我的”页面设计 能按照规范进行版面排列 能制作不同风格的“我的”页面
	价值目标	立足用户，培养以人为本的设计观 培养善于钻研的创新精神 培养认真严谨、精益求精的工作态度
建议课时	理论+实践 2 课时	
课前准备	预习本任务微课视频，复习 Photoshop 软件基础操作	
评价方法	教师评价、学生互评等	

相关知识

一、什么是“我的”页面

“我的”页面，即个人中心页面，如图 6-5-1 所示，通常是对软件进行的个性化设置，但大部分 App 设计这个页面时，往往都是以弱化、简化的方式去做，只关注该部分的共同点，忽略自身产品的差异性，因此，设计往往抓不住中心思维，导致个人中心页面混乱，用户使用体验不佳，用户留存率受到影响。

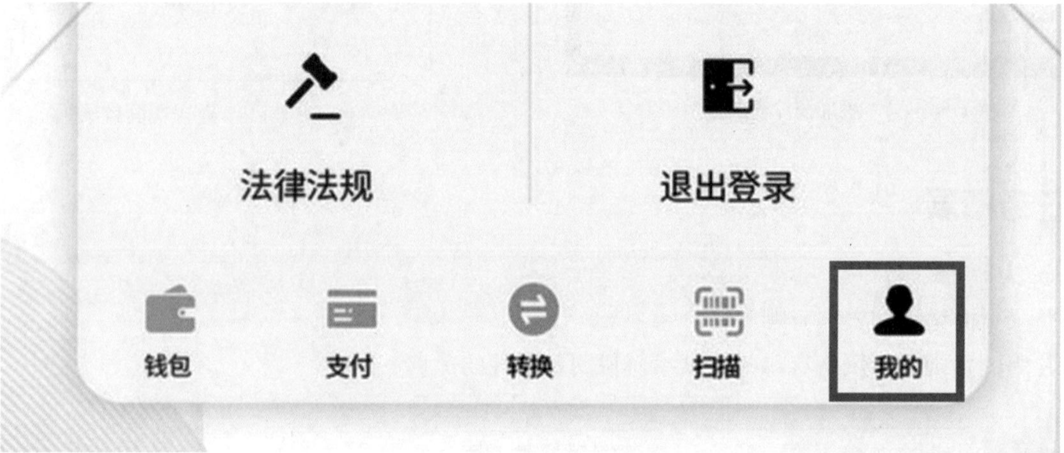

图 6-5-1　“我的”页面

“我的”页面是软件所有功能点的集合入口，流量仅次于首页。用户使用软件功能时，除其他页面的亮点功能外，在个人中心修改编辑个人信息、查看线上行为信息、设置 App 通用功能、掌握线上活动或者商城订单、联系平台方等等都需要通过个人中心页面进行。

二、“我的”页面的设计原则

不同行业和受众的产品，“我的”页面设计的风格不同，但“高效”“简单”“有特色”是不可或缺的三大要素。

比如：电商类 App，用户留存和转化是关键，因此大多采用了 Banner 图片的方式来进行突出；金融类 App 的用户参与度和黏度是重点，设计签到打卡、任务管理等，用来提高用户日活，如图 6-5-2 所示。

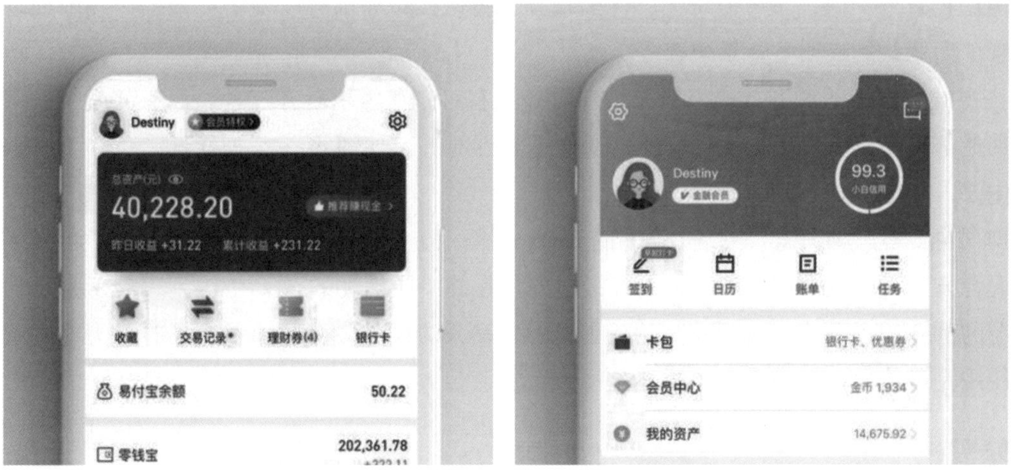

图 6-5-2　金融类 App“我的”页面

三、“我的”页面的设计风格

“我的”页面的设计风格体现在设计元素、页面背景、排列模式和图标设计四个方面。

1. 设计元素

（1）对比。元素不同，产生的对比方式也不同。如果两个元素或功能点完全不同，则产生的对比效果截然不同，目的是增强页面的表现效果，利于页面信息组织。

（2）重复。目的是增强页面效果的统一性，比如线条粗细长度、卡片圆角和大小、方格划分。

（3）对齐。任何功能和元素都不能是凌乱和随意的，存在和表现一定有其重要意义，设计视觉的对齐，一定有一个基准线。

（4）组合。有序的功能组合，文案统一，必然提升页面的整洁性和阅读性，如图 6-5-3 所示。

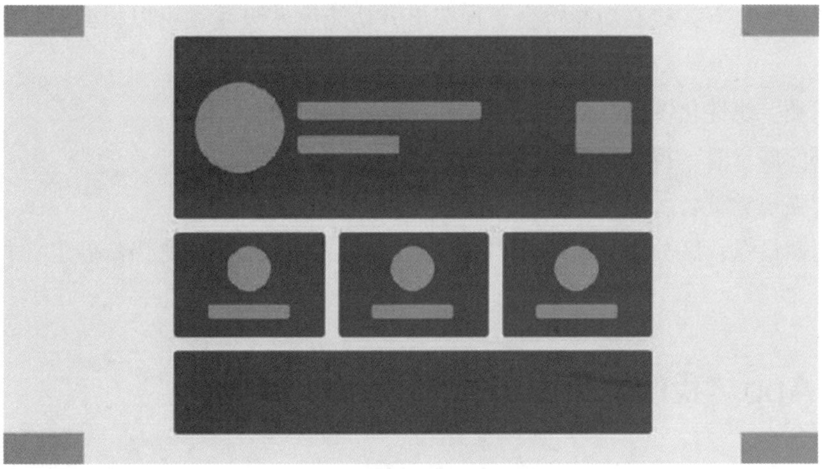

图 6-5-3　设计分析

2. 页面背景

（1）头部处理。为了奠定设计基调和排布信息，头部设计除了对齐方式的处理，纯色背景、渐变背景、插画背景、磨砂背景、图案叠加背景等都被广泛运用。

（2）表现方式。比如：系统默认为用户创作自主上传，打造用户个性化背景墙；在 VIP 等级制模式下，不同 VIP 等级用户背景不同，参考爱奇艺，优酷视频，腾讯视频等都可以明了；根据产品前期定位，选择性设计纯色背景、渐变背景或图案背景装饰等。

（3）对齐方式。页面的对齐方式一般分为左对齐、右对齐和居中对齐三种，而头部或个人信息部分是最能体现的，其他都是小模块，根据设计分析结果做差异性对齐，如图 6-5-4 所示。

3. 排列模式

页面的排列主要有三种模式：列表、宫格、分类分区。但大部分个人中心设计，为了增强多元化和设计感，多采用混合方式，这也是在设计时最推荐考虑的。在简单便携性的 App 中，列表展示是足够支撑的，但就目前市面上的 App 产品而言，多元化是主流的产品的研发方向，设计师面对产品时，为更好地表达层级和分类，混合使用是最佳的表现手法，如图 6-5-5 所示。

注：图片来源于网络

图 6-5-4　设计分析

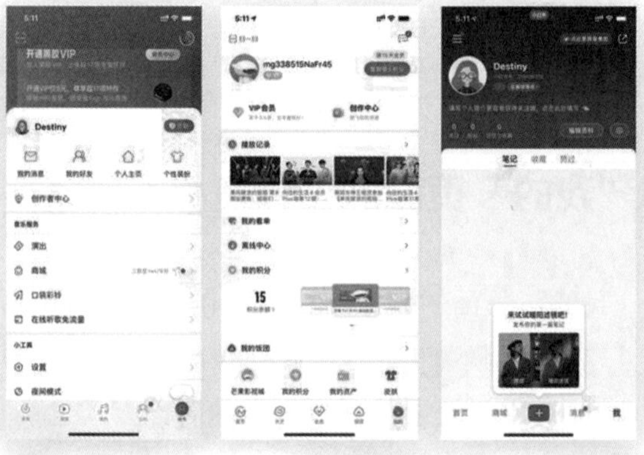

注：图片来源于网络

图 6-5-5　排列模式

4. 图标设计

图标设计在“我的”页面的占比绝对是除文字以外最大的。做差异化的图标，不仅可以稳定支撑原有风格，而且在同样的排列模式下，核心功能也会更加突出，功能优先级往往可以得到更好的体现，以引导用户点击使用。

图标大致分成三类：线性化图标、扁平化图标和异形图标。

线性化图标：页面展示时，视觉感轻盈，如图 6-5-6 所示。

扁平化图标：增强视觉重心，表现力强，如图 6-5-7 所示。

异形图标：识别性最强，区分业务模块，划分视觉层次，并且具有时尚感，但也往往容易显得累赘，如图 6-5-8 所示。

四、“悦”新闻 App“我的”页面布局

“悦”新闻 App 的“我的”页面，上方红色区域内为用户账号资料，下方是用户账号信息。按照页面规范，将整个页面分成五个区块进行制作，包括状态栏、用户信息、功能模块、用户操作和标签栏，如图 6-5-9 所示。“悦”新闻 App 的页面远不止这些，比如闪屏、搜索页面、视频播放页面等，这些页面都可以在本次案例的基础上，再设计完成。

图 6-5-6　采用线性图标的“我的”页面

图 6-5-7　采用扁平化图标的“我的”页面

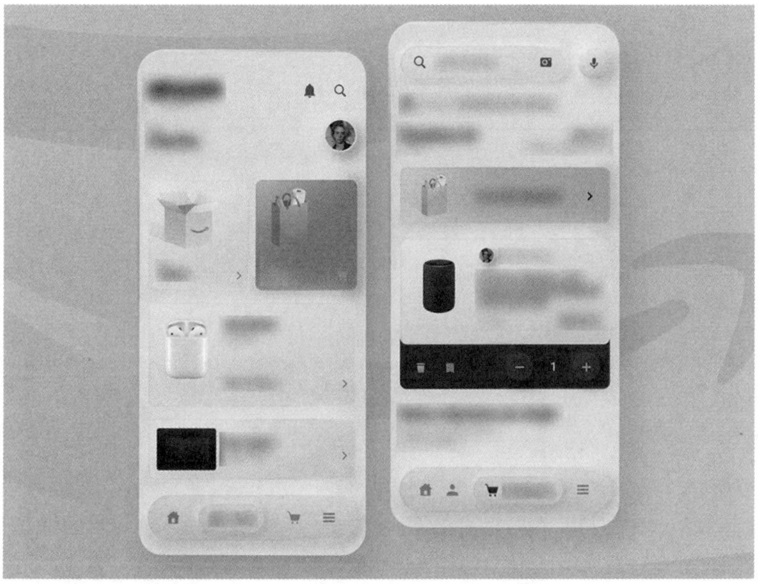

图 6-5-8　采用异形图标的“我的”页面

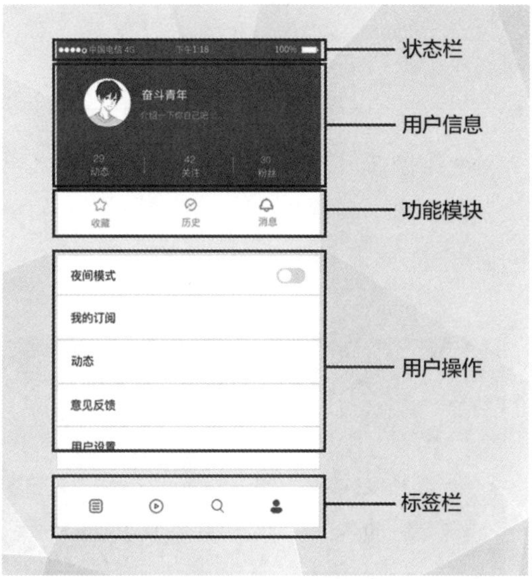

图 6-5-9　“悦”新闻 App“我的”页面布局

五、“悦”新闻 App“我的”页面案例制作

配套视频

我的页面设计

案例主题	“我的”页面	
任务分析	尺寸规格	按照图标尺寸 750 像素×1334 像素的设计规范进行
	设计风格	扁平化简洁风格
	颜色运用	(#e92723) (#222222) (#999999) (#f5f5f5)

续表

案例主题	“我的”页面
效果展示	

● 绘制步骤

第 1 步　新建 750 像素×1334 像素的文件，命名为“我的页面”，图层 1 重命名为“背景”，为其填充颜色为#F5F5F5，如图 6-5-10 所示。

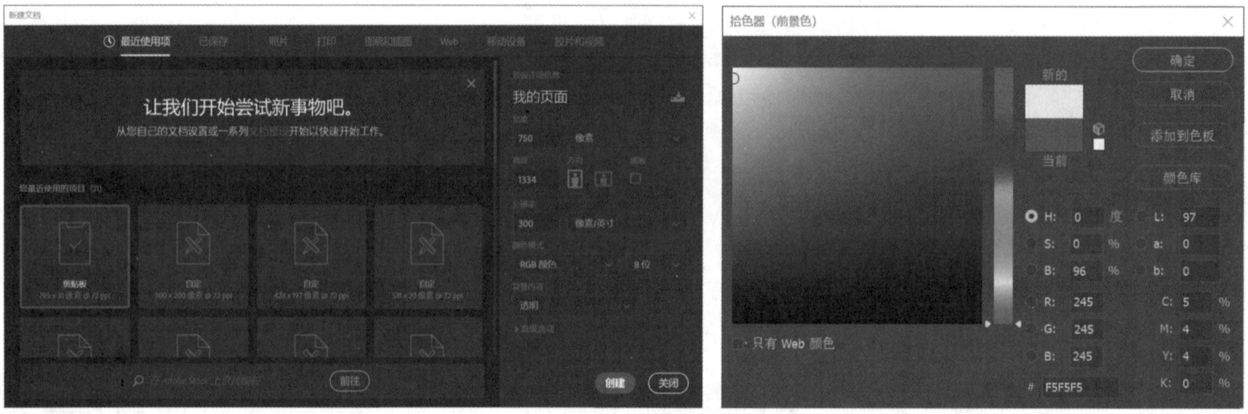

图 6-5-10　新建文件

第 2 步　打开标尺，新建水平参考线，状态栏为 40 像素，用户介绍区域为 410 像素，功能栏区域为 540 像素，空白区域为 587 像素；按钮列表一共五个，第一个为 714 像素，第二个为 841 像素，第三个为 968 像素，第四个为 1095 像素，第五个为 1222 像素；下面是标签栏，再新建垂直参考线左右各一条，分别为 40 像素和 710 像素，如图 6-5-11 所示。

第 3 步　新建四个图层文件夹，分别命名为“状态栏”“用户介绍栏”“用户按钮栏”和“标签栏”，如图 6-5-12 所示。

第 4 步　选中“状态栏”文件夹，新建状态栏背景图层，框选页面最上方区域，填充背景颜色为#c00003，将“状态栏”素材移至状态栏中，如图 6-5-13 所示。

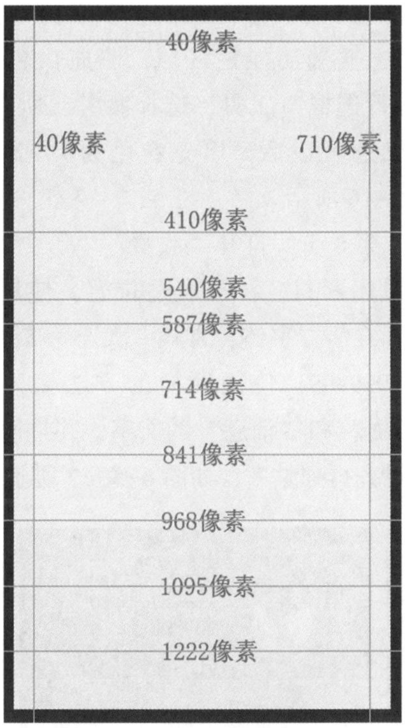

图 6-5-11 新建参考线

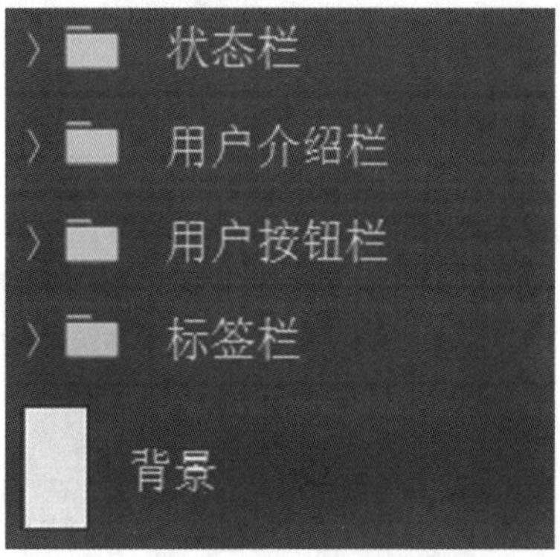

图 6-5-12 新建图层文件夹

第 5 步 选择“用户介绍栏”文件夹，新建图层，命名为“用户栏背景”，框选区域，填充红色 #c00003，将素材“头像”移至合适位置，如图 6-5-14 所示。

图 6-5-13 状态栏区域

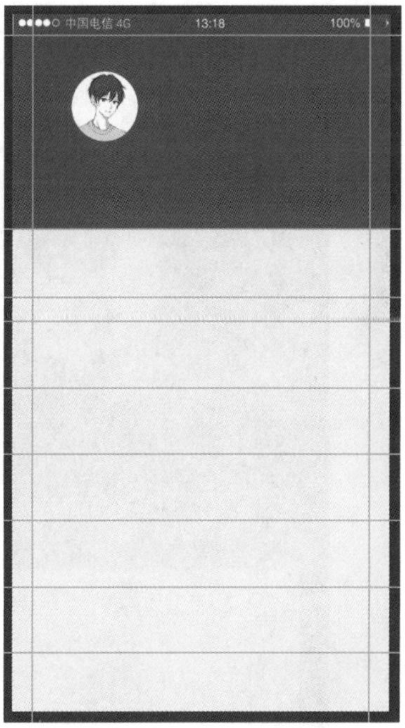

图 6-5-14 用户栏背景

第 6 步 选择“字体”工具，使用苹方字体、粗体，大小为 32 点，颜色为#f5f5f5，输入“用户名”“奋斗青年”；使用苹方字体、常规，大小为 24 点，颜色为#F5F5F5，输入文字“介绍一下你自己吧”；使用苹方字体，常规，大小为 28 点，颜色为#F5F5F5，输入文字“动态”“关注”“粉丝”，使用“直线”工具输入分隔竖线，颜色同样为#F5F5F5，如图 6-5-15 所示。

图 6-5-15　用户栏文字

第 7 步　新建图层，取名为“功能栏背景”，框选功能栏区域，填充白色，再使用“单行选框”工具，选择参考线所在的位置，生成选区以后，填充颜色为#999999，如图 6-5-16 所示。

第 8 步　打开“收藏”“历史”“消息”小图标素材，移至合适位置，使用“文字”工具，苹方字体，常规，大小为 28 点，颜色为#999999；使用同样的方法输入“收藏”“历史”和“消息”的文字，并且使用垂直居中对齐排列整齐，如图 6-5-17 所示。

图 6-5-16　功能栏背景和分隔线

图 6-5-17　功能栏小图标与文字

第 9 步　选择“用户按钮栏”文件夹，新建图层，命名为“用户按钮栏背景”，借助参考线，选择合适区域，填充白色，同样方法绘制 6 根分隔线，如图 6-5-18 所示。

图 6-5-18　绘制分隔线

第 10 步　使用“文字”工具，苹方字体，常规，大小为 32 点，颜色为#222222，输入“夜间模式”“我的订阅”“动态”“意见反馈”“用户设置”的文字，并且使它们左边都与垂直的参考线对齐，如图 6-5-19 所示。

第 11 步　绘制夜间模式的开关，选择“圆角矩形”工具，宽 120 像素，高 60 像素，半径 30 像素，填充颜色为 #e6e6e6，绘制一个的圆角矩形，再选择“椭圆”工具，按住 Shift 键，绘制一个正圆，直径为 55 像素，填充白色，描边无，如图 6-5-20 所示。

第 12 步　点击“标签栏”文件夹，打开“标签栏图标”素材，将素材移至标签栏区域，放至合适位置，如图 6-5-21 所示。

第 13 步　将所有额外的显示内容关闭，将文件储存为 JPG 格式图片，“我的”页面完成效果如图 6-5-22 所示。

图 6-5-19　添加文字

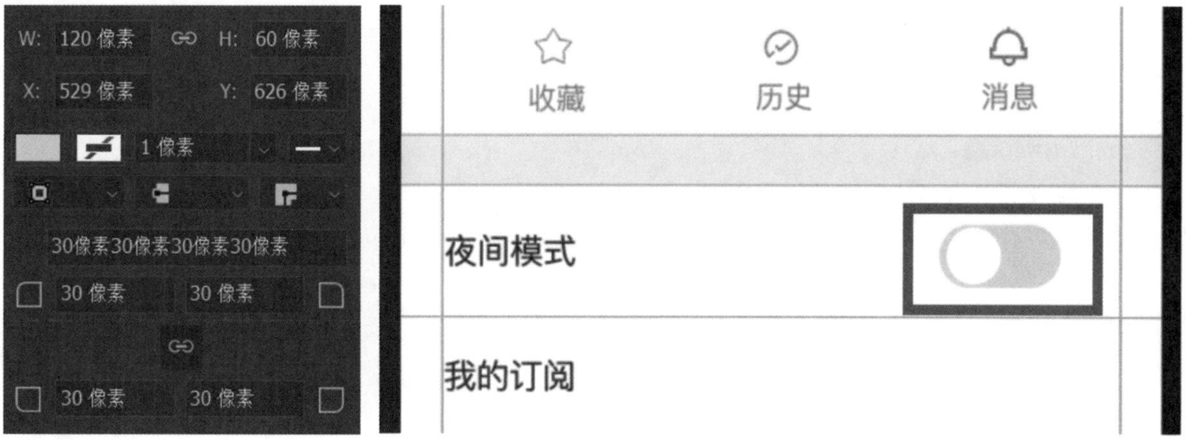

图 6-5-20　绘制夜间模式开关

图 6-5-21　标签栏

图 6-5-22　“我的”页面效果图

任务拓展

1. 完成以下测试题：

（1）“我的”页面的设计原则是什么？

（2）“我的”页面设计风格上有哪些类型？

2. 创意作业

请你试着为“悦”新闻 App 再设计一个不同风格的“我的”页面。

配套课件

项目七 社交类 App——“轻说”界面设计

项目七

社交类App——“轻说”界面设计

本项目将完成以下任务：

- 任务一 “轻说” App 产品定位和界面设计
- 任务二 “轻说” App 图标与启动页界面设计
- 任务三 “轻说” App 个人中心界面设计
- 任务四 “轻说” App 圈聊界面设计
- 任务五 “轻说” App 通讯录界面设计
- 任务六 “轻说” App 圈子界面设计

移动互联网发达的今天，人们的交流变得更加方便快捷，社交经济所占的市场份额也越来越大，越来越多的社交 App 纷纷涌现。本项目以“轻说” App 界面为主要案例，从产品定位和界面设计、图标和各常用页面的设计技巧等准备知识开始，讲解社交类 App 界面的制作技术。

任务一 “轻说” App 产品定位和界面设计

任务目标	知识目标	认识社交类 App 的功能和种类 掌握社交 App 的设计风格 掌握社交 App 界面的设计规范
	技能目标	能结合社交 App 功能设计完成产品定位 能按照设计规范进行界面色彩、字体等总体设计
	价值目标	培养主动与深度学习的能力，积极创新、追求卓越，不断提高专业技能 养成严谨钻研、精益求精的工作精神 增强美育教育，提高文化自信
建议课时	理论+实践 2 课时	
课前准备	预习本任务微课视频，整理问题，准备纸、笔、橡皮等	
评价方法	线上测试、课后作业检测、教师评价、学生互评等	

相关知识

社交类 App 是指用于实现社交网络连接、沟通、共享信息的应用程序。这些应用程序主要是为了帮助用户进行社交沟通、分享照片和文件、进行即时交流讨论以及联系朋友等。常见的社交类 App 有微信、QQ 等。

一、社交类 App 的功能

社交类 App 的主要功能主要有以下几种。

1. 即时通信聊天

这是社交类 App 最基本的功能之一。类似于短信、即时消息等服务，社交类 App 也提供了用户之间的即时通信功能。用户可以通过该功能与好友进行私密聊天，发送文字、语音、图片、视频等多种形式的信息。

2. 动态社区交流

用户可以在动态社区中分享自己的生活、照片、视频等，也可以关注其他用户的动态，进行评论和互动。

3. 群聊功能

社交类 App 支持多人之间的群聊功能，用户可以创建自己的群组，邀请朋友加入，进行多人同时聊天。

4. 用户匹配功能

很多社交类 App 都提供了用户匹配功能，即通过一定的算法，将用户与他们可能感兴趣的人进行匹配，促进更多的社交互动。

5. 其他功能

随着技术的进步和用户需求的变化，社交类 App 也在不断改进和创新，从而推出更智能的功能，例如钱包、支付、短视频、电商和游戏等。

二、社交类 App 的种类

社交类 App 主要分为四类，分别是聊天社交类，互动博客社交类，短视频社交类和陌生人配对社交及相亲社交类，如图 7-1-1 所示。

图 7-1-1　社交 App 的种类

1. 聊天社交类 App

聊天社交 App 是一种较为典型的社交类 App，它回归到社交最根本的状态，就是实现即时的聊天通信，并且在聊天通讯功能上做出了一些技术的革新，比如语音聊天、视频聊天、表情发送等，目前最有代表性的还是微信和 QQ，几乎处于社交 App 的垄断地位。

2. 互动博客社交类 App

互动博客类社交 App 一直与我们密切相关，我们常用的微博、新闻资讯 App 基本上都是属于这个类型。这类 App 由用户进行内容的创作分享，然后引发其他用户的阅读、转发和评论互动，目前最具代表性的有“新浪微博”“知乎问答”等。

3. 短视频社交类 App

对于短视频社交类 App，我们应该都很熟悉，当下非常火的抖音、快手等就是一种新式的结合音视频的社交 App 模式。这类 App 是通过用户录制短视频，后期在平台上进行音效或者动效的简单后期制作，在平台上进行分享、点赞、评论的一种社交模式。

4. 陌生人配对社交类 App

陌生人配对社交类 App 以及相亲社交类 App 也是非常热门的分类。用户可以在平台上传自己的资料和图片，选择个人喜好标签，App 会根据推荐算法进行匹配，匹配完成之后就可以开始互动社交了。

三、社交类 App 的设计风格

社交类 App 的 UI 设计风格应该遵循简洁明了、便于操作的原则，同时注重色彩、字体、图标、布局和交互设计等方面的一致性，营造出轻松、安全的用户体验。

1. 色彩搭配

社交类 App 的色彩搭配应该根据品牌特色和目标用户群体来选择。一般使用较为柔和的色彩搭配，常用的色彩有蓝色、绿色、橙色等，这些颜色可以营造出轻松、安全、友好的聊天氛围，如图 7-1-2 所示。同时，色彩也可以用来区分不同的功能和区域，例如使用不同的颜色来表示不同的社交圈子或不同的消息类型。

图 7-1-2　社交 App 的界面

2. 字体设计

字体是 UI 设计中非常重要的元素，应该选择易于阅读、简洁大方的字体，同时注重字体的排版和布局，以左对齐排版居多，尽量符合用户“从上至下，从左至右”的阅读习惯。在社交类 App 中，字体应该能够清晰地表达信息，同时也要符合整体设计风格。

3. 图标设计

社交类 App 的图标应该易于理解、便于识别，同时注重图标的统一性和一致性。在社交类 App 中，也可以使用一些通用的图标来表示不同的社交行为，如点赞、评论、分享等。

4. 布局设计

社交类 App 的布局应该简洁、明了、易于操作。一般采用卡片式设计或者列表式设计，如图 7-1-3 所示，将信息按照不同的功能和类型进行分类排列，使用户能够快速地找到需要的信息。同时，布局应该注重留白和对称的原则，增强整体美感和协调性。

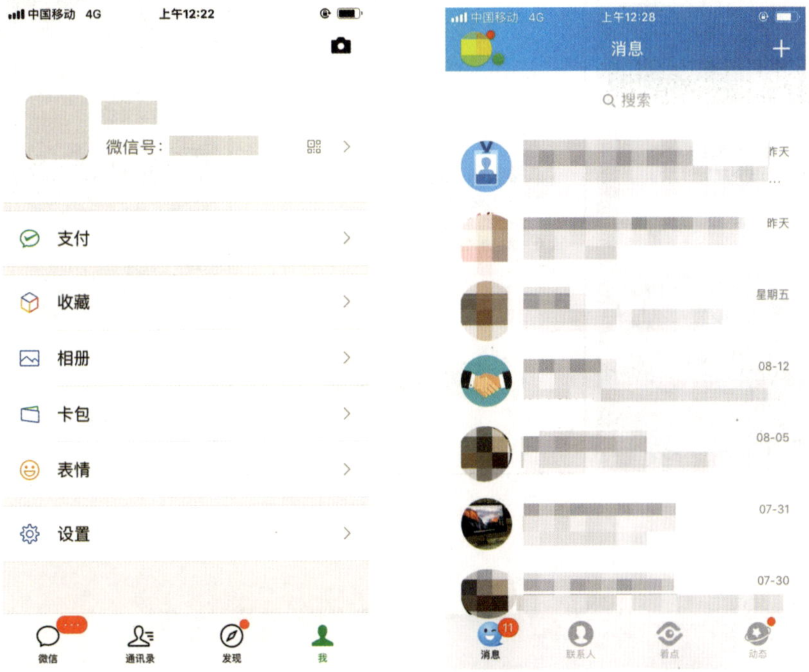

图 7-1-3　列表式设计

5. 交互设计

社交类 App 的交互设计应该符合用户的使用习惯和操作方式。例如，使用下拉菜单、抽屉式导航和标签栏导航等常见的交互方式，如图 7-1-4 和图 7-1-5 所示，使用户能够快速地理解和使用应用。同时应该注重交互的反馈和提示，如图 7-1-6 所示，使用户能够明确了解操作的结果和状态。

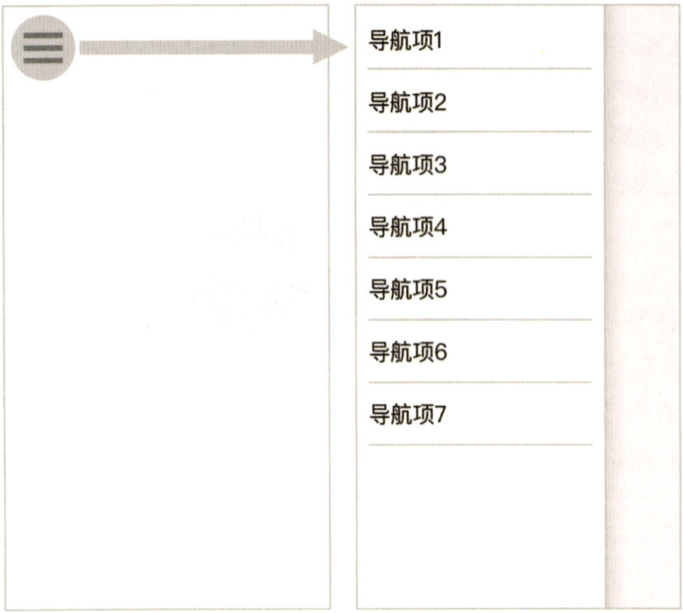

图 7-1-4　抽屉式导航

图 7-1-5　标签栏导航

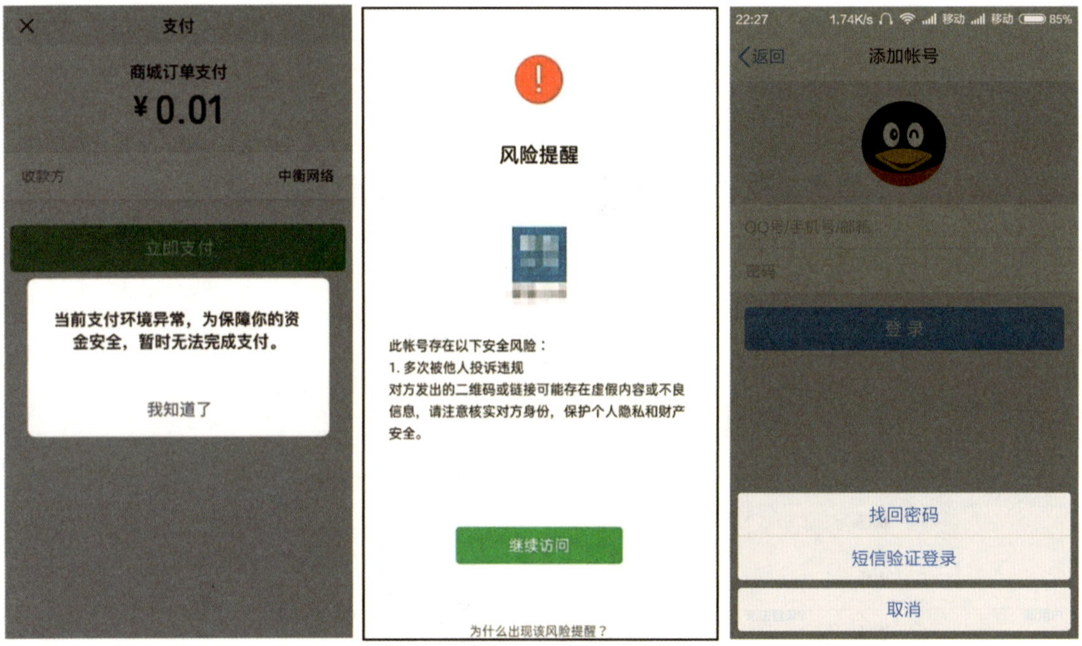

图 7-1-6　交互的反馈和提示

四、社交类 App 赏析——以“微信”“QQ”“抖音”为例

1. 微信

微信是目前国内用户数量最多的社交类 App。微信界面整体设计风格非常简洁、大众化，是一款典型的社交类 App 界面设计。

微信启动图标采用绿色作为主色，如图 7-1-7 所示，视觉效果舒适且易识别，传达了便捷生活、高效沟通的设计理念，一左一右的对话图标，直观地表达了软件的基本功能——交流。

界面主要内容区域的色调是灰色，如图 7-1-8 所示，不同深浅的灰色和白色的运用使界面更耐看，用户长时间注视不会视觉疲劳，适合长时间沟通交流。这样的设计和电商类 App 色彩丰富的设计是截然不同的。

微信的功能图标采用线性的设计风格，看起来更干净、精致，给人稳定可靠的感觉，如图 7-1-9 所示。底部标签栏中的功能图标在未选中状态下呈线性，在选中状态下呈面性，并以微信的标志色绿色作填充，起到了突出和视觉引导的作用，如图 7-1-10 所示。

微信的界面设计和微信的用户定位有关，微信的用户是面向所有年龄层次的，所以微信的设计风格是大众化路线，设计简洁，功能简单，要让不同年龄层次的人都能够快速接受并学会使用。

图 7-1-7　微信启动图标

图 7-1-8　微信界面主要内容区域

图 7-1-9　微信功能图标

图 7-1-10　微信标签栏图标

2. QQ

QQ 的整体设计较微信更活泼，它的主色为蓝色，让人有冷静的感觉，易于沟通。

图 7-1-11　QQ 的企鹅标志

QQ 图标和启动页面中企鹅的形象生动可爱，深入人心，具有标志性，如图 7-1-11 所示；标签栏中功能图标的设计也偏向于卡通风格，看起来更加的活泼年轻，如图 7-1-12 所示。

QQ 的整个界面比微信更加烦琐，功能也更多、更复杂，如游戏中心、结伴、鹅毛集市、直播、小窝、动漫、音乐等丰富的功能更受年轻人的喜爱，如图 7-1-13 所示。根据相关统计数据，微信用户群体中，60%超过 25 岁，而 QQ 的用户群体中，60%低于 25 岁。QQ 的用户人群相对来说更年轻化，这也决定了 QQ 的产品定位和设计风格。

图 7-1-12　QQ 标签栏中的功能图标

以上两款国内最受欢迎的社交平台具有类似的基本功能，但是由于受众不同，设计风格也有明显差异。因此，我们在设计 App 时，除了展现 App 的基本功能以外，也要根据用户的年龄、喜好等因素进行个性化设计。

3. 抖音

抖音 App 是一款旨在帮助大众用户表达自我、记录美好生活的短视频分享平台。抖音的用户人群非常广泛，但主要集中在年轻人、城市用户和女性用户中，可以说是一款非常个性化、年轻化的社交类 App。抖音的整体设计风格比较现代时尚，主色为黑色，符合年轻人追求个性的审美特征。

抖音的图标造型是一个跳动的音符，如图 7-1-14 所示，与产品功能——音乐创意短视频相契合，为了增强音符的动态感，使用了红色和青色模拟 3D 动感效果。

图 7-1-13　QQ 的功能

图 7-1-14　抖音的图标

在界面中，功能图标颜色跳跃，使用户更有代入感，能够激发人们点击的欲望，如图 7-1-15 所示。

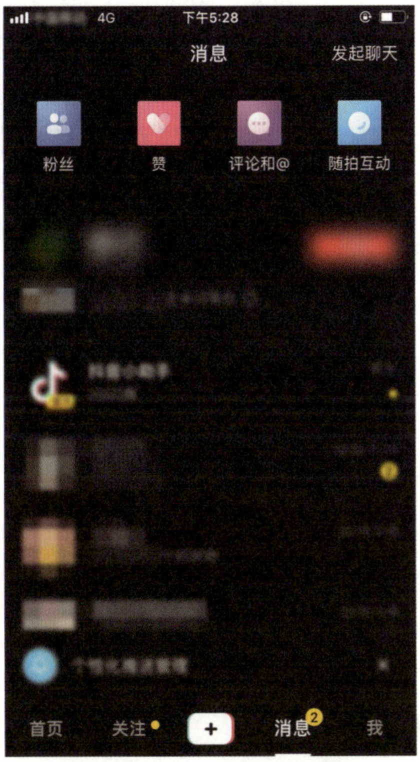

图 7-1-15　抖音的图标

图 7-1-16　抖音的排版

抖音首页界面的排版呈网格列表式，一个个非常大的视频图，给用户尽可能大的展示自己的空间，实现用户展现自我、展现个性的需求，如图 7-1-16 所示。

五、“轻说” App 的产品定位

本案例“轻说”App 是一款针对年轻用户的时尚聊天 App，主要功能有语音视频聊天、圈子、圈聊等，产品理念是轻松交流、高效沟通。

根据产品功能和定位，我们确定产品的设计有以下几个关键词：简洁、扁平化、年轻、时尚、便捷，如图 7-1-17 所示。

图 7-1-17　产品定位

六、“轻说” App 的界面规范

1. 尺寸

UI 设计必须时刻遵守应用的规范。在“轻说” App 的 UI 设计过程中，采用基准尺寸为 750px×1334px。界面中的导航栏、状态栏、标签栏、应用图标都有相应的设计规范，在 750px×1334px 的页面尺寸中，状态栏高 40px，导航栏高 88px，标签栏高 98px，应用图标尺寸为 114px×114px，如图 7-1-18 所示。这些规范尺寸用于规范设计师的设计，避免产生页面整合到移动设备后发生压缩变形、尺寸不匹配等情况的发生。

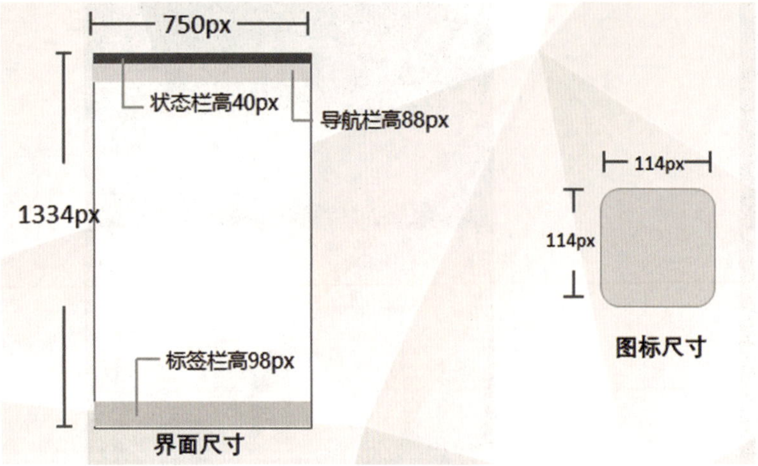

图 7-1-18　尺寸规范

2. 配色

“轻说” App 的主色选择蓝绿色和紫色渐变，冷色调使用户更容易冷静地思考与交流，渐变色是当下流行的 UI 配色风格，使界面富有层次感，如图 7-1-19 所示。灰色和白色是整个界面的辅助色；粉色、绿色等色彩是界面的点缀色。

3. 字体

在字体选择上，采用 iOS 专用的苹方字体；字体大小为：大字体 36 像素，中等字体 30 像素，小字体 24 像素，具体的大小根据具体设计而定。

图 7-1-19　配色方案

4. 页面版式

“轻说” App 的界面主要使用了列表式布局，例如个人中心、通讯录等页面，导航形式采用标签栏导航和下拉列表导航。图 7-1-20 为界面的低保真效果图。

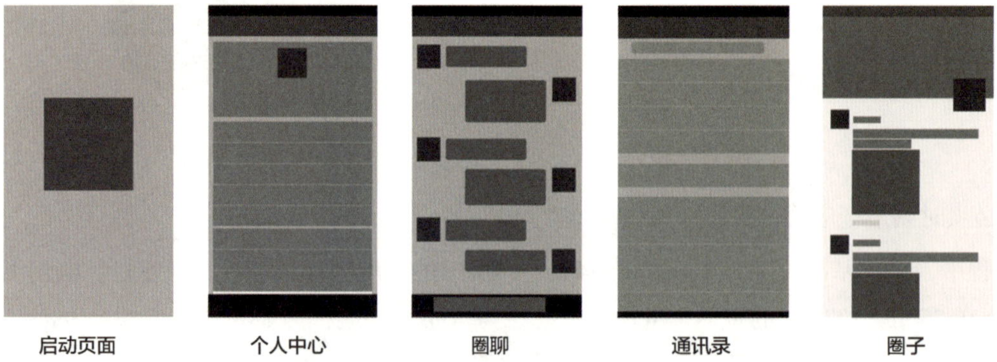

图 7-1-20　界面低保真效果图

任务拓展

1. 完成以下测试题：

（1）什么是社交类 App？社交类 App 有哪些类型？请举几个例子。

（2）社交类 App 的主要功能是什么？请展开说明。

2. 请你进行问卷调查，探索随着时代的发展，人们对社交类 App 的功能还有哪些深层次的需求？

3. 请你设计一款社交类 App，完成产品定位、界面规范等设计，并制作低保真效果图。

任务二 “轻说” App 图标与启动页界面设计

<table>
<tr><td rowspan="3">任务目标</td><td>知识目标</td><td>掌握扁平化长投影图标的做法
掌握 App 图标的创意方法
掌握启动界面的设计制作方法</td></tr>
<tr><td>技能目标</td><td>能使用扁平化长投影进行图标设计
能设计界面的启动页面</td></tr>
<tr><td>价值目标</td><td>深入生活，树立正确的艺术观
培养认真严谨、精益求精的工匠精神
提高审美品位，增强文化自信，勇于创新实践</td></tr>
<tr><td>建议课时</td><td colspan="2">实践 2 课时</td></tr>
<tr><td>课前准备</td><td colspan="2">预习本任务微课视频，复习 Photoshop 软件基础操作</td></tr>
<tr><td>评价方法</td><td colspan="2">教师评价、学生互评等</td></tr>
</table>

相关知识

一、社交类 App 启动页界面的类型

1. 无感知式

这种设计方式主要是为了缓解用户等待应用启动时的焦躁情绪。具体来说，无感知式启动页会采取一个和 App 首页相同的框架，但是去掉内容，最多留下标题，给用户的感知就是已经进入这个 App 并且已经在加载内容了。

2. 品牌透出式

这是国内 App 最主流、最基础的启屏页展现形式，可以分为纯 Logo、Logo+Slogan、Logo 衍生拓展、插画等。这种形式适用于一些本身就比较知名、有一定的影响力的 App 来打造自己的品牌、传达自己的品牌定位及形象等。

以上是启动页界面设计常见的两种类型，具体的设计需要根据 App 的定位和用户需求等进行综合考虑。

图 7-2-1 “轻说” App 图标与启动页界面设计

二、“轻说” App 图标与启动页界面设计

“轻说” App 的图标由它的英文名 “Light Talk” 中的首字母 “L” 和 “T” 组成，结合扁平化图标中长投影的制作方法，构成一正一反的投影效果。启动页界面设计采用品牌透出式类型，用 App 的图标进行设计，如图 7-2-1 所示。本任务将完成 App 的启动图标和启动页界面的设计。

三、“轻说” App 图标与启动页界面案例制作

配套视频

“轻说” App图标与启动页面绘制

案例主题	图标与启动页界面	
任务分析	尺寸规格	按照界面尺寸 750 像素×1334 像素的设计规范进行
	设计风格	扁平化长投影风格
	颜色运用	绿紫渐变（#74ebd5）(#9face6)
效果展示		

- 绘制步骤

第 1 步　新建文件，页面大小为 750 像素×1334 像素，分辨率 72 像素/英寸，其余默认。

第 2 步　新建一个图层，选择“渐变”工具，调整渐变色，两端的颜色分别是#74ebd5 和#9face6，如图 7-2-2 所示。

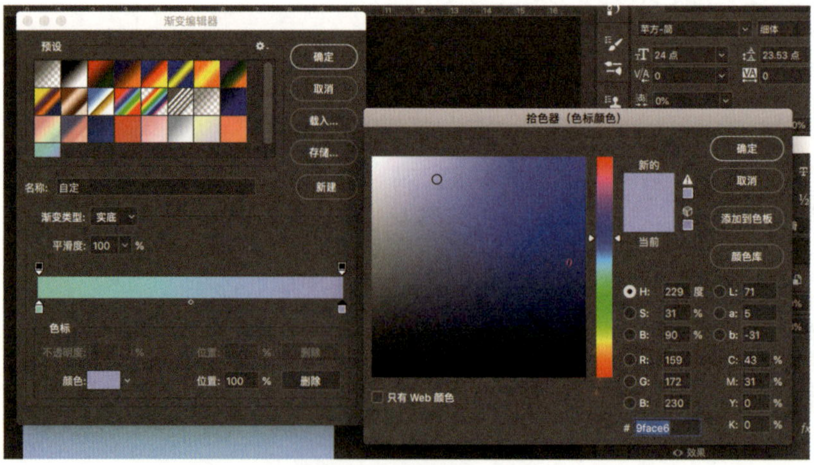

图 7-2-2　渐变色设置

第 3 步　选择径向渐变，在画布中拉出渐变背景，如图 7-2-3 所示。

第 4 步　用“圆角矩形”工具画出一个圆角矩形，半径 70 像素，填充白色，如图 7-2-4 所示。

图 7-2-3　渐变色设置

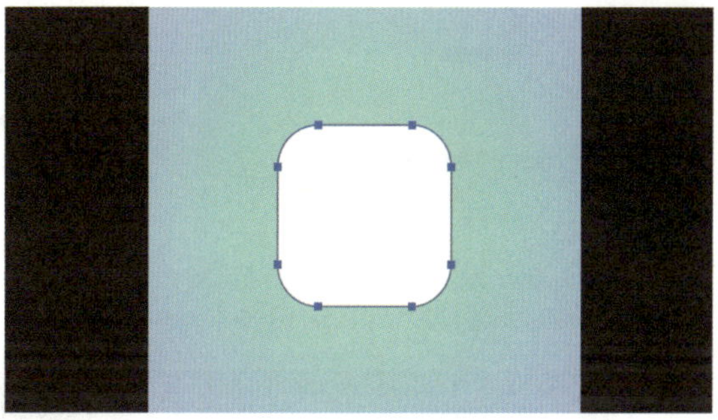

图 7-2-4　圆角矩形

第 5 步　在图层下方点击混合选项，给圆角矩形设置内发光和投影，参数如图 7-2-5 所示。

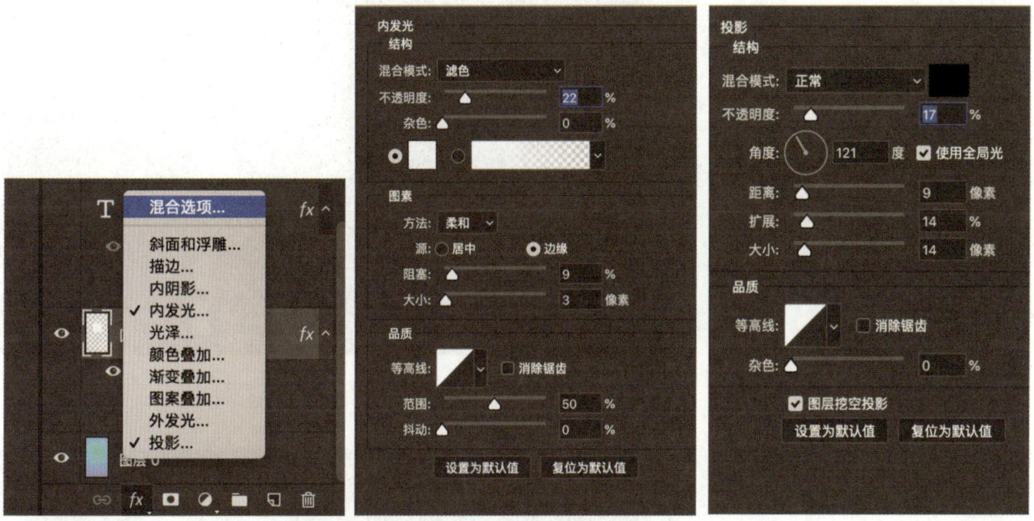

图 7-2-5　设置内发光和投影

第 6 步　用“文字”工具输入字体，打开字体图层的混合选项增加外发光和投影，参数如图 7-2-6 所示。

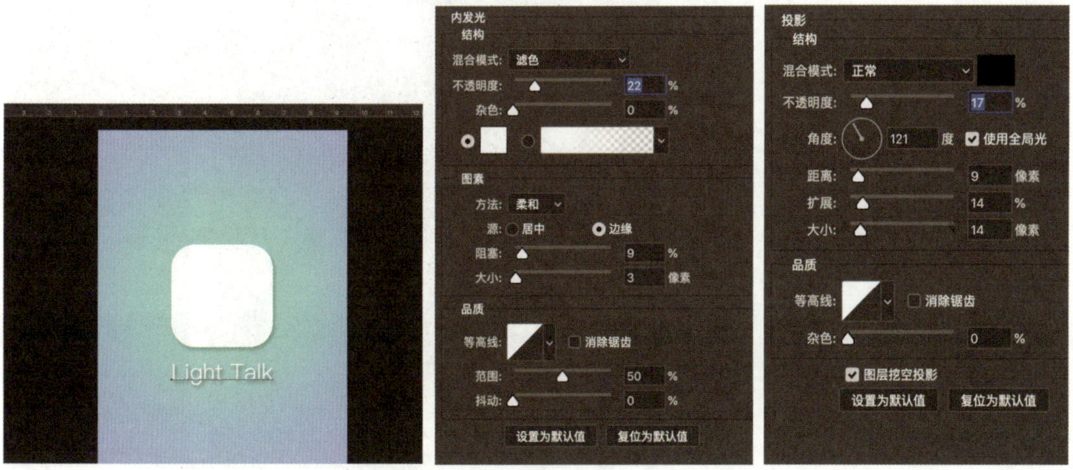

图 7-2-6　输入文字并设置内发光和阴影

图 7-2-7　“轻说” Logo 设计

第 7 步　用“字体”工具输入大写“L”，字体颜色为#9face6，如图 7-2-7 所示。

第 8 步　首先右击图层将图层栅格化，接着按 Ctrl+J 将文字“L”图层复制到一个新图层，然后按 Ctrl+T 自由变换，按下键盘上的方向键——向下、向右各移动一格，最后点击确认操作，如图 7-2-8 所示。

第 9 步　多次按下组合键 Ctrl+Alt+Shift+T，重复“自由变换”命令，复制出多个“L 拷贝”图层，效果如图 7-2-9 所示。

第 10 步　把所有“L 拷贝”图层合并成一个图层，如图 7-2-10 所示。

图 7-2-8　拷贝图层

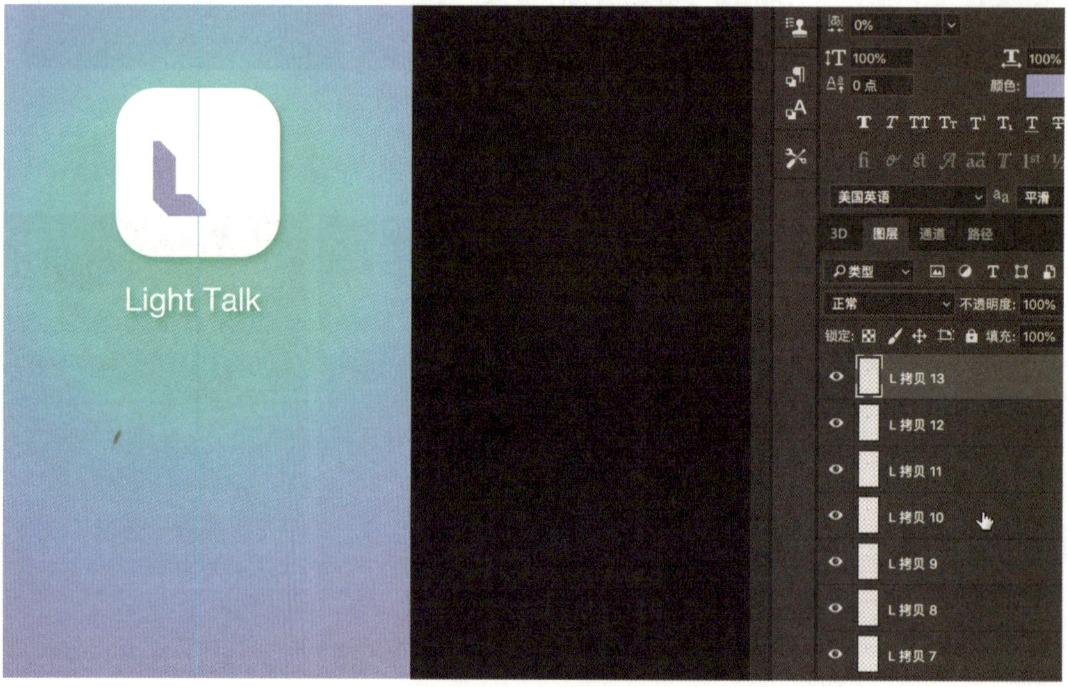

图 7-2-9　拷贝图层

第 11 步　按住 Ctrl 键，单击“L 拷贝 13”的图层缩略图，创建选区，将前景色改为青色，按 Alt+Delete 给选区填充前景色，填充完毕后按 Ctrl+D 取消选区，即得到了字幕“L”的青色长投影，如图 7-2-10 所示。

图 7-2-10　给选区填充前景色

第 12 步　交换图层顺序，将紫色的“L”图层移在上方，青色长投影效果放在下方，如图 7-2-11 所示，接着选中这两个图层，创建新组并命名为“L”。

图 7-2-11　调整图层位置

第 13 步　运用第 7 步到第 12 步类似的方法，完成“T”和“点”的长投影制作，如图 7-2-12 所示。要注意的是，在制作字母“T”的长投影时，第 8 步中“按下键盘上的方向键——向下、向右各移动一格”要改为“反方向向上、向左各移动一格”，这样才能使长投影向左上方延伸。

第 14 步　最终效果如图 7-2-13 所示。

任务拓展

1. 完成以下测试题：

请简要叙述扁平化长投影的制作方法。

2. 创意作业

请你设计一款社交类 App，并完成图标与启动页界面设计。

图 7-2-12　调整图层位置

图 7-2-13　最终效果

任务三　“轻说” App 个人中心界面设计

<table>
<tr><td rowspan="3">任务目标</td><td>知识目标</td><td>掌握 App 中个人中心界面的功能
掌握 App 中个人中心页面的组成元素
掌握个人中心界面的设计规范</td></tr>
<tr><td>技能目标</td><td>能使用标尺和参考线规范页面设计
能独立设计个人中心界面</td></tr>
<tr><td>价值目标</td><td>培养认真严谨、精益求精的工作习惯
勇于创新、潜心钻研、树立终身学习的理念</td></tr>
<tr><td>建议课时</td><td colspan="2">实践 2 课时</td></tr>
<tr><td>课前准备</td><td colspan="2">预习本任务微课视频，复习 Photoshop 软件基础操作</td></tr>
<tr><td>评价方法</td><td colspan="2">教师评价、学生互评等</td></tr>
</table>

相关知识

一、社交类 App 个人中心界面的功能

社交类 App 个人中心界面的功能主要是让用户能够便捷地管理自己的个人资料、与他人进行即时交流和分享动态，同时展示个人在社交网络中的价值和影响力。

（1）个人资料填写和编辑。用户可以在个人中心页面填写和编辑自己的资料，包括头像、昵称、ID 号等基本信息。有些社交应用还允许用户上传照片墙和其他信息资料，帮助他人进一步了解用户。

（2）即时聊天功能。在社交应用中，用户可以通过个人中心页面向陌生人发起聊天对话，实现匿名聊天。聊天对话框有多种设置方式和用户功能供用户选择。

（3）动态分享功能。在个人中心页面，用户可以随时随地以图片、文字以及音乐的形式分享心情动态。这些动态可以点赞、评论、转发，方便用户在分享动态的过程中与他人建立联系。

（4）关注和粉丝管理。个人中心页面会显示用户关注和粉丝的数量，体现个人在群体中的价值和影响力。用户可以在个人中心页面管理自己的关注者和粉丝，例如添加关注、取消关注、设置粉丝权限等。

（5）其他功能。根据不同的社交应用，个人中心页面还可能包含其他功能，如查看个人信息、修改密码、绑定第三方账号等。

图 7-3-1 “轻说” App 个人中心界面

二、“轻说” App 个人中心界面的组成

“轻说” App 个人中心界面主要显示用户名、头像、账号及密码等信息，主要功能有二维码添加好友、支付、收藏、相册、卡包和设置等。界面导航采用标签栏导航，排版方式采用列表式布局，文字和图标主要采用居中对齐和左对齐。功能图标风格统一，均为线性化图标，如图 7-3-1 所示。

三、“轻说” App 个人中心界面案例制作

配套视频

“轻说” App个人中心页面教学视频

案例主题	个人中心界面	
任务分析	尺寸规格	按照界面尺寸 750 像素×1334 像素的设计规范进行
	设计风格	扁平化风格
	颜色运用	绿紫渐变（#74ebd5）(#9face6) (#f9ce8c) (#ef959e) (#c3e3e5) (#ced1d8)
效果展示		

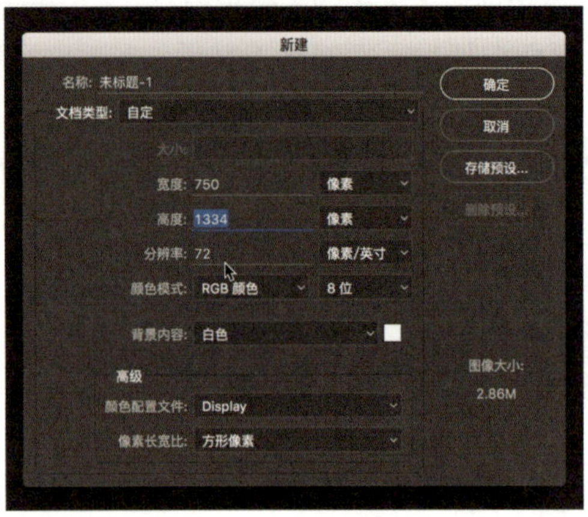

图 7-3-2　新建文件

● 绘制步骤

第 1 步　新建文件，命名为“个人中心界面”，750 像素×1334 像素，分辨率 72 像素/英寸，如图 7-3-2 所示。

第 2 步　分别在纵向 40 像素、128 像素、600 像素、1236 像素的位置各拉出一条参考线，横向 30 像素、720 像素的位置各拉出一条参考线，如图 7-3-3 所示，确定状态栏、导航栏、标签栏的高度，在左右留出 30 像素安全距离。

第 3 步　新建一个图层命名为“背景”，填充颜色为 #e7e8ec，如图 7-3-4 所示。

第 4 步　再创建一个图层，命名为“导航栏”，用选框工具画出导航栏和状态栏的大小，高度为 128 像素，宽度为 750 像素，设置前景色为#74ebd5，设置背景色为#9face6，采用前景色到背景色渐变，如图 7-3-5 所示，置入智能对象素材“状态栏 . png”，放在顶部状态栏的位置。

图 7-3-3　参考线

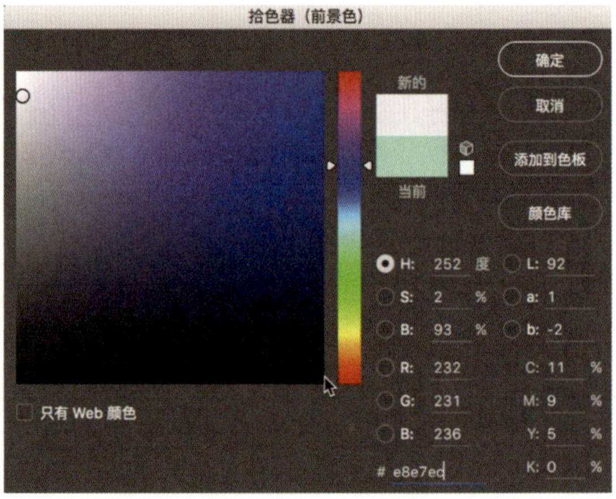

图 7-3-4　背景颜色

第 5 步　新建图层命名为“标签栏”，用“矩形”工具画出标签栏的形状，高度为 98 像素，宽度为 750 像素，填充白色，如图 7-3-5 所示。

第 6 步　新建图层命名为“个人信息”，画出个人信息的大小位置，填充白色，如图 7-3-5 所示。

第 7 步　新建图层，命名为“列表”，矩形框选工具样式——固定大小，修改宽度为 750 像素，高度为 90 像素，填充白色。“列表”和“个人信息”之间间隔 20 像素。按 Ctrl+J，复制列表，每个列表间隔 5 像素，一共拷贝出五个列表。选中所有列表按 Ctrl+G 创建组，重新命名为“列表”，如图 7-3-6 所示。

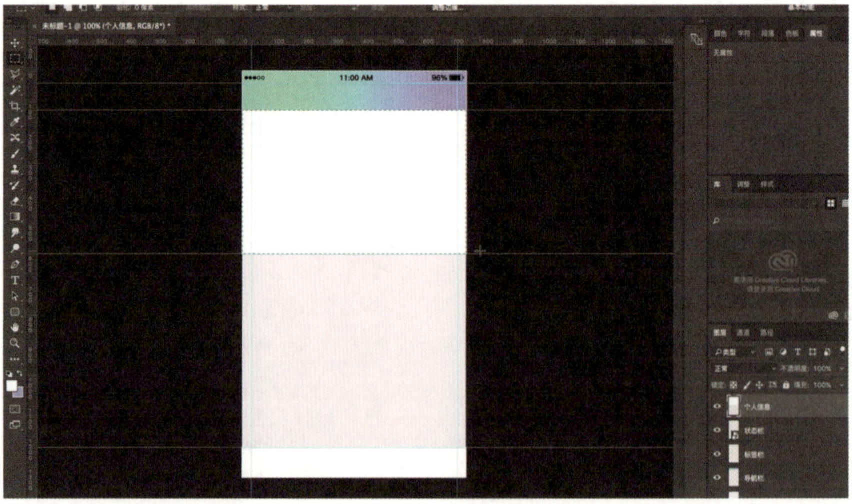

图 7-3-5　效果图

第 8 步　置入功能图标素材并返回，调整大小位置，添加颜色叠

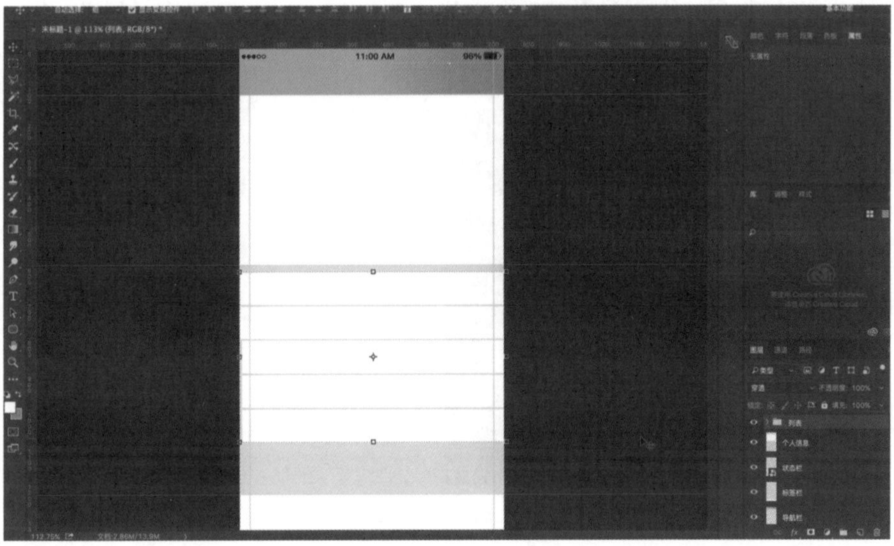

图 7-3-6　列表

加图层样式，将颜色改为白色，如图 7-3-7 所示。

第 9 步　置入“扫一扫”图标素材，将“扫一扫”图层栅格化，用“魔棒”工具抠除背景，缩放调整位置大小与返回图标对齐。复制“返回”图层的叠加颜色图层样式，粘贴给“扫一扫”图层，如图 7-3-8 所示。选中“返回”“扫一扫”“导航栏”图层，合并一个组并命名为“导航栏”。

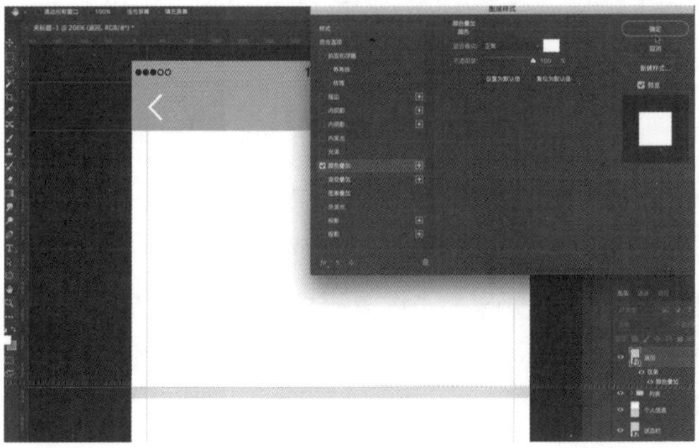

图 7-3-7　返回图标

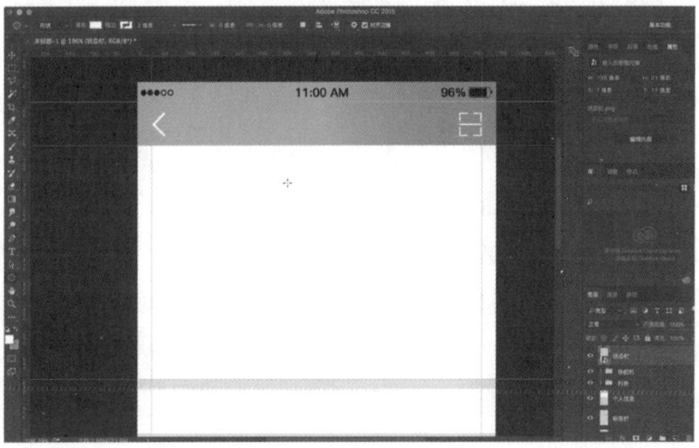

图 7-3-8　导航栏

第 10 步　用“椭圆”工具画出正圆，填充灰色并拷贝，然后按住 Alt+Shift 使椭圆 1 拷贝向中心等比缩放。置入素材“图片 1”，将“图片 1”放在“椭圆 1 拷贝”图层上，按住 Alt 键，在“图片 1”和“椭圆 1 拷贝”两个图层间单击，进行剪贴蒙版的快捷操作，调整图片大小和位置，如图 7-3-9 所示。

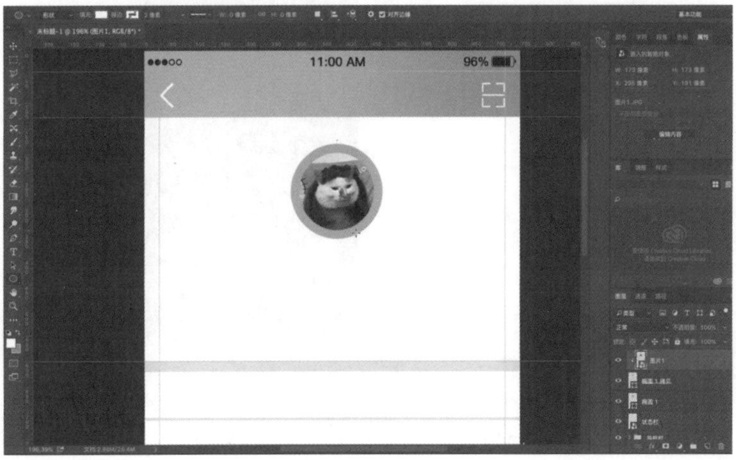

图 7-3-9　用户头像

第 11 步　选择“直线”工具，按住 Shift 键，绘制出水平的直线，描边颜色为 #202951，如图 7-3-10 所示。用“文字”

工具输入用户名，字体大小为 36，字体为苹方-中粗体，字体颜色为黑色，居中对齐。

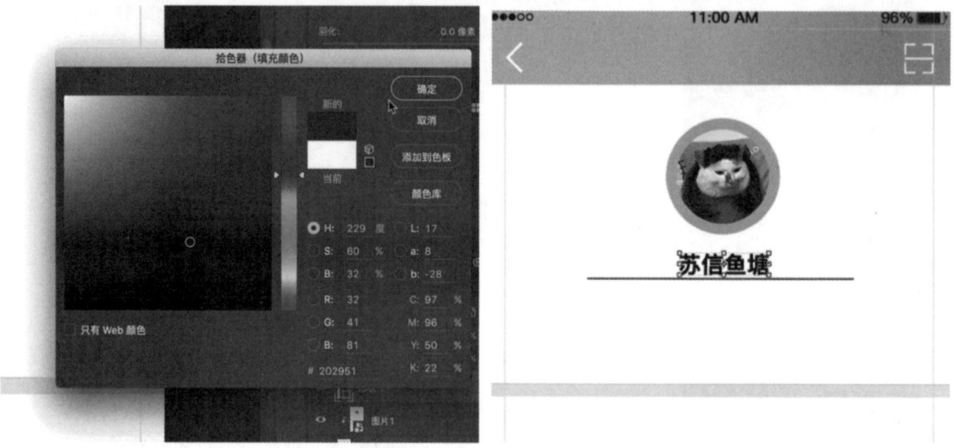

图 7-3-10　效果图

第 12 步　置入素材“二维码”，调整位置和大小。用“文字”工具输入账号、地址等信息，字体大小为 24 点，字体颜色为#ababab，字体为苹方常规体，如图 7-3-11 所示。

第 13 步　置入“支付”图标，置于安全区域内的 20 像素，图标颜色叠加为白色。用“椭圆”工具绘制一个直径 75 像素的正圆，填充颜色为#facf82。用“文字”工具输入文字“支付”，颜色为#282828，文字大小为 30 点，文字与图标的距离 20 像素，将文字、图标、椭圆背景三个图层建立组，命名为“支付”，如图 7-3-12 所示。

图 7-3-11　效果图

第 14 步　按住 Ctrl+J 拷贝“支付”这个组，删除组内“支付”图标的图层，并重新命名这个组为“收藏”，调整位置大小。重复上一步的操作，创建出“相册”“卡包”“设置”的组，修改为每个组相应的文字，修改每个图标的椭圆背景颜色，可用颜色叠加进行修改，色值分别是：“设置”为#a8a9ba，“卡包”为#caceda，“相册”为#c4e5e4，“收藏”为#eb989a。然后置入各个图标，并调整到相应位置，图标都填充为白色，可用拷贝颜色叠加图层样式的方式快速修改，效果如图 7-3-13 所示。

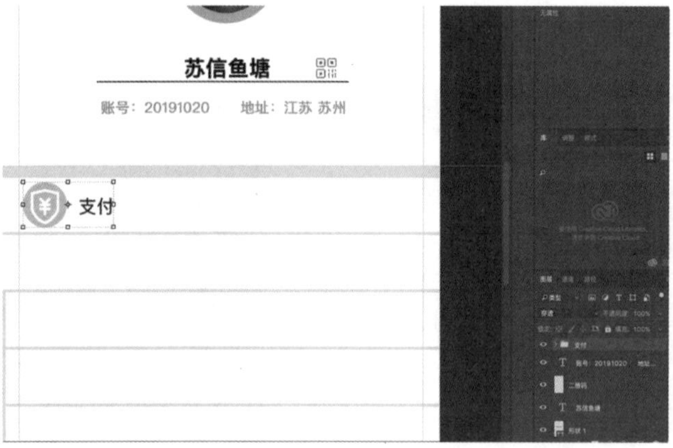

图 7-3-12　支付

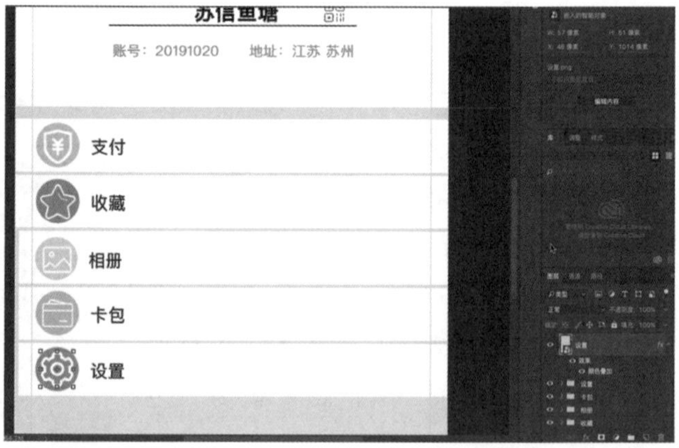

图 7-3-13　功能列表

第 15 步　标签栏制作。用矩形选框工具绘制 60 像素×60 像素的矩形，用参考线工具做出上下两条参考线，上面的一条距离标签栏顶端 10 像素，下面的一条距离标签栏顶端 70 像素。分别置入标签栏的图标，缩放到 60 像素×60 像素大小，更改四个图标的颜色为#bebebe。用“文字”工具输入对应的文字，字体大小为 18 点，字体为苹方常规体，与图标水平居中对齐，效果如图 7-3-14 所示。

图 7-3-14 标签栏

第 16 步 绘制“我”图标的选中状态，用圆角矩形工具绘制圆角矩形，圆角弧度 5 像素，填充颜色为渐变色#74bd5—#9face6；图层样式为外发光：不透明度 22%，颜色#0352cc，扩展 23%，大小 16 像素；个人中心图标改为白色，文字“我”颜色改为#9face6，效果如图 7-3-15 所示。

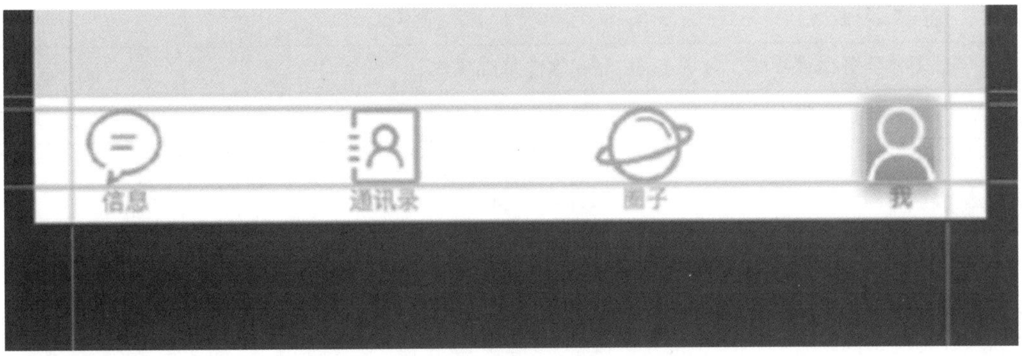

图 7-3-15 “我”图标的选中状态

第 17 步 最终效果如图 7-3-16 所示。

任务拓展

1. 完成以下测试题：

（1）社交类 App 个人中心界面的功能有哪些？请你简要说说。

（2）请你对比任意两款社交类 App 的个人中心界面，分析它们的相同点和不同点。

2. 创意作业

请你设计一款社交类 App，并完成个人中心界面设计。

图 7-3-16 最终效果

任务四　“轻说” App 圈聊界面设计

任务目标	知识目标	掌握社交类 App 中聊天界面的组成元素 掌握界面设计的规范
	技能目标	能使用标尺和参考线规范页面设计 能有序组织各类图标 能进行社交类 App 聊天界面设计
	价值目标	培养认真严谨、精益求精的工作态度 勇于创新，潜心钻研，树立终身学习理念 增强美育教育，提高审美能力，提高文化自信
建议课时	实践 2 课时	
课前准备	预习本任务微课视频，复习 Photoshop 软件基础操作	
评价方法	教师评价、学生互评等	

相关知识

一、社交类 App 聊天界面的组成元素

社交类 App 聊天界面的组成元素通常包括：

（1）聊天输入框。用户可以在此输入文字、表情、语音等信息进行聊天。

（2）发送按钮。用户点击该按钮，可以将输入框中的内容发送出去。

（3）接收窗口。接受窗口显示的是对方发过来的文字、表情、语音等信息。

（4）输入状态指示器。用于显示输入状态，如对方正在输入文字、对方正在发送语音等。

（5）聊天记录列表。显示所有的聊天记录，可以用来向下滑动查看以前的聊天记录。

（6）消息提示。新的消息通知提醒，用户可以点击查看。

（7）设置按钮。用户可以对聊天界面进行设置，如调整字体大小、消息提醒、聊天背景等。

以上是一般情况下的聊天界面组成元素，不同的聊天应用会有一些细微的差别。

配套视频

“轻说”App圈聊页面教学视频

二、“轻说” App 圈聊界面案例制作

案例主题	圈聊界面	
任务分析	尺寸规格	按照界面尺寸 750 像素×1334 像素的设计规范进行
	设计风格	扁平化风格
	颜色运用	绿紫渐变（#74ebd5）（#9face6） （#729d44） （#ffcd04） （#52ade7）

续表

效果展示	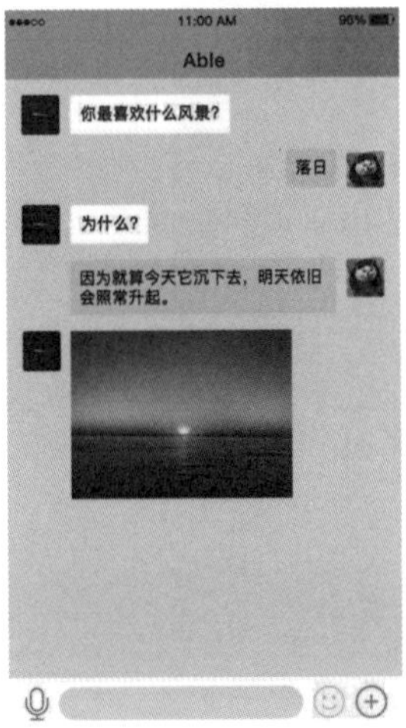

• 绘制步骤

第 1 步　复制“个人中心”界面的文件，并重命名为“圈聊”，在 Photoshop 中打开“圈聊”文件。

第 2 步　将页面中多余的内容删除，仅保留“导航栏”“状态栏”“标签栏”。用文字工具在导航栏区域输入对方用户名，字体为苹方中粗体，字体大小为 36 点，颜色为黑色，用户名标题与导航栏的下方相距 20 像素，与整个页面居中对齐，效果如图 7-4-1 所示。

第 3 步　用“圆角矩形”工具绘制一个宽度为 72 像素、高度为 72 像素、圆角为 5 像素、无描边的“圆角矩形 1”。“圆角矩形 1”距离导航栏有 30 像素的距离，作为头像的蒙版。置入素材“头像 2”，调整大小和位置，并放在“圆角矩形 1”的图层上面，按住 Alt 键进行剪贴蒙版，效果如图 7-4-2 所示。

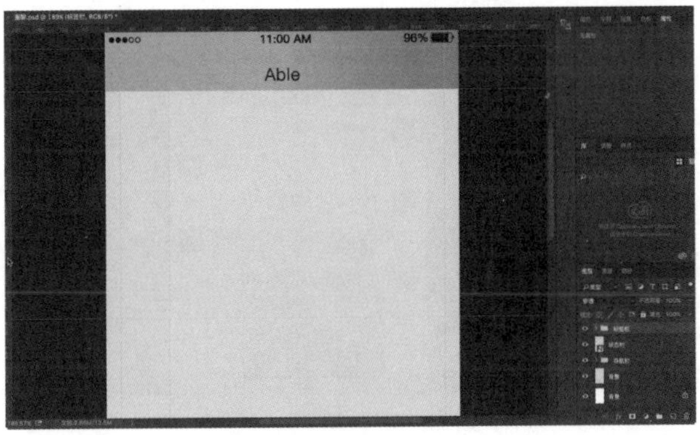

图 7-4-1　对方用户名

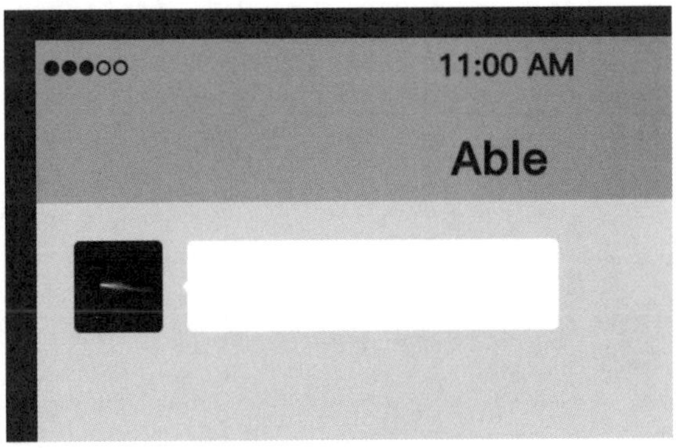

图 7-4-2　头像效果图

第 4 步　用“圆角矩形”工具绘制宽度为 506、高度为 72 像素、圆角为 5 像素的“圆角矩形 2”，与头像的位置水平对齐，填充白色。使用“钢笔”工具在聊天对话框的左边居中位置绘制三个描点，用钢笔工具拖拉中间的点，如图 7-4-3 所示，按住 Alt 键单击锚点使曲线变成直线，绘制出对话框的箭头。

第 5 步　用“文字”工具在“圆角矩形 2”上输入文字，字体大小为 30 点，颜色为黑色，字体为苹方常规体，文本框与对话框最左边相距 20 像素，如图 7-4-4 所示。

第 6 步　选中第一个对话框的所有图层，按 Ctrl+G 合并组，命名为“对话框”，拷贝出四个同样的对话框组。对第二个对话框编辑，按 Ctrl+T 自由变换将对话框水平翻转，与第一个对话框垂直距离相距 30 像素，头像与右边的安全距离参考线进行对齐，修改对话框中的文字内容以及颜色#c5e7f1，用“直接选择”工具选中第二对话框左边的四个描点，如图 7-4-5 所示，向右移动并缩小到与文字相适合的长度。删除“对话框 2”组里的“头像 2”图层，置入“头像 1”，用剪贴蒙版的方法来制作“对话框 2”组里的头像，最终效果

图 7-4-3　聊天对话框效果图

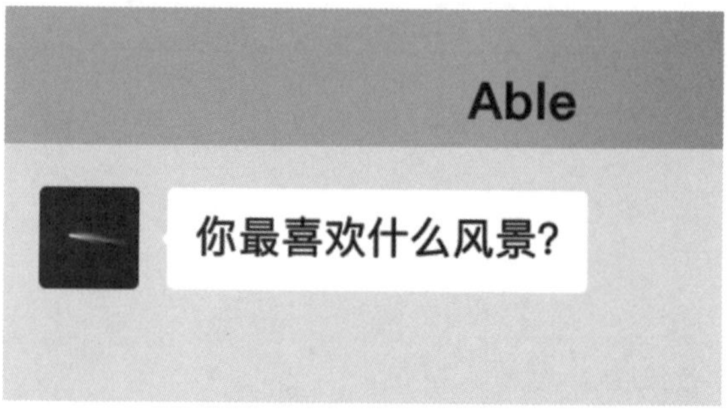

图 7-4-4　输入文字

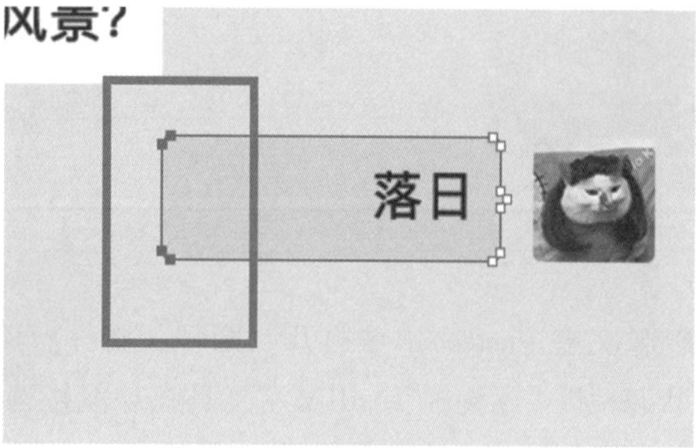

图 7-4-5　缩小文字

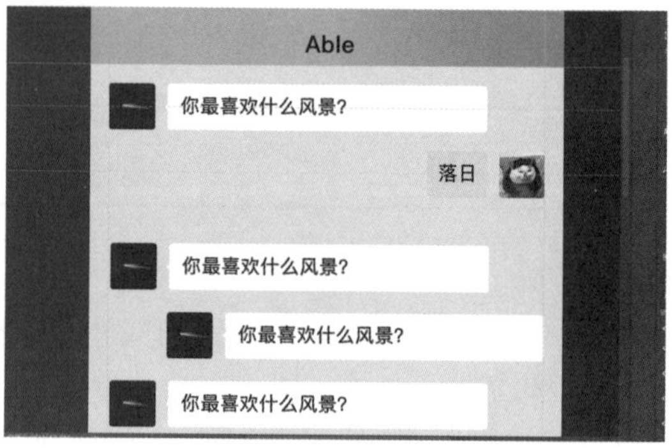

图 7-4-6　对话框 2

如图 7-4-6 所示。

第 7 步　“对话框 3”与前面的制作方法一样，“对话框 4”因为有两行文字，用直接选择工具选择对话框下方 4 个描点，如图 7-4-7 所示，并且将它们向下移动至合适的位置，“对话框 4”的颜色为：#c5e7f1。其他对话框也是用相同的方法制作，效果如图 7-4-8 所示。

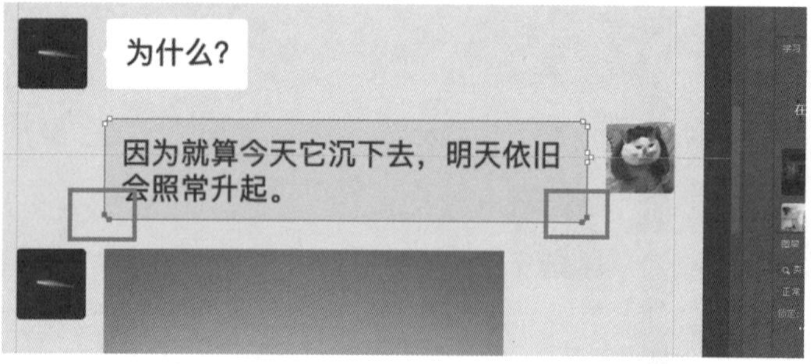

图 7-4-7　移动对话框下方 4 个描点

图 7-4-8　对话框效果图

第 8 步　绘制底部“标签栏”，置入素材“语音”图标，用“矩形选框”工具绘制两条相距 60 像素的参考线，把图标调整到参考线之间，用颜色叠加修改语音图标的颜色为#729d44，用“圆角矩形”工具绘制宽度为 465 像素、高度为 60 像素、半径为 30 像素的圆角矩形，与语音图标相距 20 像素，圆角矩形的颜色为#e8e7ec。置入素材“更多”图标，缩放移动到相应的位置，叠加颜色#52ade7。置入“表情”图标，先将图层栅格化，然后用魔棒工具抠除背景，与更多图标距离 20 个像素，叠加颜色#ffcd04，效果如图 7-4-9 所示。

第 9 步　最终效果如图 7-4-10 所示。

任务拓展

1. 完成以下测试题：

（1）社交类 App 聊天界面有哪些组成部分？

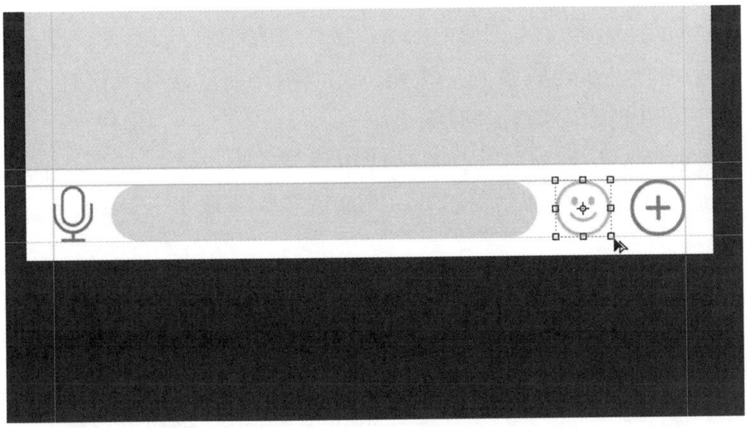

图 7-4-9　标签栏

图 7-4-10　最终效果

（2）请你对比任意两款社交类 App 的聊天界面，分析它们的相同点和不同点。

2. 创意作业

请你设计一款社交类 App，并完成聊天界面设计。

任务五　“轻说” App 通讯录界面设计

任务目标	知识目标	了解社交类 App 中通讯录界面的组成元素 掌握界面设计的规范
	技能目标	能使用标尺和参考线规范页面设计 能有序组织各类图标和控件 能进行社交类 App 通讯录界面设计
	价值目标	培养认真严谨、精益求精的工匠精神 培养勇于创新的钻研精神，树立终身学习的理念
建议课时	实践 2 课时	
课前准备	预习本任务微课视频，复习 Photoshop 软件基础操作	
评价方法	教师评价、学生互评等	

相关知识

一、社交类 App 通讯录界面的组成元素

社交类 App 的通讯录界面通常由以下元素组成：

（1）联系人列表。显示所有联系人信息，包括姓名、联系方式等。

（2）搜索栏。用户可以通过搜索栏快速查找特定联系人。

（3）导入联系人。提供导入联系人功能，用户可以通过手机联系人、QQ、微信等方式导入联系人。

（4）拨号盘或者拨号按钮。在通讯录界面下方通常会显示一个拨号盘或者拨号按钮，方便用户快速拨打联系人电话。

（5）通话记录。提供通话记录功能，用户可以查看与每个联系人的通话记录，包括通话时间、时长等信息。

（6）新建联系人。在通讯录界面中，通常会有一个“新建联系人”按钮，方便用户新建联系人信息。

（7）删除联系人。提供删除联系人功能，用户可以删除不需要的联系人信息。

（8）其他操作按钮。例如编辑、群发短信、查看群成员资料等其他操作按钮，方便用户进行更多操作。

以上是一般社交类 App 通讯录界面的组成元素，不同的社交 App 会有一些差别，但大体上其功能和组成元素都是相似的。

二、“轻说” App 通讯录界面案例制作

配套视频

“轻说” App 通讯录页面教学视频

案例主题	通讯录界面	
任务分析	尺寸规格	按照界面尺寸 750 像素×1334 像素的设计规范进行
	设计风格	扁平化风格
	颜色运用	绿紫渐变（#74ebd5）（#9face6） （#729d44） （#fa6181） （#52ade7）
效果展示	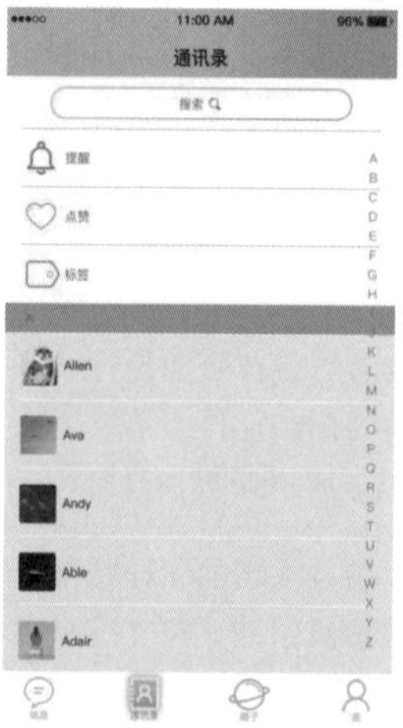	

• 绘制步骤

第 1 步　将任务三“个人中心界面”的文件复制，重命名为“通讯录”，再进行修改。在垂直位置 226

像素、550 像素、605 像素分别拖出参考线，如图 7-5-1 所示。

图 7-5-1　参考线

第 2 步　用“文字”工具在导航栏输入“通讯录”，字体大小为 36 点，字体为苹方-中粗体，颜色为黑色，居中对齐，与导航栏的底部相距 20 像素，如图 7-5-2 所示。

图 7-5-2　导航栏

第 3 步　新建组，命名为“功能区域”，新建一个图层，命名为“背景”，用“选框”工具框出导航栏下方到 550 像素之间的区域，宽度为 750 像素，填充白色，如图 7-5-3 所示。

用“圆角矩形”工具制作搜索框，宽度为 580 像素，高度为 60 像素，圆角半径为 30 像素，无填充颜色，描边粗细为 3 像素，描边颜色为紫色到绿色的渐变#73ebd5——#9face6，线性渐变角度为 100。

接着用文字工具输入“搜索”颜色#747576，字体为苹方-常规体，字号为 24 点，文字位置居中对齐。置入素材搜索图标，缩放到合适大小，搜索图标图层颜色叠加#747576，搜索图标与搜索文字距离 10 像素。

第 4 步　用“直线”工具绘制一条宽度为 690 像素，粗细为 2 像素，无描边，填充颜色为#c2c2c2 的直线。将其复制出三条同样的直线，水平居中对齐。将最下面的一条直线移动到与 550 像素参考线对齐的位置，一起选中四条直线，垂直分布，如图 7-5-4 所示。

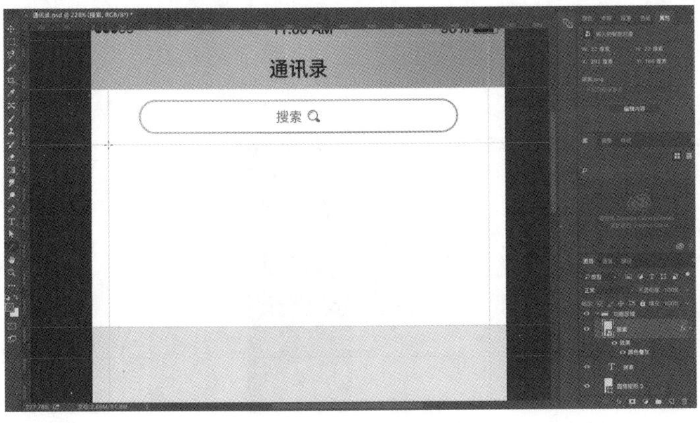

图 7-5-3　功能区域

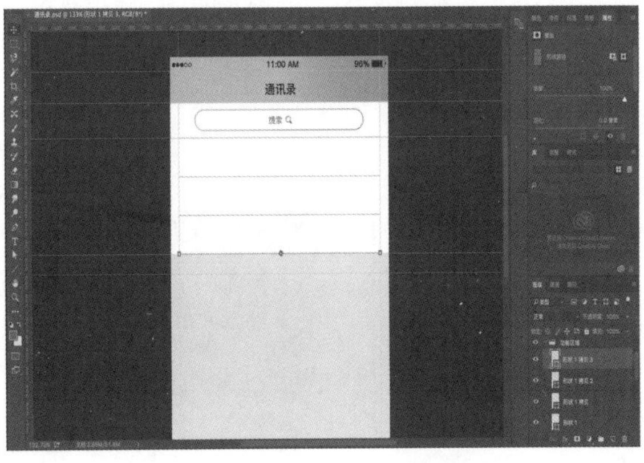

图 7-5-4　列表分割线

第 5 步　分别置入“提醒”“点赞”和“标签”图标，图标距离左边的参考线 10 像素，图层样式颜色叠加：#729d44、#fa6181 和#527de7，如图 7-5-5 所示。

第 6 步　用“文字”工具输入图标对应的文字，如图 7-5-6 所示，字体为苹方-常规体，字体大小为 24 点，字体颜色为#747576，文字与图标相距 20 像素。

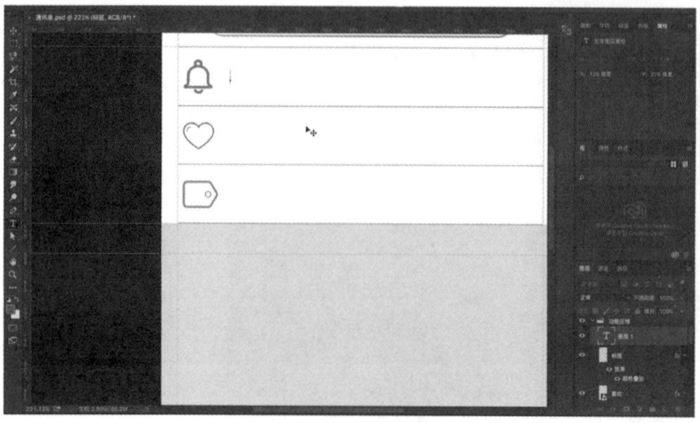

图 7-5-5　功能图标

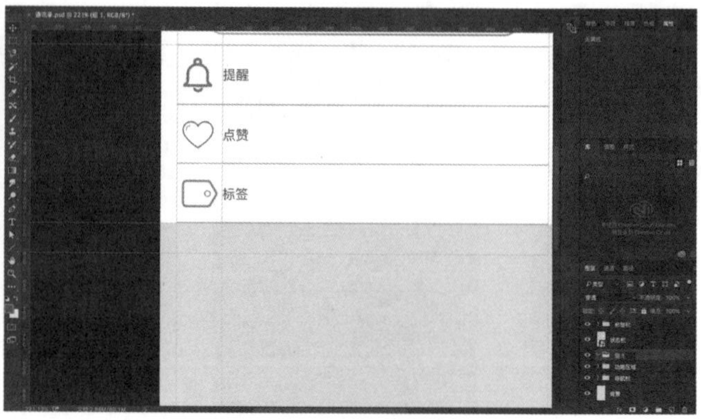

图 7-5-6　功能图标文字

第 7 步　新建一个组，命名为“好友列表”，在该组新建图层，命名为“背景”，在 550 像素和 605 像素之间的区域填充颜色#acacac，为字幕导航栏，如图 7-5-7 所示。在字母导航栏里用“文字”工具输入“A”，字体为苹方-常规体，字体大小为 24 点，字体颜色为#747576，与左边的安全线相距 10 像素。

第 8 步　接下来绘制好友列表中的分割线，用“直线”工具绘制一条宽 690 像素，颜色为白色，无描边，粗细为 2 像素的直线，复制该直线，一共绘制六条。最下面的一条直线与标签栏的顶端对齐，然后选中六条直线进行垂直分布，水平居中对齐，如图 7-5-8 所示。

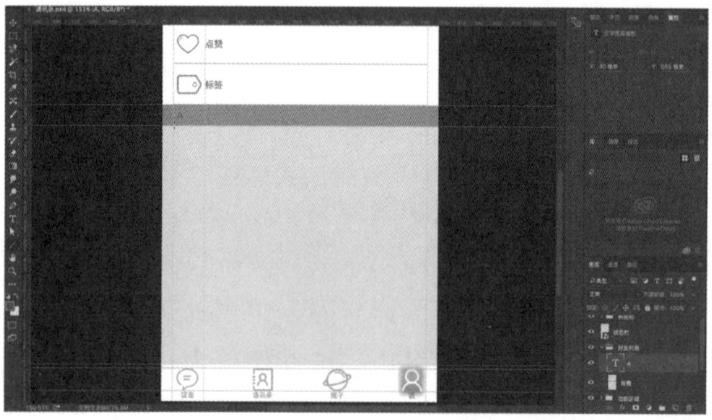

图 7-5-7　字母导航栏

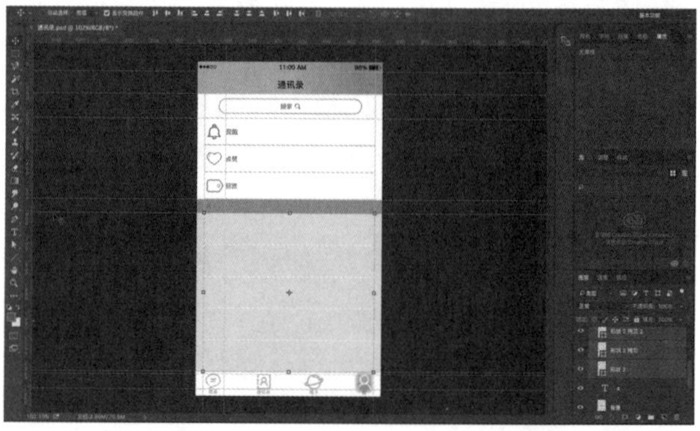

图 7-5-8　好友列表中的分割线

第 9 步　制作头像，绘制圆角矩形，宽度为 72 像素，高度为 72 像素，圆角半径为 5 像素，与左端安全线对齐，如图 7-5-9 所示。复制圆角矩形，共绘制五个圆角矩形，用同样的方法，使五个圆角矩形垂直均匀分布，如图 7-5-10 所示。

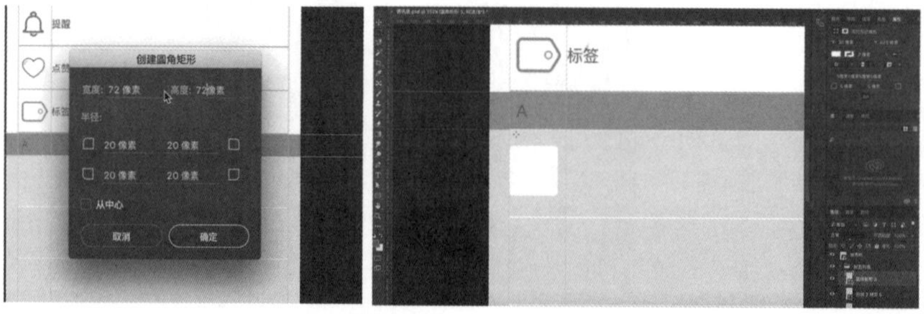

图 7-5-9　绘制矩形

第 10 步　分别置入五张头像素材，与相对应的圆角矩形进行剪贴蒙版（把头像图层放在圆角矩形上按 Alt 进行剪贴蒙版），制作头像。在头像旁输入用户名，字体为苹方-常规体，字体大小为 24 点，字体颜色为黑色，如图 7-5-11 所示。

第 11 步　绘制界面右端字母导航，用直排文字工具输入 26 个字母，可以在字符面板将文字对齐方式更改为“标准罗马对齐方式”，如图 7-5-12 所示。

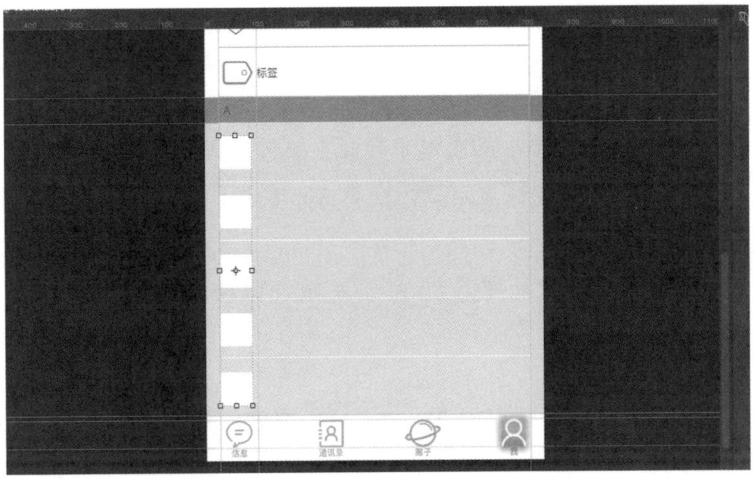

图 7-5-10　五个圆角矩形垂直均匀分布

第 12 步　将底部标签栏的“通讯录”图标改为选中状态，将“个人中心”图标和文字颜色叠加改为#bebebe，将“我”文字后面的圆角矩形移动到“通讯录”图标后方，“通讯录”图标图层颜色叠加改为白色，下方的文字“通讯录”颜色叠加 9face6，如图 7-5-13 所示。

第 13 步　最终效果如图 7-5-14 所示。

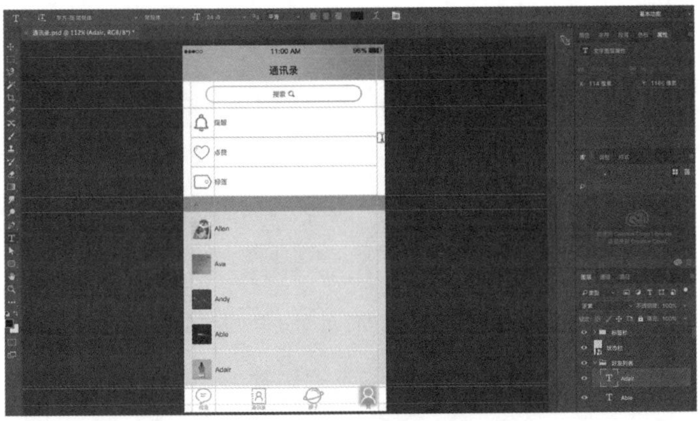

图 7-5-11　好友列表

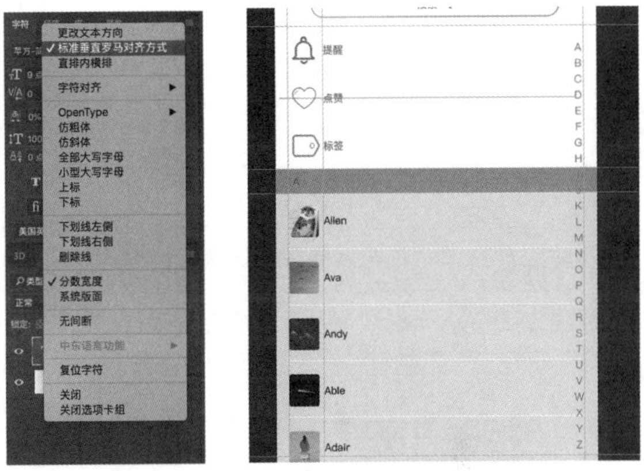

图 7-5-12　字母导航

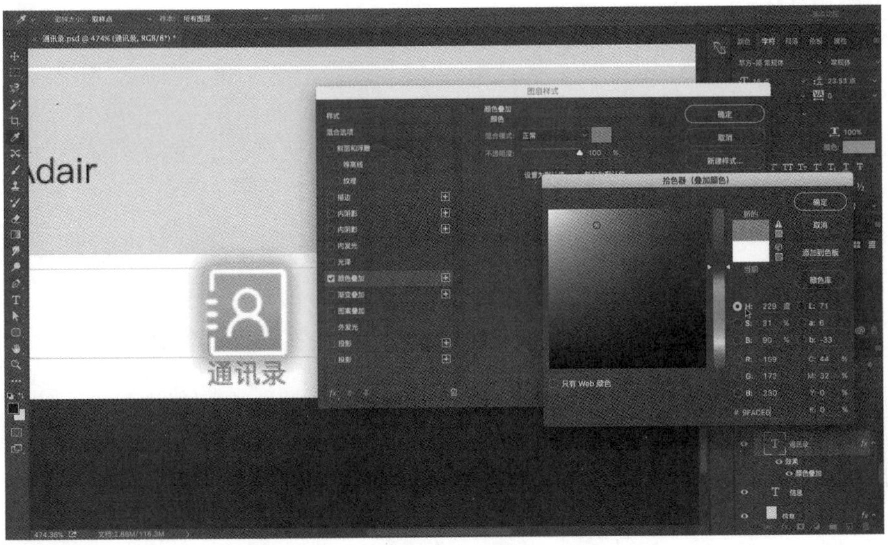

图 7-5-13　“通讯录”图标改为选中状态

图 7-5-14　最终效果

任务拓展

1. 完成以下测试题：

（1）社交类 App 的通讯录界面主要包含哪些要素？

（2）请你对比任意两款社交类 App 的通讯录界面，分析它们的相同点和不同点。

2. 创意作业

请你设计一款社交类 App，并完成通讯录界面设计。

任务六　“轻说” App 圈子界面设计

任务目标	知识目标	了解社交类 App 中朋友圈界面的主要功能 掌握界面设计的规范
	技能目标	能使用标尺和参考线规范页面设计 能有序组织各类图标和控件 能进行社交类 App 朋友圈界面设计
	价值目标	培养认真严谨、精益求精的工作态度 培养勇于创新的钻研精神 增强美育教育，提高文化自信
建议课时	实践 2 课时	
课前准备	预习本任务微课视频，复习 Photoshop 软件基础操作	
评价方法	教师评价、学生互评等	

相关知识

一、社交类 App 朋友圈界面的功能

社交类 App 的朋友圈界面通常具有以下功能：

（1）发表动态。用户可以在朋友圈中发表文字、图片或视频等形式的动态，分享自己的生活、观点、感受等。

（2）互动交流。用户可以查看自己和他人发表的动态，包括文字、图片、视频等，并对其进行评论或点赞。

（3）展示个人资料。朋友圈可以展示用户的个人资料，包括头像、昵称、个性签名等，方便他人了解自己的个性和特点。

（4）关注他人。用户可以在朋友圈中关注自己感兴趣的人或账号，了解他们发布的动态和信息。

（5）设置可查看用户或者关闭朋友圈。

这些功能使得用户可以在社交类 App 中方便地分享自己的生活、与他人交流互动、关注他人的动态等，同时也可以保护用户的隐私安全。

配套视频

“轻说”App圈子页面教学视频

二、“轻说” App 圈子界面案例制作

<table>
<tr><td>案例主题</td><td colspan="2">圈子界面</td></tr>
<tr><td rowspan="3">任务分析</td><td>尺寸规格</td><td>按照界面尺寸 750 像素×1334 像素的设计规范进行</td></tr>
<tr><td>设计风格</td><td>扁平化风格</td></tr>
<tr><td>颜色运用</td><td>（#c9c9c9）
（#ececec）</td></tr>
<tr><td>效果展示</td><td colspan="2">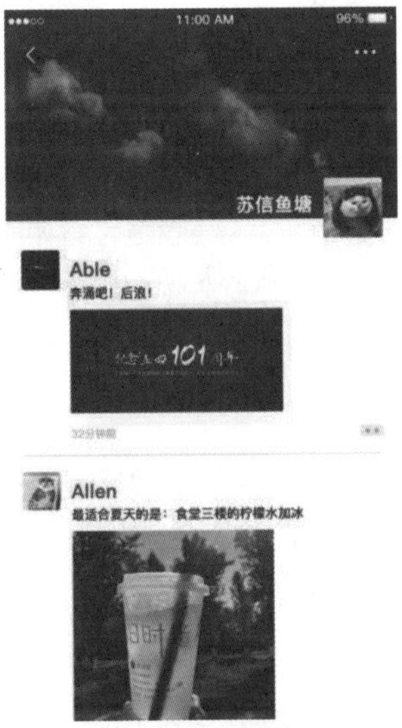
</td></tr>
</table>

● 绘制步骤

第 1 步　新建 PSD 文档，命名为“圈子”，页面大小为 750 像素×1334 像素，分辨率 72 像素/英寸，其余默认，如图 7-6-1 所示。

第 2 步　在纵向位置 40 像素、128 像素、395 像素的位置各拉出一条参考线，在横向位置 30 像素和 720 像素的位置上分别拉出参考线作为安全距离，如图 7-6-2 所示。

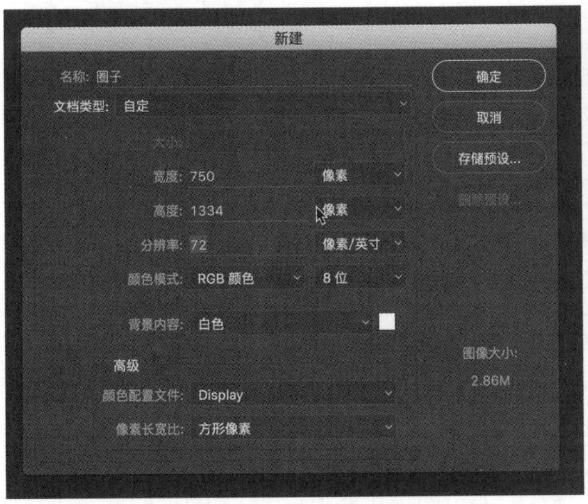

图 7-6-1　新建文件

图 7-6-2　参考线

第 3 步　用“矩形”工具绘制出圈子封面的大小 750 像素×395 像素，命名为“矩形 1”，作为封面的蒙版，随机填充一个颜色，如图 7-6-3 所示。置入素材图，缩放到合适的大小，放在“矩形 1”的上方，用剪

贴蒙版制作背景，将“矩形 1”和背景图图层组成组，命名为“圈子封面”。置入状态栏素材，状态栏图层颜色叠加改为白色，如图 7-6-4 所示。

图 7-6-3 绘制矩形 1

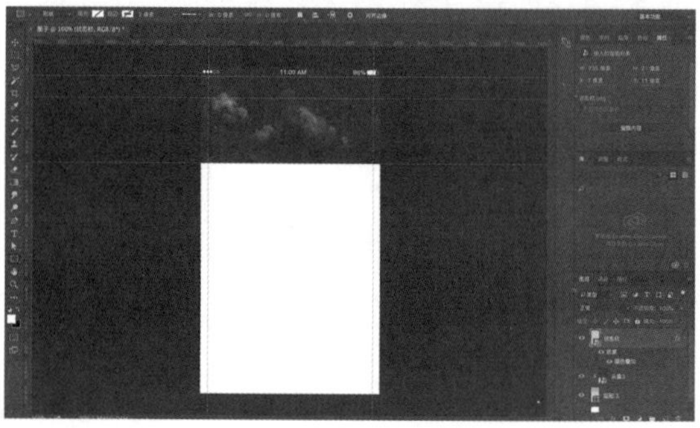

图 7-6-4 圈子封面

第 4 步 置入“返回”图标，将返回图标缩小为 34 像素，移动到导航栏垂直居中对齐的位置，与左边安全线相距 10 像素，将返回图标颜色叠加为白色。导航栏的右端，制作“更多”图标，用“椭圆”工具绘制出直径为 8 像素的正圆，填充为白色。按住 Alt 键结合鼠标拖动复制出另外两个圆，三个正圆之间距离 8 像素，最右边的圆与右边安全线距离 10 像素将三个圆合并一个组命名为“更多”。返回图标与更多图标水平对齐，如图 7-6-5 所示。

第 5 步 用“圆角矩形”工具绘制 112 像素×112 像素的圆角矩形，填充任意颜色，移动到圈子封面的右下角。置入头像素材，放在圆角矩形上，用剪贴蒙版的操作，将头像剪贴到圆角矩形形状中。用“文字”工具在头像旁边输入用户名，字体为苹方-中粗体，字体颜色为白色，字体大小为 36 点，文字与圈子封面底部相距 10 像素，与头像相距 20 像素，如图 7-6-6 所示。

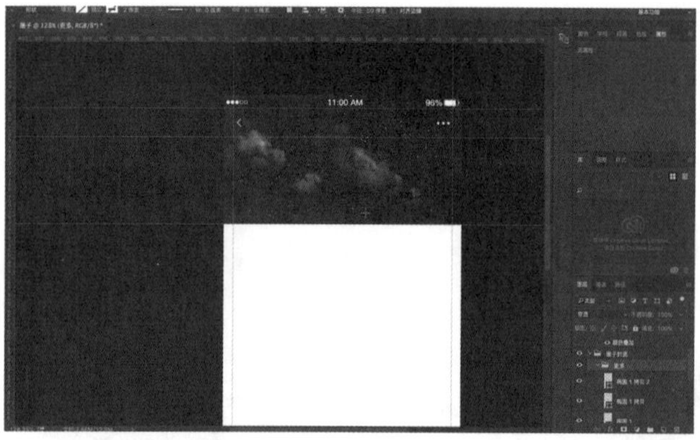

图 7-6-5 效果图

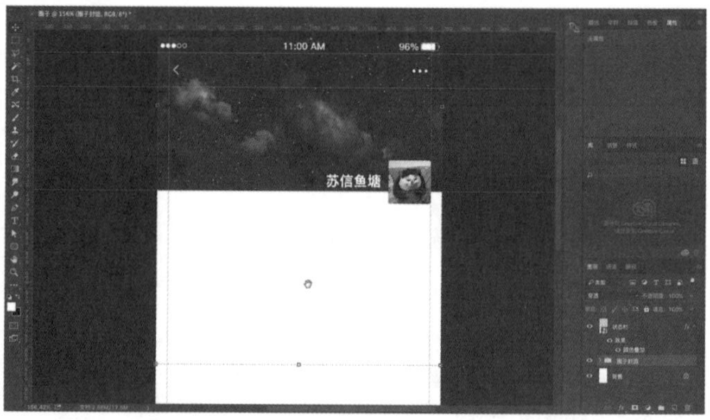

图 7-6-6 头像

图 7-6-7 好友

第 6 步 新建一个图层，命名为“圈子 1”，用形状工具绘制 72 像素×72 像素的圆角矩形，圆角半径为 5 像素，填充任意颜色，作为好友头像蒙版。“圈子 1”的顶部与“用户头像”底部保持对齐。置入头像素材，运用剪贴蒙版，将头像剪贴到圆角矩形形状中，用“文字”工具在好友头像旁输入好友用户名，垂直居中对齐，且相距 20 像素，好友用户名字体颜色为#374584，字体为苹方-中黑体，字体大小为 36 点，如图 7-6-7 所示。

第 7 步 置入好友 1 的朋友圈动态图文，图片内容与文字间距 20 像素。用文字工具输入图片下方的辅助性文字“32 分钟前”，字体为苹方-细体，字体大小为 20 点，字体颜色为#b7b7b7，位置与图片居左对齐与图片相距 30 像素，如图 7-6-8 所示。

用“直线”工具绘制出一条分割线，宽度为 690 像素，高度为 1 像素，颜色填充为#c9c9c9，粗细为 2 像素，分割线与辅助性文字相距 30 像素。

添加评论图标，用圆角矩形绘制宽度为 45 像素、高度为 22 像素、圆角半径为 5 像素的圆角矩形，颜色填充为#ececec，与辅助性文字“32 分钟前”垂直居中对齐。用“椭圆”工具绘制两个半径为 8 像素的圆，颜色为#9face6。

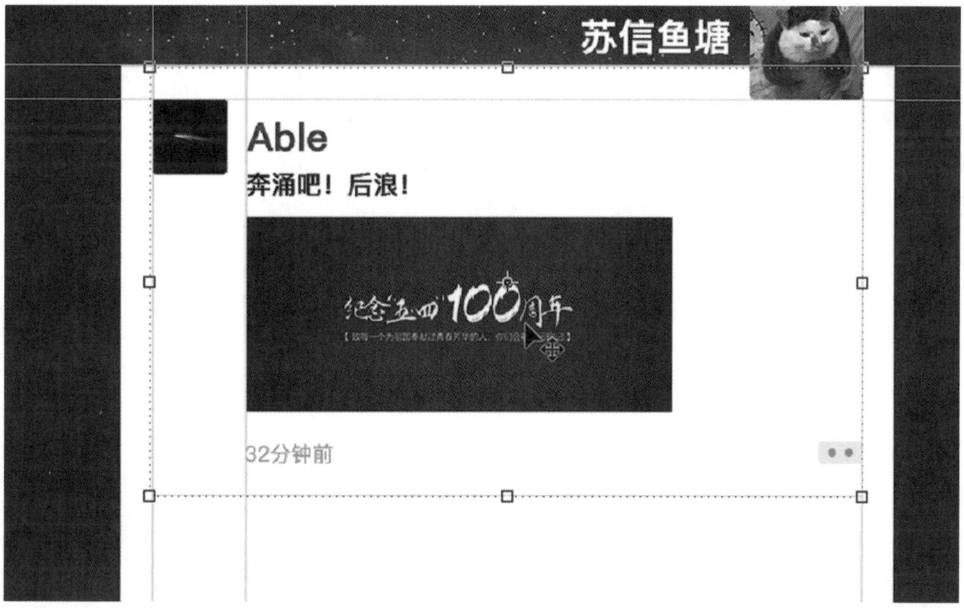

图 7-6-8 效果图

第 8 步 复制“圈子 1”移动到下方，修改成第二条朋友圈动态，第二条动态的顶部与分割线间距为 30 像素，置入“圈子 2”对应的头像、图片素材，再进行文字内容的修改，如图 7-6-9 所示。

图 7-6-9 最终效果

任务拓展

1. 完成以下测试题：

（1）社交类 App 的朋友圈界面主要有哪些功能？

（2）请你对比任意两款社交类 App 的朋友圈界面，分析它们的相同点和不同点。

2. 创意作业

请你设计一款社交类 App，并完成朋友圈界面设计。

参考文献

[1] 拉杰·拉尔. UI设计黄金法则：触动人心的100种用户界面［M］. 北京：中国青年出版社，2014.

[2] Jeff Johnson. 认知与设计：理解UI设计准则［M］. 北京：人民邮电出版社，2014.

[3] 王东霞. 零基础学软件UI设计（人人都是设计师）［M］. 北京：清华大学出版社，2021.

[4] 余振华. 术与道移动应用UI设计必修课［M］. 北京：人民邮电出版社，2016.

[5] 张小玲. UI界面设计［M］. 北京：电子工业出版社，2017.

[6] 赵艳莉. UI创意设计［M］. 北京：中国水利水电出版社，2022.

[7] 沈学渊，陈仕. 从零开始学UI设计：思路与技法［M］. 北京：化学工业出版社，2020.

[8] 王铎. 新印象——解构UI设计［M］. 北京：人民邮电出版社，2022.

测试题答案